哈佛思维训练课

哈佛思维

训练课

司彤 编

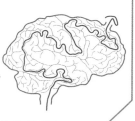

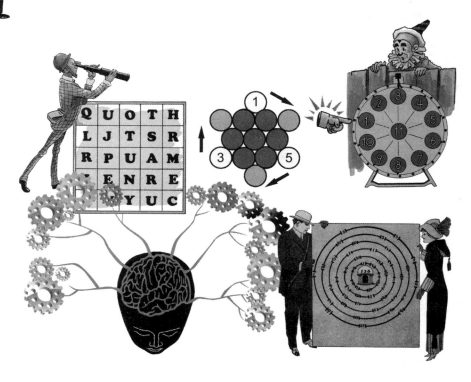

中国华侨出版社
北京

图书在版编目（CIP）数据

哈佛思维训练课 / 司彤编 . — 北京 : 中国华侨出版社 , 2015.4（2021.1 重印）

ISBN 978-7-5113-5380-1

Ⅰ . ①哈… Ⅱ . ①司… Ⅲ . ①思维训练—通俗读物 Ⅳ . ① B80-49

中国版本图书馆 CIP 数据核字（2015）第 075476 号

哈佛思维训练课

编　　者：司　彤

责任编辑：芷　晴

封面设计：阳春白雪

文字编辑：王　新

美术编辑：宇　枫

经　　销：新华书店

开　　本：720 毫米 ×1020 毫米　　1/16　　印张：24　　字数：342 千字

印　　刷：北京德富泰印务有限公司

版　　次：2015 年 6 月第 1 版　2021 年 1 月第 3 次印刷

书　　号：ISBN 978-7-5113-5380-1

定　　价：45.00 元

中国华侨出版社　北京市朝阳区西坝河东里 77 号楼底商 5 号　　邮编：100028

法律顾问：陈鹰律师事务所

发 行 部：（010）88866079　　　　　　传　真：（010）88877396

网　　址：www.oveaschin.com　　　　　E-mail：oveaschin@sina.com

如发现印装质量问题，影响阅读，请与印刷厂联系调换。

前言
preface

　　创立于 1636 年的美国哈佛大学，被誉为"高等学府王冠上的宝石"。无论是学校的名气、设备、教授阵容，还是学生的综合素质，都堪称世界一流。300 多年间，哈佛大学造就了难以计数的享誉世界的杰出人才，先后培养出 8 位美国总统，包括约翰·亚当斯、约翰·昆西·亚当斯、西奥多·罗斯福、富兰克林·罗斯福、拉瑟福德·海斯、约翰·肯尼迪、乔治·布什和贝拉克·奥巴马；40 多位诺贝尔奖得主和 32 位普利策奖获奖者，以及数以百计的世界级财富精英。

　　可以毫不夸张地说，哈佛大学为商界、政界、学术界及科学界贡献了无数灿若群星的杰出人才，而他们之所以能够成功，是因为哈佛大学教给了他们与众不同的思维方法。对于哈佛大学这样的百年世界名校来说，培养青年学子的超常思维能力，其重要性远排在教授具体的知识技能之前。正如哈佛大学第 21 任校长艾略特所言："人类的希望取决于那些知识先驱者的思维，他们所思考的事情可能超过一般人几年、几代人甚至几个世纪。"具有超常思维能力的人，到哪里都是卓尔不群的人，他们办事更高效，行动更果敢，更容易获得成功。

人的一生可以通过学习来获取知识，但训练思维从来都不是一件简单容易的事，而训练思维最有效的方式就是学会高效的思考方法。本书从创新思维、机遇思维、积极思维、发散思维、逆向思维、质疑思维、冷门思维、均衡思维等方面，详细阐述了哈佛大学的超常思维及其具体运用方法。在对每一种思考方法进行具体阐述的同时，书中又借鉴了一些经典案例，具体分析，深入浅出，让处在不同年龄阶段、拥有不同知识水平的读者都能有所收获；其中的故事和案例生动地反映了时代气息，贴近实际，力求让读者通过直观的分析真正提高自己的思维能力。

笛卡尔曾说："我思故我在。"怎么思考，决定你的位置。只有拥有杰出的思维方式，你才能从茫茫人海中脱颖而出。无论你是稚气未脱的少年，还是白发苍苍的老人，都需要掌握思维的方法。学习这些思维方法将让你在享受乐趣的同时，全面提升观察力、分析力、推理力、判断力、想象力、创造力、变通力、行动力、记忆力、反应力、转换力、整合力、思考力，充分发掘你的大脑潜能，让你像全世界最聪明的人一样思考，快速找到解决问题的突破口，迅速迈向成功。

翻开本书，你就可以畅游在哈佛大学的思维海洋中，借助这所世界名府，成就自己的成功人生。恩格斯曾把"思维着的精神"誉为"地球上最美的花朵"。学会科学思维，你不仅可以改变生活，也可以改变你周围的人，甚至改变世界。而今，就让我们找寻属于自己的花朵，借助哈佛思维，开启我们的心门吧！

目录
contents

第一篇　哈佛创新思维训练课——挣脱经验的束缚

**思维
小游戏**

**思维
测试**

第二篇 哈佛机遇思维训练课——天上掉馅饼

**思维
热身**

**思维
新天地**

思维测试

第三篇　哈佛积极思维训练课——从光明角度看世界

思维热身

思维新天地

思维风暴

思维训练营 ·· 85

思维名题

思维小游戏

思维测试

第四篇　哈佛发散思维训练课——由点到面

思维热身

第五篇　哈佛逆向思维训练课——逆潮而动

思维训练营 ······································· 167

第六篇 哈佛质疑思维训练课——答案不是唯一的

第七篇　哈佛冷门思维训练课——别有洞天

第八篇　哈佛辩证均衡思维训练课——对立而统一

思维小游戏

思维测试

第一篇

哈佛创新思维训练课
——挣脱经验的束缚

思维热身

设定好你的目标

在这个世界上有这样一种现象，那就是：没有目标的人在为有目标的人达到目标。因为没有目标的人就好像没有罗盘的船只，不知道前进的方向，有明确、具体的目标的人就好像有罗盘的船只一样，有明确的方向。在茫茫大海上，没有方向的船只只有跟随着有方向的船只走，而没有方向又无人引导的船，最终的结局只会是原地踏步、自我迷失。

比塞尔是西撒哈拉沙漠中的一颗明珠，每年有数以万计的旅游者聚集到这儿。可是在肯·莱文发现它之前，这里还是一个封闭而落后的地方。这儿的人没有一个走出过大漠，据说不是他们不愿离开这块贫瘠的土地，而是尝试过很多次都没有走出去。

肯·莱文当然不相信这种说法。他用手语向这儿的人问原因，结果每个人的回答都一样：从这儿无论向哪个方向走，最后还是转回到出发的地方。为了证实这种说法，他做了一次实验，从比塞尔村向北走，结果三天半就走了出来。

比塞尔人为什么走不出来呢？肯·莱文非常纳闷，最后雇了一个比塞尔人，让他带路，看看到底是为什么。他们带了半个月的水，牵了两只骆驼，肯·莱文收起指南针等现代设备，只挂一根木棍跟在后面。

10 天过去了，他们走了大约八百千米的路程，第 11 天的早晨，他们果然又回到了比塞尔。

这一次肯·莱文终于明白了，比塞尔人之所以走不出大漠，是因为他们根本就不认识北斗星。在一望无际的沙漠里，一个人如果凭着感觉往前走，他会走出许多大小不一的圆圈，最后的足迹十有八九是一把卷尺的形状。比塞尔村处在浩瀚的沙漠中间，没有一点儿参照物，若不认识北斗星又没有指南针，想走出沙漠，确实是不可能的。

肯·莱文在离开比塞尔时，带了一位叫阿古特尔的青年，就是上次和他合作的人。他告诉这位汉子，只要你白天休息，夜晚朝着北面那颗星所处的方向走，就能走出沙漠。阿古特尔照着去做了，三天之后果然来到了大漠的边缘。阿古特尔因此成为比塞尔的开拓者，他的铜像被树立在比塞尔村中央，铜像的底座上刻着一行字：新生活是从选定方向开始的。

人生中的种种奋斗就像比赛尔人要走出沙漠的努力一样，如果找不到自己人生的"北斗星"，你就永远不可能成长、进步，就不能充实快乐地走完人生，而只能原地踏步，或者付出许多艰辛和努力之后又回到原点。

目标具有导向性和激励性。在一个人为自己定下成功目标之后，该目标就会起导向、激励等作用。目标是成功路上的标志，每达到一个标志，你就会享受一分成功的喜悦和成就感，并增加一些信心和动力。对于许多人来说，制订和实现目标，就好像一场比赛。因此，每实现一个目标，就会受到一次鼓舞和鞭策，心态乃至思维和工作方式也会跟着更新。

目标可以唤醒人、调动人、塑造人，是一切行动的前提。有目标的人就如同持有一股巨大的、无形的力量，而这种力量可以给予我们最大的行动和精神上的支持，引导我们走向成功。世界一流效率提升大师博恩·崔西说："成功最重要的是知道自己究竟想要什么。成功的首要因素是制订一套明确、具体而且可以衡量的目标和计划。"

我们每个人都渴望成功，都渴望实现自由，都渴望做自己想做的事，去自己想去的地方。但是要成功就要达到自己设定的目标或是完成自己的愿望，否则，成功是不现实的。成功就是实现自己有意义的既定目标。

需要注意的是，你所定下的目标，一定要是很具体的、可以实现的，并且是可以看得见的、便于自己评价或检查的。如果一个人定的目标不具体，他就无法知道自己向目标前进了多少，中途就可能泄气，半途而废。

目标的实现也不是一蹴而就的，通常需要经过拆分，即把大目标化为小目标。只要将大目标分割成若干个小目标，逐一完成小目标后，大目标自然也就完成在即。例如，对于一个中学生来说，他如果只是笼统地说"我想考入好的大学"，这是没有用的，一定要树立"我要考入××大学"这样明确的目标。当明确的最终目标得以确立以后，紧接着要做的是将目标分解，如把三年目标分成3份，变成3个一年目标，这样就可以确切地知道从现在到明年的此刻自己必须完成的学习任务了。接下来，应再将每年的目标分成12份。这样如果要落实计划的话，就更能清楚地了解从现在到下月的此时应该完成什么了。以此延展，下面的步骤是将每月的目标分成4份，把计划落实到每周，然后把每周的目标分成5～7份。如此内容明晰的每周、每月和每年的目标，有助于发挥个人所长，集中精力，全力以赴地完成自己的目标，从而获取个人的成功和幸福。同时，分成可行的逐日小目标，可以减轻你因为茫然、不知所措而产生的烦躁。当你从头到尾采取这种步骤后，每天早晨就会胸有成竹地奔向坚定不移的目标，日复一日，年复一年，直到获得成功的那一天。

要坚信，只要你选准目标，选对了适合自己的道路，并不顾一切地走下去，终能走向成功。确立了目标并坚定地"咬住"目标的人，才是最有力量的人。

进行积极的暗示

一位从纽约到芝加哥的人看了一下他的手表，然后告诉他芝加哥的朋友说已经12点了，其实表上的时间要比芝加哥的时间早1小时。但这位在芝加哥的纽约人没有想到芝加哥和纽约之间的时差，听说已经12点了，就对这纽约客说他饿了，要去吃中饭。

故事里的人只是听到12点了，就会觉得肚子饿，其实未必是肚子真的饿，只是以为到了吃饭点，以为肚子饿了。这就是暗示所带来的心理作用。

在心理学中，"暗示"指的是人或环境以非常自然的方式向个体发出信息，个体无意中接收了这种信息，从而做出相应的反应的一种心理现象。它是用含蓄、间接的方法对人的心理状态产生迅速影响的过程，它用一种提示，让我们在不知不觉中受到影响。心理暗示是通过使用一些潜意识能够理解、接受的语言或行为，帮助意识达成愿望或启动的一种行为。研究发现，巧妙的暗示会在不知不觉中剥夺我们的判断力，对我们的思维形成一定的影响。

心理暗示现象在我们的日常生活中非常普遍，暗示每天都在不同程度地影响着人们的生活。比如，有一天，身边的人突然对你说："你的脸色不太好，是不是病了？"这句不经意的话你起初还不太注意，但是，不知不觉地，你真的会觉得头重脚轻、浑身隐隐作痛，似乎自己真的病了似的。最后，因为太担心，你到医院做了一番检查，当权威的医生向你宣布"没病"之后，你顿时觉得浑身轻松、充满活力，病态一扫而光。

这些现象看起来好像不可思议，但确确实实存在于我们的生活中。这些都是心理暗示在起作用。巴甫洛夫认为，暗示是人类最简化、最典型的条件反射。

心理学家马尔兹说："我们的神经系统是很'蠢'的，你用肉眼看到一件喜悦的事，它会做出喜悦的反应；看到忧愁的事，它会做出忧愁的反应。"研究发现，积极的自我暗示能调动人的巨大潜能，使人变得自信、乐观。当你习惯性地想象快乐的事，你的神经系统便会习惯性地让你拥有一个快乐的心态。而人的心态，无疑会影响到人的命运脉搏。

许多哲学家曾经说过，人是自己命运的主人，但他们大多数都不曾指出人类能够自主命运的真正理由。事实上，人之所以有主人的地位，能够驾驭环境，自主成败，是因为他可以运用潜能的力量，

在我们的潜意识中，隐含着一股令人难以想象的推动力和能量，它具有帮助你完成任务、达成目标的神奇效果，能使你的感情或情绪丰富、明朗化，

蛰伏的思想源源不断地涌出。但遗憾的是，这股强大的力量虽然存在，却似乎始终处于休眠的状态中，必须靠着不断的自我提升才能使它醒来。而自我提升最好的办法，就是多进行积极的暗示，尤其是积极的自我暗示。

美国心理学家威廉斯说："无论什么见解、计划、目的，只要以强烈的信念和期待进行多次反复的思考，那它必然会置于潜意识中，成为积极行动的源泉。"拳王阿里在每次比赛前都会对着镜头喊："I'm best!（我是最好的）"。这就是一种积极的自我暗示。只要能经常进行积极的暗示，你就会接受这些暗示的观点，并激发出你的潜能。

自我暗示并没有想象中那么奇妙和困难，任何人都可以做到，最简单直接的办法就是多给自己输入积极的语言来自我提醒，如"在我生活中的每一方面，都一天天变得更美好""我的心情愉快""我一定能成功"等。日本有位心理学家这样说："当我们的头脑处于半意识状态时，是潜意识最愿意接受意愿的时刻，来进行潜意识的接收工作是再理想不过的了。"因此，在早晚睡前醒后的时间进行自我暗示是再恰当不过了，你不妨在每天一早起床时，就自我提醒 1 次，叠被时再重复 1 次，洗脸对镜子做第 3、第 4 次提示，走路、等公共汽车是第 5、第 6 次。这样常常向自己输入正面积极的言辞，每天一有空闲就自我肯定一番，自信自然而然深深在心田里扎根，沉睡的功能也一定会清醒过来，发挥它强大的潜力。

要进行积极的自我暗示，首先要注意的是，你在暗示时所默念的句子一定要简单有力，例如"我越来越富有""我相信我可以"，等等，一般来说，暗示的语句越简短就越有效，因为简短的语句往往能更直接更快速地传达我们的情感，而情感传达得越多，在我们头脑中留下的印象也就越强。再有，暗示的语言一定要是正面积极的，例如如果你说"我不要挨穷"，这虽然未言"穷"，但这种消极的语言会将"挨穷"的观念印在你的潜意识里，因此正确的暗示语言应该是"我越来越富有"。

除此之外，你暗示的内容还需要具有可行性和可实现性，以避免与心理产生矛盾与抗拒。要始终选择那些对自己完全肯定的语言，并且在进行肯定时尽可能努力创造出一种相信的感觉，一种它们已经真实存在的感觉，这样将会使肯定更加有效。为了使暗示的作用发挥得更加明显，你在进行暗示的时候最好加入自己的感情和观想，在默诵或朗诵自己定下的语句时要在脑海里清晰地形成意象，如观想自己健康，你要有浑身是劲的感觉；观想自己创富，你要有丰盛人生的感受。

要记住，暗示是一把双刃剑，它的作用可以是积极的，也可以是消极的。积极的心理暗示对我们的生活有着有益的帮助，还可以激发出隐藏在我们身体内部的潜能，而消极的心理暗示无疑也会给人带来极大的危害。因此，在生活中，大家应该多给自己一些积极的暗示，避免消极的暗示。

放松才能渐入佳境

任何紧张的情绪都可能会破坏掉开发潜能的过程，要避免这种破坏的发生，就要学会自我放松，让身心处于一种松弛舒适的状态当中。

放松训练的核心在"静""松"二字："静"是指环境要安静，心境要平静；"松"是指在意念的支配下使情绪轻松、肌肉放松。

要进行身体的自我放松可以采用按摩法，例如揉捏自己后颈部的肌肉，按摩颈椎骨。小转头，吸气时把下巴向左上方或右上方抬几次，然后把下巴尽量向后拉，保持这个姿势向左右看。大转头，垂头，下巴接近胸部，由右向后向左向前转圈，头在经过正前和正后方时略停一下，在由前转向后时吸气，由后转向前时呼气，以此来放松自己的颈部神经。或是常按摩玩弄自己的手，先放松大拇指的根部与手腕的连接处，按摩手的各关节，摇动全手，吸气时左右两臂平举，手心向下，好像鸟展翅，两脚略分开，轻松随便地站立，双臂不用力，随胸肋而上举和自由放松地落下，以此来达到整个上半身的放松。

还可以运用一种有效的循序式肌肉放松法，来练习放松自己。

你需要每天安排半小时的时间，在一个宁静，最好是比较黑暗并放有一张舒适的床或沙发的房间，穿着宽松的衣服躺在床或沙发上，按顺序做以下的练习：

首先，做三次深呼吸。每一次吸入后尽可能忍气不呼出，并保持全身紧张，握紧拳头。这一过程会让你体会到紧张的感觉。一直坚持着这种紧张的状态，直到你快要忍受不住时再将气缓缓呼出，尽可能导引自己有"如释重负"之感，这一过程的目的是让你体会到松弛的感觉。这种紧张的不适感与松弛的舒适感的强烈对比，会让你充分感受到松弛的愉悦。

其次，依照手指及手掌、前臂、手臂、头皮、前额、眼、耳、口、鼻、下颚、颈、脖、背、前胸、后腰、臀、耻骨，以及生殖器、大腿、膝、小腿、脚及脚趾的顺序，逐一发布"松弛的自我催眠命令"——"放……松……松……弛……我现在感到非常舒畅……我的（部位）现在是非常的松……弛，我明显地感觉（部位）有一种沉重而舒服的感觉。"在向自己发布这些命令的同时，要记得尽量体验全身松弛的感觉。整个释放过程最为理想的耗时是 6 ~ 7 分钟，如果你在 6 分钟之内就已完成上述动作，那么就说明你还没有达到彻底放松的状态。

当完成手指到脚趾的松弛过程之后，你要试着去想象有一股暖流由头顶缓缓地流过你的脖子、头、胸部、肚子、腿及脚尖。这种暖流带来的舒适感能大大地加深你全身的松弛程度。这时你可以静静地躺在床或沙发上，尽情享受这难得的松弛，体会这种松弛状态的美好以及所带来的特别的愉悦感。

如果你的周围没有允许放松的理想适宜环境，也可以适当地做一下变通，只要你觉得舒适安静即可。但必须要保证的是，在你做放松练习时要杜绝一切外部因素的干扰。

如此练习持续一段时间之后，你会发现自己很容易就能做到收放自如了。

身体上的放松可以通过一些按摩和呼吸来完成，而精神上的放松则有更多的渠道，例如运用音乐疗法。在日本，有一种音乐减压馆，每天晚上都会播放一些轻松或者另类的音乐，人们听着音乐闭目养神。据说持之以恒地做下去能够使人修炼到人和音乐合二为一的最高境界，从而达到减压的目的，每天前往这种场所的人有增无减。你可以在心情不好、感到紧张的时候把自己关在房间里戴上耳机，听一些舒缓轻松或另类的音乐，让自己尽情地驰骋在音乐的王国里，这可以让你彻底松弛下来。

很多人喜欢通过热水淋浴、盆浴、桑拿来使自己舒压放松，因为热量同样可以使紧张的肌肉和神经放松。有专家认为，热蒸汽会促使体内产生压力的化学物质释放，从而降低压力激素。所以，通过热水淋浴、盆浴、桑拿可以使人进入深层次的放松状态。为了有益于身心，还可以在洗澡水中加入紫苏、香柏木、甘菊、天竺葵、香草、玫瑰、鼠尾草或檀香木等具有舒缓作用的芳香精油作为辅助使用。

此外，自己平时还可以多做以下两个有助于开发潜能的放松训练：

1. 深呼吸放松法

用鼻子呼吸，腹部吸气。双肩自然下垂，慢慢闭上双眼，然后慢慢地深深地吸气，吸到足够多时，憋气 2 秒钟，再把吸进去的气缓缓地呼出。自己要配合呼吸的节奏给予一些暗示和指导语："吸……呼……吸……呼……"，呼气的时候尽量告诉自己我现在很放松很舒服，注意感觉自己的呼气、吸气，体会"深深地吸进来，慢慢地呼出去"的感觉。重复做这样的呼吸 20 遍，每天 2 次。这种方法虽然很简单，却常常起到一定的作用。如果你遇到紧张的场合，或是不知道自己该怎么办、手足无措之时，不妨先做一次深呼吸放松。

2. 想象放松法

在心理咨询与治疗中，想象法是最常用的技术之一，它可以令人感到舒适、惬意。想象法主要是通过对一些广阔、宁静、舒缓的画面或场景的想象达到放松身心的目的。这些画面和场景可以是大海（包括海上慢慢地日出或海潮慢慢地涨落）、滑雪（慢慢、潇洒地从山顶沿平缓的山坡向下滑）、躺在小舟里在平静的湖面上漂荡等一切能让心灵平静愉悦的美好场景。平时你可以在安静无人打扰的环境下多多练习和使用这一方法，在练习过程中，注意要让自己处于一个舒适的位置，例如躺在床上或沙发上，还可以借助一些舒缓自然的音乐来辅助练习。

思维新天地

不创新，就死亡

"创新思维"一词近年来成为使用率非常高的词汇之一，在我们的生活和工作中被广泛地应用。无论是我们每个人，还是一个团体在这个充满变化、日新月异的社会中都将面临生存的考验。可以说，我们身体里的"创新因子"活跃与否，关系到我们的事业是"死"还是"活"。谁要抓住创新思想，谁就会成为赢家；谁要拒绝创新的习惯，谁就会平庸。

那么究竟什么是创新思维呢？所谓创新思维，是指人们运用已有知识和经验增长开拓新领域的思维能力，亦是在人们的思维领域中追求最佳、最新知识的独创思维。按爱因斯坦所说，"创新思维只是一种新颖而有价值的，非传统的，具有高度机动性和坚持性，而且能清楚地勾画和解决问题的思维能力"。创新思维不是天生就有的，它是通过人们的学习和实践而不断培养和发展起来的。

一位作家在他的书中写道："人类中有三种创造者：第一种是不断地、顽强地劳动，集中意志和力量，长年累月，突破一点而达到伟大的目标；第二种人是靠天才的火花；第三种人是两者兼而有之，或者通过顽强的劳动而获得令人耀眼的天才火花，或者相反，天才的火花推动创造者去顽强劳动，常年探索，照亮他的发明创造的道路。"

第一种人是我们生活中最常见，也是社会最容易塑造的一种人，他们拥有顽强、坚韧、百折不挠的精神，有坚持到底、突破重点的意志和力量。但是他们往往缺乏思维的悟性和开阔的视野，不过由于持之以恒，他们大部分还是取得了令人瞩目的成就，这样的人是值得我们尊敬的。

第二种人就是天才，他们也许放荡不羁，也许不拘于常理，他们的成就通常由他们的天赋决定，这种人在人类历史上只是凤毛麟角。

第三种人就是创新人才的代表，他们借助顽强的劳动和天才的火花互相促进，使得自己的才能完全地释放出来，大大减少了自己的无效劳动或者低效劳动。

其实创新能力是正常人都具有的一种心理品质，是每个正常人都具有的一种变革事物的潜能。著名教育学家陶行知先生就说过："人类社会处处是创造之地，天天是创造之时，人人是创造之人。"那么为什么在日常生活中，很多人丧失了创新的能力呢？

无数的科学实验表明，人类在孩提阶段是极富有创新意识的，所谓"初生牛犊不怕虎"，儿童面对这个千奇百怪的世界，他们渴望探索，渴望发现，喜欢尝试新的东西，而且他们没有太多条条框框的约束，于是他们常常能在不同想法之间任意游走。而当我们年岁渐长，被惯性思维所限制，被从众的枷锁牢牢锁住，就渐渐丧失了创新的能力。

希腊神话中说：

天神创造了人之后，不想将生活的秘密告诉人类，但又不知该将生活的秘密藏在哪里，才不会被人类轻易发现。

有一位神说："把它埋在山底下。"

天神说："万一人们去开山掘地，还是会发现的。"

另一位神说："那就把它藏在深海里好了。"

天神说："人类以后发展高科技，自然也有办法到海底去探索，到时候这秘密也会被找出来的。"

当诸神都想不出好方法之时，有一位小神来到天神的面前说："我想把生活的秘密，放在人类的心灵深处。人类的天性只会向外追寻，从不会探索自己的心灵深处，如此人类就永远找不到它了。"

诸神全部都点头，同意小神的意见。

正如这位小神所说，我们大多善于向外界探索，去发现各种秘密，却很少寻找心中的秘密。认识到这一点，如果我们能解放自己的思想，发掘自己的内心，我们将收获更多。

如何让我们的大脑再次激活，充满有创意的点子呢？

首先，要培养自己独立思考的能力。独立思考，顾名思义，就是能够拥有自己的思维和想法，而不是人云亦云，跟着大众和稀泥。人是复杂的，有学者指出，人性中普遍存在着两个相反的特质，这两个特质都是积极思考的绊脚石。

一个是轻信，往往我们不凭证据或只凭很少的证据就相信一些事情，而忘了"实践是检验真理的唯一标准"。另一个是不相信他们不了解的事物，凭借自己的经验对新生事物加以否定。

这两个特质都是不正确的，它们就像两个极端，都是错误和不可取的。成为一个独立思考者，就要求自己成为思维的主人而不是奴隶，自己开动脑筋，用事实说话，而不是主观臆断和凭空猜测，因为你的思想，是你自己唯一能完全控制的东西，你应该好好珍惜这份权利和福气。

其次，就是要培养自己的"独创性"。创新，关键在于"新"，拾人牙慧，走前人老路的思维不是创新思维，创新就是要解决实践中出现的新问题、新情况。

举一个大家都知道的例子吧。比如美国的苹果公司，1997 年，苹果公司的市值不到 40 亿美元，但当锐意创新的总裁乔布斯回归苹果以后，经过几年的探索，苹果开始积极创新，很快大众知道"苹果"是一家不错的公司。但新的问题出现了——愿意为它掏钱买单的人却并不多。苹果似乎不那么物有所值，是说乔布斯的创新失败了吗？别着急，2003 年，苹果推出了一个跨时代意义的平台——iTunes，起初，它只是一个和 iPod 对应的平台，然而现在它已经成为苹果一系列产品的终端平台，它彻底改变了苹果公司。可以说，没有 iTunes 的出现，就没有 iPhone 和 iPad 等跨时代产品的出现。为什么说 iTunes 如此重要呢？因为它意味着苹果的转型，以前苹果公司只是做产品非常出色，现在它拥有这个平台以后，它可以卖应用软件来盈利了。因为 iTunes 强大的功能，让苹果旗下的产品具有了"独创性"的魅力，从而一下与市场上其他产品划分开来，让苹果的产品具有了独特的号召力。苹果的产品甚至成了一种文化。2007 年，苹果发布 iPhone，2008 年推出了 App Store，并实现与 iTunes 的无缝联接，2010 年苹果公司又推出了 iPad，这些产品每次登台亮相，都引起了巨大的轰动。截止到 2010 年 5 月 26 日，苹果公司以 2213.6 亿的市值一举超过了微软公司，成为全球最具价值的科技公司。苹果将先进的科学技术和创新性的商业销售模式结合起来，让自己有了脱胎换骨的变化。

商界有句名言："谁聪明谁才能赚，谁独特谁才能赢。"独创性，无疑是一个区别你和他人的标签，让你更容易脱颖而出。

最后，我们要拥有探索未知和新鲜事物的勇气。一个想具有创新思维能力的人，首先应有思维的探索性，有"钻牛角尖"的精神，社会上很多自然现象和生活琐事，都是我们探索的方向和素材。

在 18 世纪以前，科学的发展十分有限，人们还不能正确地认识雷电到底是什么，当时人们普遍相信雷电是上帝发怒的说法。一些不信上帝的有识之士曾试图解释雷电的起因，但都未获成功，学术界比较流行的是认为雷电是"气体爆炸"的观点。1746 年，一位英国学者在波士顿利用玻璃管和莱顿瓶表演了电学实验。富兰克林怀着极大的兴趣观看了他的表演，并被电学这一刚刚兴起的科学强烈地吸引住了。随后富兰克林自己开始了电学的研究。富兰克林在家里做了大量实验，研究了两种电荷的性能，说明了电的来源和在物质中存在的现象。

思维敏捷的富兰克林经过反复思考，断定雷电也是一种放电现象，它和在实验室产生的电在本质上是一样的。于是，他写了一篇名叫《论天空闪电和我们的电气相同》的论文，并送给了英国皇家学会。但富兰克林的伟大设想竟遭到了许多人的嘲笑，有人甚至嗤笑他是"想把上帝和雷电分家的狂人"。

富有探索精神的富兰克林下决心用事实来证明一切。1752年6月的一天，阴云密布，电闪雷鸣，一场暴风雨就要来临了。等待很久了的富兰克林和他的儿子威廉一道，带着上面装有一个金属杆的风筝来到一个空旷地带。富兰克林高举起风筝，他的儿子则拉着风筝线飞跑。由于风大，风筝很快就被放上高空。父子俩焦急地期待着，此时，天边一道闪电从风筝上划过，富兰克林用手靠近风筝上的铁丝，立即掠过一种恐怖的麻木感。他抑制不住内心的激动，大声呼喊："威廉，我被电击了！"随后，他又将风筝线上的电引入莱顿瓶中。回到家里以后，富兰克林用雷电进行了各种电学实验，证明了天上的雷电与人工摩擦产生的电具有完全相同的性质。富兰克林关于天上和人间的电是同一种东西的假说，在他自己的这次实验中得到了光辉的证实。

海边有一种螃蟹叫作"寄居蟹"，它是寄居在贝壳等软体动物的壳里面的。但是它生长到一定程度以后，就要找一个更大的壳当自己的新家，而此时，它必须舍弃自己的旧房子，并暴露自己柔软的身躯去寻找新的贝壳。这样的探索是值得的，因为只有找到一个更大的壳，才会有真正的舒适和安全。我们人类也是一样，探索未知也是为了我们自己更好地发展与生活。

思维风暴

李开复和他的创新工场

在苹果公司 6 年、微软公司 5 年、谷歌公司 4 年，翻开李开复的履历，你不得不说他在全球 IT 界也是属于最拔尖的那一类，他也总是在最恰当的时间进入技术潮流的最前沿。而创新，是李开复不断强调的一点行动精神。

"我迫不及待地想要创业。"李开复在离开谷歌后毫无保留地说出心中的梦想。2009 年，李开复以"创新"为旗帜，创办了创新工场，创新工场是一家风险投资企业，由李开复出任董事长兼首席执行官，以帮助中国青年成功创业、帮助中国打造一批新一代高科技公司为己任。工场计划预备培养 110 名左右的高科技公司精英，创新工场立足互联网、移动互联网和云计算，每年尝试 20 个新的创意，公司员工将通过"头脑风暴"的形式挑选 20 个值得尝试的创业创意，再从中挑出 10 个有潜力的创意促成开发项目，最后从中筛选出 5 个公司。

新公司一旦成立，将脱离创新工场，另立门户，这样，创新工厂将会成为创意和创新的"孵化器"。

决定铁路宽度的"马屁股"

铁路在我们日常生活中有着举足轻重的作用，关于铁路有一个有趣的典故。美国铁路两条铁轨之间的距离是 4.85 英尺 （1 英尺合 0.3048 米），这么多年以来一直沿用这个标准。

为什么是这个奇特的标准呢？原来最早美国的铁路是由英国人设计建造的，而英国的铁路是由建电车的人设计的，可最先造电车的人以前是造马车的，他们习惯性地把马车的轮距搬到了电车上。然而，英国马车的轮距之所以用这个标准，是因为在古代英国，其老路的辙迹是这么宽，如果马车用其他轮距的话，轮轴就很容易损坏。

有趣的是，据查，英国老路的辙迹宽度是罗马战车形成的，而罗马战车的轮距是依两匹拉战车的马屁股宽度设计制造的。

我们由此得出一个惊人结论：现代社会铁路铁轨的距离居然是由马屁股的宽度决定的。而人类这么多年来竟未能在此创新一步，让我们看出历史的惯性是多么巨大，它像一支无形的巨手，划地为路，默默地却是强有力地影响着人们的思维和走向。

黑暗餐厅，神秘异国

你尝试过在黑暗的环境中吃过饭吗？相信很多人从来没有过这样的体验。在巴黎蓬皮杜艺术中心广场对面一条小街上，有一家小有名气的黑暗餐厅。餐厅的特色是里面一丝光亮都没有，它打出的广告语是"美食新体验""感官新经历" "法国独此一家"，里面所有顾客都在黑暗中用餐，而所有带着夜视镜的侍者则为顾客提供服务。

进入这家完全黑暗的餐厅后，每个用餐的顾客都被要求戴上一个巨大的围兜，以防止食物和饮料溅洒在衣服上。他们首先来到唯一有光亮的地方——位于餐厅中央的集体点餐柜前，在昏黄的灯光下点餐。点餐完毕后，顾客们便将手搭在戴着军用夜视镜的服务人员肩膀上，慢慢地踱步至大厅内，开始享受黑暗美食。

餐厅只在打扫卫生时亮灯，而且从不对外人开放。因为如果有外人知道餐厅里面的模样，那餐厅将丧失它的神秘感。黑暗餐厅只有安全方面的投入大于普通餐厅。

为了确保安全，黑暗餐厅内设有全方位的红外线录像检测仪、独特的照明应急设备和更便捷的紧急出口，而且都须经政府监管部门严格审批。

黑暗餐厅建成以后，引来很多慕名而来的游客，从而一炮走红，后来全球各地也有类似的餐厅开业，都引起极大的轰动，而餐馆老板也都赚得盆满钵满。

悬崖背后的"商机"

日本是一个岛国，寸土如金，可以说土地是最大的资源。日本最大帐篷商、太阳工业公司董事长能村先生想在东京建一座新的销售大厦，扩大自己的规模。善于动脑筋的他想，在地价这么高的东京单独建一座大厦，不仅一时难以收回成本，而且大厦的每日消耗也是一笔不小的开支。怎样能做到既建了大厦，又可以借此开拓新的市场呢？

世上无难事，只怕有心人，能村先生便开始思考如何能双赢的方法，于是特别关注城市生活里的一些热点问题。

当时，户外运动方兴未艾，而攀岩作为一个新兴运动，正在日本流行，且大有蓬勃发展之势，这令能村先生茅塞顿开：何不建一座能攀岩的建筑，满足那些都市年轻人的爱好？经过调查研究，能村先生邀请了几位建筑师反复研讨，决定把十层高的销售大厦的外墙加一点花样，建成一处悬崖绝壁，作为攀登悬崖的练习场。

半年后，一座植有许多花木青草的悬崖，便昂然矗立在东京市区内，仿佛一个多彩而意趣盎然的世外桃源。能村先生又立刻加大宣传，让这座奇妙的大厦成为大家关注的焦点。练习场开业那天，几千名喜爱攀岩的血气方刚的年轻人，兴高采烈地聚集此处，纷纷借此过一把攀岩瘾。

这座大厦竣工以后，在东京市区内出现了从前在野外深山峻岭才能看到的风景，这一下子吸引了人们的目光，每日来此观光的市民不计其数。

而一些外地的攀岩爱好者闻讯后，也不辞辛苦到东京一显身手。接着，能村先生又恰到好处地把握了这种轰动效应，在公司的隔壁开了一家专营登山用品的商店。很快，该店便因货品齐全，占据了登山用品市场的榜首地位。

"在别人想不到的地方赚钱"，这是能村先生的经营之道，而他也正是在这一理念的引导下，解放了自己的思维，勇于创新，把大楼的外墙建成都市里的悬崖，从而赚了大钱。

思维训练营

思维情景再现一

有位大学生回故乡农村创业，故乡山清水秀，自然资源极佳。

于是这位大学生动员了自己全家的力量，开了一家农家乐旅店。由于诚信经营，服务周到，来旅游的不少旅客选择了他们家旅店休息。不过由于店面有限，农家乐发展遭遇了瓶颈。如果你是这位大学生，你有什么主意，因地制宜地把旅馆做大做强呢？

创新思考术

在资金有限的情况下，扩大旅店的店面不是一时半会儿就能办到的，而且农家乐吃的就是一个原汁原味，不可能规模化进阶为酒店那样的形式。

我们只能将来我们这家农家乐的人数始终维持在一个水平线上才能盈利。但是旅游景点很难吸引回头客，一般远途的旅客大多只会去一个地方旅游一次，于是我们只能主要从邻近我们农家乐的城镇上吸引客源了。

那么如何从数量众多的农家乐旅店中脱颖而出呢？显然我们可以另辟蹊径。

首先我们可以开辟几块专门的田地，备上丰富的植物种子和树苗。然后通过宣传途径"广而告之"：来此住宿的旅行者，本店免费提供种子和工具，让旅客自己种自己想种的蔬菜，日常护理则由店家管理。登记电话以后，蔬菜成熟的时候店家会通知这些会员，欢迎这些会员回来品尝；本店也可以提供上门送货，而你只需要支付一定的运费。想在景区种一棵"夫妻树"？也可以，本店也会为你悉心照料，让树苗苗壮成长，见证你们的爱情。

这样的促销方式，不仅利用了这位大学生手里的资源——田地，还吸引了不少愿意享受"绿色健康"食品的客人以及热恋中的男女。回头客一多，生意自然就兴旺发达了。

思维情景再现二

通过分发传单来扩大自己的影响力，是如今很多企业采取的营销方式。但是分发传单，效果不一定好，因为很多行人从心底里厌恶这些发小广告的行为，要么就是不接传单，要么接到传单以后直接扔掉，厂家和企业也没有起到想要的宣传效果，还造成极大的资源浪费。如果你是一家准备发放传单的企业，你如何设计这张传单呢？

创新思考术

分发传单，貌似简单，其实里面有不少学问。一位行人浏览一张传单，也就几秒钟的时间，扔掉还是保存，就在这么一瞬间做出决定。其实一张传单只要醒目地告诉阅读者，这个企业是做什么的就够了，我们的基本目的也就达到了。而想要阅读者更加仔细地阅读这个传单，那么这个传单必须有它存在的价值。

如果你去过鸟巢，你会发现这里分发的宣传单特别高效。由于鸟巢是进京旅游乘客必去的景点之一，很多旅游公司喜欢在这里雇人分发传单，你可以看到，很少有乘客扔掉这些传单。奥秘有两点：第一，分发传单地点直接在景区，和传单内容——旅游公司，紧紧相关。第二，传单背面印有北京的交通线路图，对来京不熟悉的旅客来说，起到了很大的帮助作用，这份传单不再只是一个小广告，它更是一个方便旅客的线路图，于是旅客收下这张传单也是合乎情理的事了。

巧装蛋糕

苏联作家高尔基小时候家庭贫困，曾在一个蛋糕店里工作。因为这个新来的小孩看上去呆头呆脑，没有顾客时只爱看书，也不和其他店员交流，于是大家都经常取笑他。但是高尔基似乎并不在意大家对他的看法，只是我行我素。

一次，有个刁钻古怪的顾客来到店里，声称要定做九块蛋糕，但是他有个奇怪的要求，就是要求将这九块蛋糕装在四个盒子里，并且每个盒子里至少要装三块蛋糕。说完，他不顾伙计满脸的为难表情，说了句："好了，就这样，我下午来取。"说完诡异地一笑，便走了。看来这是个喜欢捉弄人的顾客，但是，顾客就是上帝，伙计们也不能置客人的要求于不顾。无奈之下，大家将这件事汇报给了老板。老板一听，也没辙，只是说："那就试着装吧！"

但是，摆弄来摆弄去，弄坏了好几块蛋糕之后，也没能按照顾客的要求装好蛋糕。最后，从外面送货回来的高尔基回来了。他看到大家都在忙活，便打听是怎么回事，一听，便说道："我来试试吧！"大家本来不看好高尔基，但是也没有其他的办法，看他那胸有成竹的样子，便让他试一下。没想到，只一会儿便解决了这个难题。

你猜高尔基是如何装的？

张作霖粗中有细

我们知道，北洋军阀头子张作霖是个目不识丁的大老粗。但是事实上，张作霖是粗中有细的。下面的这个故事便是明证。

张作霖刚当上北洋军政府陆海军大元帅时，大帅府的所有开销都是先由账房先生将票据填好，交给大帅秘书送张作霖审批。张作霖批示的时候，既不签字，也不盖章，而是用一支朱砂笔在签名处随便一戳。然后秘书拿着这张张作霖戳过的票据就可以到银号取钱了，无论几十万、几百万，都没问题。时间长了，秘书看取钱如此简单，便打起了鬼心眼，想要找机会捞一把。

一次，秘书串通账房先生，一起填好了一张假票据，然后秘书找了支朱砂笔学着张作霖的样子在票据上戳了一下，就悄悄拿着票据到银号取钱去了。到银号后，秘书假称奉大帅之命前来取钱，银号掌柜的接过票据看了一下后，让秘书稍等，称这就去取钱。掌柜的一走，秘书心想："原来张作霖的钱是如此好骗，看来张作霖虽身为大帅，但毕竟是一介武夫啊！"秘书正在扬扬得意之际，没想到从门外冲进来几个全副武装的军人，不由分说将秘书按倒在地，绑了起来。秘书生气地大叫："瞎了你们的狗眼，知道我是谁吗？我是张大帅的秘书！"几个军人却回骂道："抓的就是你，你好大的胆子，竟敢伪造大帅府票据！"秘书一听这话，顿时泄了气，当即瘫软在地。

秘书至死也没明白事情为何会败露。你能猜出这是怎么回事吗？

韩信画兵

我们知道，后来对楚汉之争起了决定性作用的韩信一开始并不被刘邦所重视，于是在一天夜里悄悄逃离了汉营。深知韩信才能的谋士萧何知道后连夜追赶，将韩信追了回来，并极力向刘邦推荐，建议刘邦让其挂帅统兵。刘邦心里却不以为然，只是碍于萧何面子，才说道："好，你先叫他来，我倒先要看看他到底有多大的智谋！"

萧何将韩信找来后，刘邦拿出一块几寸大的布递给韩信说："萧何说你十分有智谋，所以我准备让你统兵打仗，现在我给你这块布，你用一天的时间，在这块布上能画多少士兵，我就让你统领多少士兵！"站在一旁的萧何一看有些着急，心想这一块布能画几个兵？因此担心韩信一气之下又要逃走了，正要出面劝说刘邦，却看到韩信毫不迟疑地接过布就告退了，似乎胸有成竹。

如果你是韩信，你该如何画？

汉斯的妙招

1933 年，世界博览会在美国芝加哥举办，其规模巨大，广受关注。全球各大生产商争相购买展位，将自己的产品送去展览。当时美国赫赫有名的罐头食品公司经理汉斯先生，自然也不愿放过这次在世人面前扩大影响力的机会。他奔波了几个星期，花费了很大一笔钱，最终在博览会会场中得到了一个位置。不过，这个位置却是在一个相当偏僻的阁楼上，这使他颇为失望。

博览会开始后，世界各地的人们纷纷前来参观，现场十分拥挤。但是，尽管如此，到汉斯先生阁楼上的人，也是寥寥无几。汉斯先生对此感到十分沮丧，但是，这位在商场上奋斗了多年的商业奇才并没有因此宣布放弃，将展位扯下，打道回府，而是开始积极想办法。因为他知道，商业的成功最终靠的是点子。

你能帮汉斯先生想出一个好点子吗？

莎士比亚取硬币

英国著名戏剧家莎士比亚出身低微，在他成名后还有一些贵族瞧不起他。在一次社交宴会上，有个贵族想让莎士比亚当众出丑。他对莎士比亚说："人人都说你很了不起，不过在我看来，你智力平平，不信，你敢和我做个游戏吗？"

莎士比亚知道对方不怀好意，但当着众人的面，他也不甘示弱地回答："请吧！"

于是那个贵族让仆人提来半桶葡萄酒，并将一块硬币放在了里面，硬币浮在酒面上一动不动。然后，贵族对莎士比亚说："不准向桶内扔石头之类的重物，不准用东西拨弄硬币，也不准左右摇晃酒桶，你能在桶边口处将硬币取到手里吗？"

围观的人一听都摇摇头，觉得这根本不可能。但是莎士比亚想了一下，很快便将硬币取到了手里。你猜，莎士比亚是如何做到的？

赃款的下落

清嘉庆年间，安徽某地遭遇罕见的涝灾，洪水泛滥，成千上万百姓流离失所。朝廷于是下拨赈灾银子60万两，修复河堤，赈济灾民。但是，没想到知府贪得无厌，贼胆包天，竟敢中饱私囊，将赈灾银子私自扣下了一半。该知府辖境内的几个知县早就看不惯此人的贪婪暴虐，借机联合向朝廷检举了这个知府，并连带将其平时的贪污行为一一举报。朝廷于是派钦差前来查办此案，将该知府羁押在了牢中。但是，这个知府自知罪孽深重，认定一旦老实交代必定难逃死罪，而拒不交代还可能有一线生机，于是摆出一副死猪不怕开水烫的架势。他避重就轻，声称自己虽然平时有贪污的行为，但绝对不敢打赈灾款的主意，并一口咬定赈灾款已经用于修补河道，赈济灾民，并且还拿出了假账目给钦差看。钦差几经审讯，都撬不开知府的口，又找不到罪证，就此判知府死刑对上不好交代，对下也不能令知府心服，因此感到十分犯难。

一天，知府的妻子前来牢中探视，该知府最后递给妻子一张纸片，声称这是他最后的遗言。看守人员照例检查了内容，见是一首悔过诗：

黄水涛涛意难静，彩虹高高人难行？

笔下纵有千般言，内心凄凉恨吞声。

账面未清出破绽，单身孤入陷囹圄。

速去黄泉无牵挂，毁却一生悔终身。

看守人员见没有什么特别内容，就要交给知府妻子。就在这时，躲在一旁的钦差走了出来，要过了这首悔过诗。原来，钦差因为无法定案，知道知府妻子今天前来探视的消息后，便偷偷躲在一旁观察偷听，试图从他们夫妻见面的过程中找到破绽。钦差拿起这首悔过诗，皱着眉头反复看了几遍，最后，眼睛一亮，高兴地喊了出来"这下有了！"说完转眼严厉地看了一眼知府，知府也瞬间瘫软在了地上。

你猜钦差从知府的悔过诗里看到了什么？

安电梯的难题

20世纪初期，在美国西部的一个城市里，有一家酒店生意特别好，每天都有络绎不绝的顾客光顾。但是，由于顾客太多，乘坐电梯成了一个难题，很多顾客要等很久才能乘上电梯。

于是，顾客就向饭店的老板反映了情况。为了解决电梯拥挤的问题，酒店的老板打算增加电梯。几天后，这家饭店就请来了两名建筑师，讨论该如何增加电梯。

讨论的结果是，大家一致认为应该在每层楼打个洞，然后才能装电梯。虽然耗费的成本高，并且会占用酒店内部的空间，但是酒店老板"两害相权取其轻"，同意这样做。不经意间，楼层的清洁工人听到了两位建筑师的谈话，知道了要在每层打洞安电梯的事。出于本职工作考虑，清洁工说道："如果在每层都打个洞，那会有很多尘土落下来的，环境也会弄得很脏。"建筑师对清洁工说，只能这么办，至于对他的清扫工作带来的不便，他表示万分抱歉。但是，清洁工却仍旧不满意，他皱了一会儿眉头后，说了一句话，建筑师一听，茅塞顿开，想到了一个绝好的主意。酒店老板也开心地手舞足蹈，并奖励了清洁工。

你知道清洁工说了什么吗？

聪明的小儿子

在内蒙古的乌拉尔山里，住着一位老猎人乌塞里尔斯和他的三个儿子。三个儿子都跟着老猎人学习打猎的技术，身怀绝技。不过，老猎人却经常教导儿子们，要想成为一个好猎人，技术固然重要，但更要善于动脑筋。

一次，老猎人在桌子上放了一盘苹果，放好后，他问自己的三个儿子："你们谁能够用最少的箭将苹果全部射掉呢？"

三个儿子都跃跃欲试。

大儿子苏塞纳想了一下，回答道："禀告父亲，我数了下，盘子里共有六个苹果，我可以做到箭无虚发，因此只需要六支箭便能将盘子里的苹果一一射落。"

二儿子苏斯拉尼奇听了大哥的话后，有些得意地说道："禀告父亲，我能够一箭串两个，因此我只要用三支箭就可以了。"

小儿子乌苏利亚一向最聪明，他想了一下后，回答父亲说："我觉得自己只要用一支箭就足够了。"

老猎人听了很高兴，夸奖小儿子聪明，让大儿子和二儿子向小儿子学习，不仅要有技术，还要善于开动脑筋。大儿子与二儿子听了不服气，认为小儿子在说大话。

于是小儿子一箭射出，果然六个苹果都落在了地上。
想一下，猎人的小儿子是怎样射的？

巧运鸡蛋

一个夏天的下午，初二学生贾风波约了几个同学到操场去打篮球。运动一会儿之后，大家都汗流浃背，想要回去了。可贾风波还想再玩一会儿，于是他一个人又在操场玩了一会儿，直到天快黑了，才抱着篮球往回走。

在回家的路上，贾风波遇到了在菜市场的邻居张阿姨。张阿姨看到贾风波十分高兴，赶忙走上前来说道："哎呀，风波啊，我正着急找人帮忙呢！我厂里临时出了点事，需要赶回厂里去，可是我刚刚买了一些鸡蛋，想带回家去，现在正想找个人帮我带回去呢！好孩子，你帮阿姨将鸡蛋带回去吧！"说着就将一方便袋鸡蛋放在了地上，然后就急匆匆地走了。

正当贾风波要提起鸡蛋走的时候，他遇到了问题，原来装鸡蛋的方便袋的提手因为承受不住鸡蛋的重量，已经快断了。再冒险提着的话，万一中途断掉，二十几个鸡蛋可就全报废了。想到这里，贾风波犯难了，他看下四周，没有什么人可以帮忙，而自己手里除了一个篮球，只从口袋里摸出一个给篮球打气的气针。这可怎么办呢？

不过，贾风波一向是个聪明的孩子，他经过一番沉思后，突然眼睛一亮，想到了一个好主意，最后，他顺利而轻松地将这些鸡蛋帮张阿姨带回来了。你猜，他是用什么办法将鸡蛋带回来的？

简单的办法

在江浙沿海一带，有很多家工厂从事商品生产加工贸易，竞争十分激烈，一些产品的加工技术也需要做好保密工作。其中，一家名为"威盛泰隆"的工厂便遇到了保密工作上的挑战。

现在，有一买家要来考察他们的商品——一台已经制造好了的大型机器。可是，从工厂大门到这台机器的路线上有许多其他绝密产品，如果这些绝密产品被泄露出去，可能会给公司造成巨大的损失。

于是，厂长发动全厂的人出谋献策，看谁能想出一个比较好的办法来解决这一难题。不过，这个问题很不好解决，因为威盛泰隆工厂的产品成本很高，无法搬动，买主前来考察的线路也无法改变。威盛泰隆工厂总结了一下全厂人的建议，其中最好的一个就是：做个帐篷，把从工厂大门到这台机器的路线上的绝密产品一个个全盖起来，可是这样做很是费事，而且成本将会非常昂贵。

正在全厂对这个问题无计可施的时候，买主听到了这个消息，他们出于对买方的尊重与合作精神，就提出了一个既不花钱又不费事的好办法，威盛泰隆工厂听到这个解决方案之后对买主十分感激。你知道买主提出的这个好办法是什么吗？

聪明的摄影师

在一个阳光明媚的夏天，明明一家祖孙三代一起去照全家福。他们一家人欢欢喜喜来到一家照相馆，由于明明家的人非常多，这家照相馆立即被他们一家挤满了。

照相馆老板一看一下子来了那么多顾客，赶紧出来招呼他们。老板先把他们让到会客室里，让他们稍微休息一下，然后再拍照。

过了片刻之后，老板就把他们领到了摄影室，让他们按照长幼辈分依次坐好，然后就调整距离准备拍照。可是，当老板数了一、二、三，要为他们拍摄的时候，突然发现他们的表情一个个都僵硬了，原来脸上挂着的非常自然的笑容，一下子不见了。于是老板停止了拍摄，对明明一家人说："你们一个大家庭今天能够聚集在一起，热热闹闹地来拍全家福，是一件多么值得高兴的事情呀，怎么一个个脸上没有一丝笑容？这样拍出来的照片多不好看呀，你们各位都要面带笑容，这样才够喜气！"

听了老板的话，明明一家人感到很对，于是就说："嗯，对对，我们一家三代聚到一起不容易，是件值得高兴的事儿，大家都该笑笑才对！"

但是说归说，当让他们去做的时候，效果却不那么理想。他们有的笑得非常不自然，有的根本笑不出来。老板看到这种情况，也有一丝为难。他扫了一眼这一大家子人，忽然间眼睛一亮，想到了一个主意。只听他说了一句话，就逗笑了明明一家人。

你知道老板说了什么吗？

应变考题

一次，一家大型的上市公司要招聘重要职位，由于所给的待遇优厚，吸引了众多的求职者，公司一共收到了200多份简历。这么多的简历真是让公司人事部门很头疼，看着那么多优秀人士，舍掉哪个都不忍心，但是职位只有一个，所以，必须从这些简历中选出一个人来。

　　为了考察应聘者的随机应变能力，该公司为面试者准备了一道题目。这是一道选择题：在一个大雨滂沱的晚上，假如你开车路过一个车站，这时候，正好有三个人站在车站旁，他们都是由于当晚的大雨被阻隔在车站的。其中，一个人是曾经救过你命的医生，一个是奄奄一息的病人，一个是你最心爱的人。问题是，你的车只能载一个人，你会选择谁来坐你的车呢？

　　这的确是非常难以选择，众多的求职者都被难住了。大家的答案都不一样，有的说先把病人送到医院，然后再来接那剩下的两个人；有的说先把医生送到医院，再让他开救护车前来接病人，自己则再回来载走心爱的人；有的说当然选择自己爱的人了……所有的答案都被考官一一否定了。这个时候，一个年轻人出现了，他的回答让考官和其他应聘者都感到意外，但又觉得他的答案十分精彩。自然，最终这个年轻人就成功获得了这个重要的职位。

　　想一下，如果是你，你该如何选择？

挑选总经理

　　只要是商人，总是希望自己赚的钱越多越好，开了一家店，老想着再开一家连锁店。下面就是一个这样的例子。

　　一位老总拥有一家生意不错的酒店，这家酒店为他带来了巨大的财富，现在他又想要再开一家分店了。由于精力有限，这位老总不可能事必躬亲，也不可能一个人同时管理好两家酒店。于是，他想从自己的员工中选出一位出类拔萃的总经理。

　　自己的员工那么多，精明能干的也不在少数，该选谁做这个职务合适呢？他左思右想，用了整整一个晚上的时间，选了三个员工做候选人。这三位员工头脑都很精明，能力也很强。老总把三位叫到了自己的办公室，向三位问了同样的一个问题："你们三位能告诉我是先有鸡还是先有蛋吗？"其中的一个很快就回答道："我认为先有鸡。"另一个也不甘示弱，很自信地回答道："还是先有蛋。"对于这二位的回答，老总都很失望。

　　第三个人又做出了自己的回答。他的回答得到了老总的赞赏，并成了新酒店的负责人。

那么，你猜第三个人是如何回答老总的问题的呢？

聪明的农家小伙

从前，一个国王有一位漂亮的女儿。国王特别疼爱自己的女儿，一直视她如掌上明珠。随着时间的流逝，国王渐渐老了，女儿也渐渐地长大了，于是，国王就想趁着自己在世的时候，给女儿物色一位好驸马。

次日，国王就命人下了一道诏书：本国国王要为公主挑选一位驸马，所有本国的未婚男士都有机会娶公主为妻。但是有一个条件，城堡前面将会设置障碍，只有连续三次通过障碍的人才能进入城堡，并最终与公主完婚。需要特别说明的是，一旦选择穿越障碍，就必须要坚持到底，如果不坚持，就失去了这次选驸马的机会。

看到了国王的诏书后，很多未婚男子都去报名参选驸马。其实国王设置的障碍不是别的，只是在城堡前用砖墙砌起了乱如蜘蛛网的迷宫，其出口十分难找。因为这个迷宫十分复杂，前来参选的男子找来找去，找不到出口后，都一个个放弃了。最后，来了一个农家小伙，这个小伙采用了一个看上去既笨又聪明的做法，走出迷宫，进入城堡，成了合格的驸马人选。

你猜，这个农家小伙是如何走出迷宫的？

智力竞赛

在一个地方有这样一个风俗，那就是在每年的固定时间都要举办一次智力竞赛。

这一年，又到了智力竞赛的时间，报名来参加的人也很多。经过层层的选拔，最终有八名选手进入了决赛。到了最后的关键时刻，题目也就比前几轮难多了。今年的决赛题目是这样的：所有进入决赛的选手都将被分别关进八间屋子里，门外派有专人看管。问题就是要选手们向守卫说一句话，如果守卫能自愿放选手出去，并且不跟随选手，那么选手就赢了这次智力竞赛。选手们要注意，不能采用强制性的手段威胁恫吓守卫，要通过语言，让守卫心甘情愿放选手离开房间。

时间一点点地过去了，还是没有选手走出房间。终于，在最后的时刻，一个选手成功地摆脱了守卫的看管，走出了门，赢得了智力竞赛的胜利。

你知道这个人对守卫说了什么吗？

智斗刁钻的财主

在一个小镇上，有一个刁钻狡猾的财主，他仗着自己有钱，经常愚弄镇上人，很多人都被他愚弄过，大家对他恨之入骨。

一天，财主又想要愚弄镇上的老漆匠。财主让漆匠把一个新的方桌的颜色漆得和旧的方桌一模一样，不能有半点差错。如果漆匠能把新的漆得和旧的一样，那么财主就会给漆匠双倍的工钱，如果漆匠做不到这点，那么财主就不会给漆匠一分钱的工钱。憨厚老实的漆匠没日没夜地干了整整两天，才把方桌漆完，漆完后的方桌非常漂亮。和旧的相比，几乎没有任何差别，唯一的差别就是一个是新的，一个是旧的。但财主就抓住了这点不同，非说新的和旧的不一样，说什么也不给工钱。老实木讷的老漆匠也拿财主没有办法，没有收取这次的工钱，无奈地走了。

刁钻的财主并没有满足，他还想要愚弄漆匠。过了没多久，刁钻的财主又来找漆匠了，又想要漆匠为他去工作。漆匠想起上次的事，自然不愿再去。但是，漆匠有个徒弟，他想起师傅上次被财主愚弄的事，心里就一肚子气，早想为师傅出这口气了。于是，徒弟就表示自己愿意替师傅去财主家，不过要求双倍的工钱。财主奸诈地在内心盘算道：反正你又拿不到，不妨许给你！就答应了漆匠徒弟的要求。结果，财主又拿出上次的办法来对付漆匠徒弟，但漆匠徒弟却完全满足了财主的要求，拿回了双份的工钱。

你猜漆匠徒弟是怎么做的？

惩罚

上课的铃声已经响了，在外面玩的学生都回到了自己的座位上。老师正在黑板前讲课，同学们也都在认真听讲，只有两个男生一直在窃窃私语个不停。老师发现后，并没有马上把他俩叫起来，而是希望他俩能自觉点。然而，他们的声音越来越大了，老师这才把这两个小男孩叫了起来。原来是落在窗户上的小鸟吸引了他们的注意，他们正在议论这只小鸟。

为了让这两个小男孩吸取教训，下次不要再走神，同时也为了警示班里其他的同学，老师决定要惩罚这两个孩子。

"你们两个上课不认真听课，要受到惩罚。你们愿意接受惩罚吗？"老师说。

两个孩子答道："我们不该在上课的时候走神。我们愿意接受老师的惩罚。"

老师想了想，就说："我要你们把豌豆放进鞋子里，穿上装有豌豆的鞋子走一个星期。我想这样就能提醒你们下次不要再犯同样的错误了。"

两个小男孩很听话，他们就按照老师说的去做了。没过几天，这两个男孩相遇了。其中一个男孩走路一瘸一拐的，看起来很痛苦，但是另一个男孩走路却像往常一样方便，似乎鞋里没有豌豆。那个男孩就以为这个走路轻松的男孩，没有按照老师的要求在鞋里放豌豆。于是，他说道："你是在接受惩罚吗？我觉得你根本就没有把豌豆放进鞋里，你不按照老师的话去做！"

另一个男孩的回答很简单："我确实已经放了豌豆，我并没有违背老师的意思。只不过……"你知道这个男孩是怎么说的吗？

有智慧的商人

有一个地方经常发洪水，每次发洪水，地势低的地方都不能幸免。有一个做纸品批发的商人，为了搬运的方便，他一直把自己的纸存放在一楼。

有一次，这个城市下了一场大暴雨，河水像猛兽一样肆虐。整个城市都处于一片汪洋之中，商人的店铺也不例外。商人看着雨水慢慢地渗入了门槛，由于没有事先准备，一点儿补救的办法也没有。店里的员工都很着急，大家都在抓紧时间抢救纸张。但是，哪还来得及，纸很快被水一层层地渗湿。

店员们都在抢救纸张，唯独商人站在那里不动。过了一会儿，商人却不顾外面的瓢泼大雨跑了出去。对于商人的这一举动，店员们很吃惊。

现在这个时候，还有什么比抢救纸张更重要的事情吗？或许他是太伤心了，要出去发泄一下吧。这只是店员们的猜测。

等到商人回来的时候，店里的纸已经全部报废了。但是商人并没有难过的表情，他收拾完残局，就把店面搬到了另一个地方去了，这次商人也是选择把纸放在一楼。和以前不同的是，这次商人进了比以前多两三倍的货，做的依旧是纸张生意。

过了一段日子，这个地区又遭受了水灾，而且比上次严重得多。人们都跑到屋顶去躲避洪水了。奇怪的是，几乎城里所有的地方都遭受了水灾，但是商人的店铺却安然无恙。他的纸当然也没有被毁坏。但是由于城里其他的纸商的货都被水淹了，一时间，纸的价格就上涨了。很多出版社也急着出书，需要纸张，大家都拿着现款来找他，出高价买纸。

大家都感到很奇怪，纷纷问商人："你怎么知道这个地方就不会被水淹呢？"

商人说了一番很有哲理的话，使人们十分佩服他，你猜他说了什么？

思维小游戏

巧开资料箱

一个有 10 名队员的地质勘探队，每个队员都有一个资料箱。由于工作关系，资料不能集中管理，但每个人的资料箱里都可能有别人需要的资料。

一天，10 名队员要外出，去 10 个不同的地方勘探。这样就出现了一个问题：在外出作业期间，他们 10 个人一起回来是不可能的，如果有队员回来需要查看别人的资料就困难了。

现在每个人都有两把打开自己资料箱锁的钥匙，请问怎样才能使任何一个人回来都能打开任意一个资料箱呢？

兄弟排坐

一家中有六个兄弟，他们的排行从上到下分别是老大、老二、老三、老四、老五、老六，每个人都和与他年龄最近的人关系不好。例如，老三与老二、老四关系不好。他们围着一个圆形的桌子吃饭，一定不和自己关系不好的人相邻而坐。现在又出了点事情，老三和老五因为一点小事吵了起来，

这次排座位就更难了。你能帮助他们排一下座位吗？

巧取绿豆

找一个袋子，里面装上绿豆，然后用绳子扎紧袋子中部后，再装进小麦。在没有任何容器，也不能将粮食倒在地上或其他地方的情况下，你能先把绿豆倒入另一个空袋子中吗？

不湿的杯底

一个玻璃杯的底部里面是干的，现在要把杯子放进装满水的盆子里，但要保证杯子底部仍然是干的，你知道该怎么做吗？

小猴分桃

小猴子家里来了6位小伙伴做客，它想用桃来招待这6位小伙伴，可是家里只剩5个桃子了，该怎么办呢？只好把桃切开了，可是又不能切成碎块儿，小猴子希望每个桃最多切成3块。这就成了又一道题目：给6个小伙伴平均分配5个桃，每个桃都不许切成3块以上。小猴子急得抓耳挠腮，不知道该怎么分。

你能想个办法，帮小猴子分桃吗？

老虎过河

有3对母子老虎（所有的母老虎都会划船，3只小老虎中只有一只会划船）和一条船（一次只能载两只）。

3只母老虎不吃自己的孩子，但只要另外的两只小老虎没有其母亲守护，就会被吃掉。

怎样才能让6只老虎安全地过河呢？

燃香计时

数学课上，老师给大家出了一个问题：有两根粗细不一样的香，香烧完的时间都是1小时，用什么方法能确定45分钟的时间呢？

创意分牛

一个村子里，有个老头有3个儿子。后来，老头因病去世，留下了17只奶牛给3个儿子，遗嘱规定这笔遗产要这样分配：老三拿总数的一半，老二拿总数的1/3，老大拿总数的1/9，但不能把奶牛杀了分。

请问，3个儿子应该如何分奶牛，才能保证既不违背老人的遗愿，又不杀掉奶牛呢？

陆游倒酒

陆游到四川后居住在梓州。梓州是个山清水秀的好地方，文人们常常在这里饮酒作乐，以诗会友。

一天，有一位朋友带了一坛美酒来拜访他，陆游非常高兴，准备和好友痛饮一番。可是来访的朋友说："如果你不取出酒坛子上的软木塞，不打破酒坛，也不在酒坛上钻孔就能倒出美酒，今天这一坛酒就由你痛饮；如果不能的话，那对不起，这坛酒我就抱回去了。"

陆游听后便想出了打开酒坛的办法。你知道陆游是怎么做的吗？

圈栅栏

某个牧民家里养了牛、羊和猪3种动物，起先把它们养在一个大牧场里，而现在则需要在牧场里对称地建8道笔直的栅栏，将大牧场分成5块小的牧场，使每一块小牧场里都养着2头牛、4只羊和3头猪。牧民想了很久，终于找出了建这 8 道栅栏的方法，你知道他是怎么做的吗？

如何换毛衣

小波有一件套头式毛衣，但是他发现毛衣穿反了，印有图案的那一面被穿在了后背。他的两个手腕被一根绳子系住了，在不剪断绳子的情况下，他该怎么把套头式毛衣的正面穿在前面呢？（毛衣没有扣子）

摆铅笔

图中的 35 支铅笔摆成了回型，要求移动其中的 4 支铅笔，组成 3 个正方形。想想看该怎么移动呢？

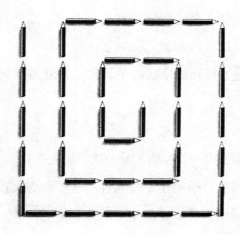

巧分鸡蛋

豆豆一不留神把刚煮熟的鸡蛋和生鸡蛋混在一起了，两种鸡蛋从外表又看不出来有什么区别。豆豆想把鸡蛋磕开看，但转念一想，如果拿的是生鸡蛋，那一磕的话鸡蛋就碎了。怎么办才好呢？

你能帮豆豆想想办法，在不把鸡蛋磕开的前提下，分辨出生鸡蛋和熟鸡蛋吗？

溢水现象

将小木块、小石块或橡皮等物品放进一个盛满水的鱼缸里，水就会从鱼缸里溢出来。

但是，如果把一条与上述物品同样体积的小金鱼放进鱼缸里，水就不会溢出来。这是为什么呢？

抢 30

有一种叫"抢30"的游戏，规则很简单：两个人轮流报数，第一个人从1开始，按顺序报数，他可以只报1，也可以报1、2。第二个人接着第一个人报的数再报下去，但最多也只能报两个数，而且不能一个数都不报。例如，第一个人报的是1，第二个人可报2，也可报2、3；若第一个人报了1、2，则第二个人可报3，也可报3、4。接下来仍由第一个人接着报，如此轮流下去，谁先报到30谁胜。

甲很大度，每次都让乙先报，但每次都是甲胜。乙觉得其中肯定有猫腻，于是坚持要甲先报，结果每次还是甲胜。

你知道甲必胜的策略是什么吗？

你的个性特征有助于创新吗

根据自己的情况，如实回答下面的问题，测试一下自己的个性特征对创新有何帮助？

1. 你常常感到紧张、慌乱、不知所措吗？

A．是　　　　　　B．说不准　　　　　　C．不是

2. 困难与挫折会使你更加坚强吗？

A．是　　　　　　B．说不准　　　　　　C．不是

3. 你吝啬、自私吗？

A．是　　　　　　B．说不准　　　　　　C．不是

4. 你觉得自己一定要承担起家庭的重任吗？

A．是　　　　　　B．说不准　　　　　　C．不是

5. 你有太多的问题需要考虑以至于觉得自己头脑不清晰吗？

A．是　　　　　　B．说不准　　　　　　C．不是

6. 你愿意接受挫折与失败吗？

A．是　　　　　　B．说不准　　　　　　C．不是

7. 你常常努力避免自己礼仪不周吗？

A．是　　　　　　B．说不准　　　　　　C．不是

8. 你非常渴望在某方面能获得重大突破或一下子获得巨大财富吗？

A. 是　　　　　B. 说不准　　　　　C. 不是

9. 你对自己的生活有一系列打算吗？

A. 是　　　　　B. 说不准　　　　　C. 不是

10. 你在众人面前会比较拘谨吗？

A. 是　　　　　B. 说不准　　　　　C. 不是

11. 你是一个果敢、无所畏惧的人吗？

A. 是　　　　　B. 说不准　　　　　C. 不是

12. 你敢于挑战权威，不怕碰得头破血流吗？

A. 是　　　　　B. 说不准　　　　　C. 不是

13. 你比较计较得失，有时会患得患失吗？

A. 是　　　　　B. 说不准　　　　　C. 不是

14. 你常因小事而惊慌失措吗？

A. 是　　　　　B. 说不准　　　　　C. 不是

15. 你善于与他人合作吗？

A. 是　　　　　B. 说不准　　　　　C. 不是

16. 你常常不达目标不肯罢休吗？

A. 是　　　　　B. 说不准　　　　　C. 不是

17. 你容易嫉妒他人吗？

A. 是　　　　　B. 说不准　　　　　C. 不是

18. 你是一个勤奋的人吗？

A. 是　　　　　B. 说不准　　　　　C. 不是

19. 你整天太忙，感到身心非常疲惫吗？

A. 是　　　　　B. 说不准　　　　　C. 不是

20. 你是一个小心谨慎的人吗？

A. 是　　　　　B. 说不准　　　　　C. 不是

21. 你所做的许多事都是为了探索奥秘、追求真理吗？

A．是 B．说不准 C．不是

22. 发现自己言行上的偏差时，你会立即纠正吗？

A．是 B．说不准 C．不是

23. 你相信自己的创新力吗？

A．是 B．说不准 C．不是

24. 你是一个有进取心的人吗？

A．是 B．说不准 C．不是

25. 别人指出你的错误时，你会痛快地承认吗？

A．是 B．说不准 C．不是

26. 只要坚信自己是正确的，即使做出很大的牺牲，你也会坚持下去吗？

A．是 B．说不准 C．不是

27. 你处理问题时常常拖泥带水吗？

A．是 B．说不准 C．不是

28. 你因挫折而放弃了许多东西吗？

A．是 B．说不准 C．不是

29. 变革与创新是你人生追求的重要组成部分吗？

A．是 B．说不准 C．不是

30. 你是一个言出必行的人吗？

A．是 B．说不准 C．不是

【评分标准】

第 1、3、4、5、7、10、13、14、17、19、20、27、28 题中选 A 得 0 分，选 B 得 1 分，选 C 得 2 分。

第 2、6、8、9、11、12、15、16、18、21、22、23、24、25、26、29、30 题中选 A 得 2 分，选 B 得 1 分，选 C 得 0 分，请统计你的得分。

【测试结果】

41 分以上：你的个性特征总体上对创新活动的开展有促进作用。

21 ~ 40分：你的个性中有一些有利于开展创新活动的特点，也存在一些不利因素。

20分以下：你的个性特征与创新活动的开展和要求有点格格不入。

你的创造力如何

如实回答下面的问题，看看你的创造力如何？

1. 你相信ESP（超感觉的知觉）吗？

2. 你曾经上过音乐课吗？

3. 在上学时，你喜欢在话剧中扮演角色吗？

4. 你热爱诗歌吗？

5. 你是不是某个剧团的成员？

6. 你曾经是一名艺术陶瓷班的学员吗？

7. 去年你有没有去参观艺廊？

8. 你擅长制图和绘画吗？

9. 你愿意成为一名艺术家吗？

10. 你穿最新的服装款式吗？

11. 你阅读彩色版的家庭杂志吗？

12. 你曾写过短篇小说吗？

13. 你愿意在电影行业工作吗？

14. 你拥有一张图书馆借书卡吗？

15. 你曾经写过诗吗？

16. 你擅长纵横字谜吗？

17. 你喜欢插花艺术吗？

18. 你会弹奏乐器吗？

19. 你愿意成为一名卡通作家吗？

20. 你愿意成为一位发明家吗？

【评分标准】

　　每回答一个"是"得 2 分，每回答一个"我不知道"得 1 分，每回答一个"不是"得 0 分。

【测试结果】

　　低于 12 分：你应充分开发自己的创造性才能。

　　很可能你为了发展一项事业而将你的才能全都投入到某一特定领域，而且你成了该领域的专家，因而没有时间研究其他的事情。

　　但是，探究新领域会使你大大拓宽自己的视野，而且能挖掘你尚未知晓的创造性天分。

　　13～25 分：你表现出具有创造性的学习能力，但你的创造能力没有机会得到发挥，只有当你投入到创造性活动中，例如绘画、写小说时，你才能充分展示自己在这方面的才能。

　　26～40 分：你有很强的创造力。

　　可能在自己的一生中尝试过许多种创造性的工作，而且打算在将来的人生中继续这样做，因为你从来不害怕尝试新鲜事物。

　　也有可能在某一需要创造性的领域获得成功，或者已经获得成功，例如作为作家、设计师或者剧团演员。

　　如果你在过去没有尝试过诸如绘画、花园设计或者作曲这类创造性活动，那么你不妨尝试一下，因为你似乎拥有从事这些工作所必要的能力，尽管这些才能尚未开发。

第二篇

哈佛机遇思维训练课
——天上掉馅饼

留意细节，善于钻研

随着经济的发展，汽车已经走进了千家万户，汽车安全也日益受到重视。现在的汽车玻璃，就算受到撞击，也不会粉碎，极大地保护了车内人的安全。而这都要归功于一次意外的发现。

法国一家化学研究所有位高级研究员名叫别涅迪克。一次，在实验室里，他准备将一种溶液倒入烧瓶，一不小心把烧瓶掉到了地上，然而，奇怪的是烧瓶并没有破碎，于是他弯下腰捡起烧瓶仔细观察，这只烧瓶和其他烧瓶一样普通，以前也曾有烧瓶掉在地上，但无一例外全都破成了碎片，为什么这只烧瓶仅有几道裂痕而没有破碎呢？只见那只烧瓶的瓶壁上有一层薄薄的透明的膜。

他用刀片小心地取下一点儿进行化验，结果表明，这只烧瓶盛过一种叫硝酸纤维素的化学溶液，那层薄薄的膜就是这种溶液蒸发后残留下来的，可能是遇空气后发生了反应，从而牢牢粘贴在瓶壁上起到保护作用。而且这种薄膜无色透明，所以一点儿也不影响视觉。

不久后的一天，他看到报纸上报道说市区有两辆客车相撞，车上的多数乘客被挡风玻璃的碎片划伤，其中一辆车的司机被一块碎玻璃刺伤了头部。他一下子想到了那只裂而不碎的烧瓶。"如果这种溶液，用于汽车玻璃的生产中，以后再发生类似的交通事故，玻璃也不会全部破碎，乘客的生命安全系数不是更有保障吗？"

他没有犹豫，立刻和玻璃生产厂商联系，共同进行技术攻关。后来他因为这个小小的发现而荣登 20 世纪法国科学界突出贡献奖的榜首。

不畏艰辛，勇于坚持

2010 上映的大片《敢死队》，风靡全球，也让大家看到了宝刀未老的史泰龙。作为全球闻名的动作影星，他也是由小人物一步步奋斗到今天的。他的成功也源自一次弥足珍贵的机遇。

刚刚出道的史泰龙生活非常艰辛，他的工作来源是一个又一个的零工：在动物园清洗狮子笼，送比萨饼，帮助别人钓鱼，在书店帮人照看书摊以及在电影院当领座员。生活的积淀，让他写出了自己的剧本：《洛奇》，他想，是不是可以凭借这个剧本进军电影圈呢？他拿到这个剧本到处找导演和制片人过目，希望找到机会，但是他有个条件，就是自己必须饰演主角。

制作商们显然不相信这个落魄的年轻人，后来终于有一天，就快要放弃的史泰龙碰到了一位愿意赌一把的制片人，到现在我们已经无法知道，这个制片人为何选择了史泰龙，也许这就是苍天的恩赐吧！片子以很低的成本在一个月以内就拍完了。谁也没想到，《洛奇》成了好莱坞电影史上一匹最大的黑马：在 1976 年，这部影片票房突破 2.25 亿美元，夺得了奥斯卡最佳影片与最佳导演奖，并获得最佳男主角与最佳编剧的提名。在颁奖仪式上，著名导演兼制片人弗兰克·科波拉由衷地赞叹道："我真希望这部电影是我拍的。"

从此，史泰龙在美国电影界崭露头角，并最终一步一步成了著名的电影演员。

抓住机遇，敢于挑战

李嘉诚出生于 1928 年，1940 年为躲避日军的侵略随父亲逃到中国香港，寄居在舅父家中。1943 年父亲去世，李嘉诚开始了起早摸黑、打水扫地的学徒生活。为了不当一辈子穷人，他时刻关注着"发财"的机会。

很快，他得到一个卖水桶的机会。别人都是将白铁水桶卖给杂货店，他却将白铁水桶卖到大树底下打牌的大婶大妈——因为这些人是最终消费者，业绩良好。这样的日子过了两年，突然有一天他遇到推销塑料水桶的，他感到白铁水桶的日子到头了。与其继续卖白铁水桶，不如卖塑料水桶。

就这样，凭着对市场机遇的敏感度，他跳槽到塑料公司做推销员，并且很快被提升为经理。大约当了两年经理后，李嘉诚逐渐了解了塑料行业。这是个新兴行业，技术低，投资少，见效快。与其给别人打工，不如自己开厂。1950年，22岁的李嘉诚就把辛辛苦苦攒下的5万港币都投进去，开了一家塑料花厂。如果李嘉诚继续在塑料花行业精耕细作，到今天李嘉诚的身价可能也就区区数亿港元。

但是李嘉诚思维灵活，视野开阔，大胆踏入了地产业，并抓住了多次重大的历史机遇，终成为香港的首富。

他的第一次重大机遇是在20世纪60年代。当时的香港，人心惶惶，市民挤兑银行，商人抛售物业，楼市、地价狂跌。

当时的李嘉诚还是一个小业主，初尝地产业的甜果，别人抛售，他就尽力吃进。结果，香港稳定下来，楼市恢复，李嘉诚赚了一大笔。第二次重大机遇是1973年底的中东战争和石油危机，数月间油价暴涨4倍多，全球经济下行，也带着香港经济陷入困境，楼市再次低迷。李嘉诚相信，萧条是暂时的，经济终将复苏，又大胆大量吃进，数年后果然得到丰厚的回报。正是在这次萧条中，香港经济的四大支柱之一的和记黄埔差点破产倒闭，被汇丰银行收购。而到1979年，李嘉诚从汇丰手中购得和黄22.4%的股份，不久即增资至40%，成为和黄董事局主席。这是李嘉诚事业的一次重大飞跃。

第三次重大机遇是20世纪80年代。大量英资纷纷撤出香港，而李嘉诚这次是越来越主动、越来越有信心地看好香港前途，继续加持房地产。到了1984年香港地产很快又红火起来，李嘉诚再一次售出楼盘，大赚一笔。

就这样，李嘉诚有效地利用了重大机遇，成为一代商业巨子，个人资产高达千亿港元。

机会青睐有准备的人

机遇就是契机、时机或机会，按照字面意思理解为忽然遇到的好运气和机会。一般来说，机遇有一定的时间限制或有效期，时间过后，就再也得不到了。所以如何抓住机遇，如何利用这个契机发展自己、壮大自己，是一门学问。

当在未知的领域进行有步骤地研究、探索时，意料之外的新发现可以作为创新的有利因素。人们在一定的理论或思想指导下，自觉地去观察、记录和实验以验证某些自然现象和科学现象时，由于这种探索带有一定的不确定性，就自然会出现与预想不一致的新现象、新启示。

对于我们在日常生活中仅就捕捉机遇而言，除了要有准备的头脑、目光敏锐、善于观察以外，还要养成认真检查机遇所提供的每一条线索的习惯。机遇提供给你的信息有明显的也有隐蔽的，有"草蛇灰线，伏笔千里"的，也有刹那就消失得无影无踪的。如果我们能抓住一次机遇，说不定就彻底改变了你的一生。

其实每天都有"天上掉馅饼"的事发生，只是很多人没有发现，或者是发现了没有实力去把握这次机会。

在机遇来到之前，我们需要沉淀，需要厚积而薄发，这样，当机遇来临的时候，我们才能一把抓住它。

转换思维，看到不一样的风景

清朝康熙年间，安徽举人王致和进京赶考，屡试不中，为谋生路，在北京前门外延寿街开了一家豆腐坊。一年夏天，王致和急等着用钱，就让全家人拼命地多做豆腐。说也不巧，做得最多的那天，来买的人却最少。大热的天，眼看着豆腐就要变馊。

王致和非常心疼，急得如同热锅上的蚂蚁一般，忽然他想到了盐，放点盐是不是能让豆腐保存久一些呢？他怀着侥幸心理，端出盐罐，往所有的豆腐上都撒了一些盐，为了去除馊味，还撒上一些花椒粉之类，然后把它们放入后堂。过了几天，店堂里飘逸着一股异样的气味，全家人都很奇怪。还是王致和机灵，他一下子想到发霉的豆腐，赶快到后堂一看：呀，白白的豆腐全变成一块块青方！他信手拿起一块，放到嘴里一尝：哎呀，我做了一辈子豆腐，还从来没有尝过这样美的味道！王致和喜出望外，立刻发动全家人，把全部青方搬出店外摆摊叫卖。摊头还挂起了幌子，上书："臭中有奇香的青方"。当时的老百姓从未见过这种豆腐，有的出于好奇之心，买几块回去；有的尝过之后，虽感臭气不雅，但觉味道尚佳。结果一传十，十传百，不到一上午，几屉臭豆腐售卖一空。

如今的"王致和"品牌被不断发扬光大，成为老百姓爱吃的日常食品。

科学家的意外收获

亨利·贝克勒耳得到一种学名叫硫酸钾铀的荧光物质铀盐，想研究一下一年前伦琴发现的 X 射线到底与荧光有没有关系。要弄清这个问题，方法其实并不难。只要把荧光物质放在一块用黑纸包起来的照相底片上面，让它们受太阳光的照射，由于太阳光是不能穿透黑纸的，因此太阳光本身是不会使黑纸里面的照相底片感光的。如果这种荧光物质由于太阳光的激发而产生的荧光中含有 X 射线，X 射线就会穿透黑纸而使照相底片感光。

于是，贝克勒耳进行了这个实验，结果照相底片真的感光了。因此，他满以为在荧光中含有 X 射线。他又让这种现象中的"X 射线"穿过铝箔和铜箔，这样，似乎就更加证明了 X 射线的存在。因为当时除了 X 射线之外，人们还不知道有别的射线能穿过这些物质。

有一天，正好是阴天，这就使贝克勒耳无法再做实验。他只好把那块已经准备好的硫酸钾铀和用黑纸包裹着的照相底片一同放进暗橱，无意中还将一把钥匙搁在了上面。几天之后，当他取出一张照相底片，企图检查底片是否漏光时，冲洗的结果却让他意外地发现，底片强烈地感光了，在底片上出现了硫酸钾铀很黑的痕迹，还留有钥匙的影子。可这次照相底片并没有离开过暗橱，没有外来光线；硫酸钾铀未曾受光线照射，也谈不上荧光，更谈不到含有什么 X 射线了。

那么，是什么东西使照相底片感光的呢？照相底片是同硫酸钾铀放在一起的，只能推测这一定是硫酸钾铀本身的性质造成的。

这种神秘的射线，似乎是无限地进行着，强度不见衰减。发出 X 射线还需要阴极射线管和高压电源，而铀盐无需任何外界作用却能永久地放射着一种神秘的射线。

贝克勒耳虽然没有完成他预想的实验，却意外地发现了一种新的射线。后来，人们把物质这种自发放出射线的性质叫放射性，把有放射性的物质叫作放射性物质。这就是世界闻名的关于天然放射性的发现。

思维训练营

思维情景再现

由于地缘差异，南方人和北方人的饮食大不一样。南方饮食讲究的是精细，而北方体现的是粗犷。很多南方小吃进军北方大城市，都很难迎合北方消费者的喜好，第一是口味不大相同，第二是小吃的制作工艺，大部分不是特别卫生，在讲究健康饮食的大城市很难得到推广。很多人于是放弃了这种想法，但是有人却发现了其中的机遇，你看出来了吗？

机遇思考术

正因为北方市场规模庞大，而且很多南方口味的小吃没有站稳脚跟，这正是一个巨大的商机，然而很多人对这个机遇要么视而不见、听而不闻，要么知难而退了。在湖北恩施，具有土家族风味的烧饼是当地的一大特色。

但是，由于制作工艺简陋，它的传播极其有限。有一位土家族女大学生意识到了这个商机。通过和精通厨艺的家人研究，他们改进了制作工艺，使得烧饼制作过程简单、卫生。而且针对北方食客的口味，让烧饼吃起来更加蓬松和有口感。

没过多久，"土掉渣烧饼"一炮打响，闻名全国，而这位大学生也获得了可观的收入。

棒极了

一个探险家和他的挑夫打算穿越一个山洞。他们在休息的过程中，探险家掏出一把刀来切椰子，结果因为灯光昏暗，切伤了自己的一根手指。

挑夫在旁边说："棒极了。上帝真照顾你，先生。"

探险家十分恼怒，于是把这位幸灾乐祸的挑夫捆起来，打算饿死他。当他一个人穿过山洞的时候，却被一群土著抓住了，他们打算杀死他来祭奠神灵。幸运的是，那些土著看到了探险家伤了手指，于是把他放了，因为他们害怕用这样的祭品会触怒神灵。

探险家感到自己错怪了挑夫，于是回去把那位挑夫松开了，并对他致以歉意。

这时候，挑夫又会说什么呢？

保护花园

有一个女歌星，她有一个非常美丽的私家花园，花园里是她精心挑选的各色各样的鲜花、蘑菇、小草……这个花园非常漂亮。可是，每到周末，总会有一些人去她的园里采摘鲜花、捡拾蘑菇，有的还会搭起帐篷，在草地上野餐。原来漂亮整洁的花园被那些人践踏之后变得又脏又乱。花园的管家曾经无数次地让人在园里四周围上篱笆，并且竖起"私人园林禁止入内"的牌子，但是这些做法都无济于事。花园依旧是经常被那些采花的人践踏、破坏。管家实在没有办法，只好向主人女歌星请示。

女歌星听完管家的汇报之后，没有说太多，只是让管家再去重新做一个木牌立在各个路口，牌子上面写上了一句话。管家按照主人的话去做了，之后，再也没有人闯进花园了。

那么请你设想一下，木牌子上究竟写的一句什么话，才能起到那么好的效果呢？

废纸的价值

德国某家造纸厂的一位技师因为一时疏忽，在造纸工序中加入胶，结果生产出了大批不能书写的废纸，墨水一蘸到纸上就会扩散开。这批废纸会给造纸厂造成很大的损失，这位技师非常焦急，做好了被解雇的准备。

当他看着那些废纸发愁的时候，忽然灵机一动。

他想出什么好办法了吗？

裴明礼的游戏

唐代有一位著名的商人叫裴明礼。有一次，他对一个处在交通要道的臭水坑发生了兴趣。那个水坑处在来往商贩的必经之路，大家只能绕道而行。裴明礼用很便宜的价格把它买了下来，在水坑中央竖起一个很高的木杆，木杆顶上挂了一个竹筐。然后在水坑旁边贴了一张告示："凡是能把石块、砖瓦投入竹筐的，赏铜钱百文。"

路过的人看到有便宜可赚，纷纷向竹筐投掷砖瓦，但是由于竹筐太高太远，几乎没人能投中。但是，人们还是踊跃参与，尤其是没事做的孩子们，把这当游戏玩。

你能说出裴明礼的真正用意吗？

"鞋脸"奇才

一位法国的艺术青年叫明尼克·波达尼夫，有一天他看到了一双被扔掉的破旧高跟鞋，他发觉那鞋子的样子有点像一张人脸。他兴致勃勃地把那鞋子加工了一番，使它看起来更像人脸。朋友们对他制作的鞋子脸谱赞不绝口，这让他产生了新的想法……

你猜他的新想法是什么呢？

报废的自由女神铜像

这是个真实的故事。

1974 年，纽约的自由女神铜像因为时间长了，铜块出现生锈老化现象，政府派人对其进行了维修更新。于是，旧的铜块被换下来，变成了一堆垃圾。为了处理这堆垃圾，纽约市政府进行了公开招标。但是，因为当时环保分子的监督十分严厉，一不小心便会为此起诉最终中标商，所以几个月过去了，一直没人敢参加招标。

这件事也成了一则新闻被刊登在许多报纸上。有个人在巴黎旅行时，从报纸上得知了这一消息，他灵机一动，便看到了这其中的商机。于是，他即刻乘飞机前往纽约，买下了这些破铜烂铁。不久，他凭借这堆破铜烂铁，赚了几百万美元。

你猜，他是如何利用这堆破铜烂铁赚这么多钱的？

把谁丢出去

20 世纪末，一家英国的报纸为了提升知名度，举行了一个高额的有奖征答活动：在未来的某一天，人类遭遇了大的灾难，眼看就要灭绝。而在一个热气球上，载着三个事关人类命运的科学家，前去拯救人类。但是，热气球由于充气不足，无法承受这个重量，于是眼看就要坠毁。而能扔的东西已经都扔掉了，下面再要减轻重量的话，只能是将科学家中的一个扔下去了。

在这三个科学家中，一个是核武器专家，他有能力阻止全球性核战争的爆发；一位是环境专家，他可以消除现在已经变得很严重的环境污染，给人类建造一个新的家园；还有一个则是粮食专家，他能够解决目前正陷入饥饿中的数十亿人口的吃饭问题。问题就是，在这个危急关头，究竟该把谁丢下去呢？这个题目的奖金高达10万英镑。

于是，全英国各地乃至其他国家的许多读者纷纷给该报社写信寄去自己的答案。其答案可以说是众说不一，有的人甚至写了长长的论文证明自己的答案的合理性。但是，最终赢得奖金的却是一个英国的10岁小男孩。

你猜他的答案是什么呢？

"钢筋混凝土"的发明

有一次，法国园艺家莫尼哀进行园艺设计的时候，需要一个坚固结实的花坛。对于建筑这行他一窍不通，但是作为一个园艺家他很熟悉植物的生长规律。他想到植物的根系密密麻麻地牢牢地抓住土壤才能使参天大树屹立不倒。如果把这个原理应用在建筑中，不就能保证花坛坚固结实了吗？

他会采取怎样的行动呢？

计识间谍

第二次世界大战时，法国的一位反间谍军官怀疑一个自称是比利时流浪汉的人是德国间谍，但是又没有足够的证据。这位军官灵机一动想到了一个办法。他让这个流浪汉数数，从1数到10。流浪汉很快用法语数完了。军官只好对流浪汉说："好了，你自由了，可以走了。"流浪汉长长松了一口气，脸上露出了笑容。这时，军官终于确定这个流浪汉是德国间谍，命令手下把他抓起来了。

你知道军官是怎么做出判断的吗？

老侦察员的答案

原理转换就是要我们遇到问题的时候，不从常规的逻辑寻求解决问题的办法，而是通过引入与本问题看似不相关的原理进行思考，从而找到解决问题的新方法。

小明拿一道化学题考他不懂化学知识的爷爷。这道化学题有 5 个备选答案：A、氯化亚铁 B、硝酸镍 C、硫酸铜 D、氯化亚铜 E、氯化亚汞。爷爷虽然不懂化学知识，但是却当过侦察员，他戴上老花镜看了看备选答案，稍一沉吟，然后告诉小明："正确的答案应该是氯化亚铜。"

小明好奇地问爷爷："您是怎么知道正确答案的？"

微波炉的发明

帕西·斯潘塞是一名电工技师，他发现了一个奇怪的现象：在安装雷达天线的时候，放在上衣口袋里的巧克力会融化。周围没有任何热源，是什么导致巧克力融化的呢？为了查个究竟，有一次，工作之前他故意在上衣口袋里放了一块巧克力。当他爬上雷达的塔台的时候，巧克力就开始融化了。他想到，也许是雷达发出的强大的电磁波导致巧克力融化的。

帕西·斯潘塞的想法正确吗？

约瑟夫的发明

约瑟夫因为家里贫穷，很小的时候就辍学回家，给别人放羊。但是约瑟夫并没有因此而自甘堕落放弃理想，他一边放羊，一边读书。当他读书读得入迷的时候，就忘了看管羊群。牧场的栅栏是用一些木桩和几条横拉的铁丝围成的，如果约瑟夫只顾读书，不管羊群，它们就会钻出栅栏，去啃栅栏外面的庄稼。老板发现后就会对约瑟夫痛加责骂。

约瑟夫想找个办法使羊群无法通过栅栏，他看到羊群从来不在长着蔷薇的地方钻出栅栏，因为蔷薇上有刺，能够阻碍羊群向外钻。于是，他想到如果用蔷薇做栅栏，羊群就不会再向外跑了。他砍下了一些蔷薇的枝条插在栅栏上，但是很快他就发现这个办法并不可行，栅栏太长了，哪有这么多的蔷薇可以插啊？

约瑟夫还会有其他好办法吗？

范西屏戏乾隆

清代著名的围棋手范西屏和施定庵是千古弈林中前所未有的大师级人物。二人同为浙江海宁人，年龄仅有一岁之差，因而被人们称为"同乡棋圣"。二人棋艺的高低历来被作为弈林的热门话题之一。

乾隆四年，二人在浙江平湖相遇。棋圣相遇，难免一时手痒难耐，于是摆开战局，一决胜负。十局之后，二人依旧难分高下，在场的棋迷都说既然二人同为棋圣，难分高下也属正常，假如一定要刻意分出高下，反而不美。

此时，正好乾隆皇帝下江南，得知此事，非常感兴趣，于是决定去会一下二人。化装为平民之后，乾隆皇帝骑着一匹大马来到了二人下棋的地方观看战况。

二人正在平湖大战，平湖周边景色宜人，风光秀丽，吸引了不少文人墨客前来观景。乾隆看着这里汇聚了不少人，于是也停下来仔细观看二人对弈情况。不知不觉已到了日落之时，二人依旧平分秋色。

范西屏抬头忽然发现了乾隆皇帝，于是起身迎接道："马有千里之气，人有万盛之态，不知贵人驾到，请恕罪。"

乾隆皇帝见身份被识破，只好摆手告诉范西屏不要张扬，他对范西屏说："听说范先生嬉游歌呼，随手应对。施先生敛眉射棋，出子甚紧。我今日过来就是想考考你们的。"

范西屏疑惑地问："您想考点什么呢？"

"这个……"乾隆皇帝思索着，转身指着波光粼粼的湖水说："我看你俩棋场上奋力厮杀，难分高下，关键之处杀得惊心动魄。都说二位落一子而力千斤，但是不知道二位是否有本事在落子间使我连人带马跳进湖里？"

　　施定庵本是出身书香世家，十分文雅，听到乾隆皇帝出言如此不逊，便有些不高兴，冷冷地回答："湖水无盖，毫无阻滞。假若有心下水，何须拘泥于我等？刻意深求，反而过犹不及。"说完便转身专心下棋，不再接话茬儿。

　　而范西屏听后则是看了一眼清澈见底的湖水，然后一边挠挠头，一边对乾隆皇帝说："我虽不能落子推您下湖，但是却能借助举子之力牵您和马从湖里跃上来。"

　　乾隆听后，很是好奇，没多想就跃马跳入浅湖里，对着范西屏大声喊道："我倒要试试看，你如何让我和马从水里跳出来！"

　　结果范西屏不仅做到了"落子推入湖"，也做到了"举子牵马归"。乾隆不禁大窘，但是也心服口服。

　　那么你知道范西屏用的是什么办法吗？

自动洗碗机的畅销

　　解放战争时期，有人想把一批银圆从武汉运往上海。那时，长江一线匪盗猖獗，他害怕有什么闪失，苦思冥想也想不出万全之策。后来，一位姓吴的先生愿意帮他把钱运过去。吴先生把那批银圆全部买了洋油，洋油装船运输，就比直接装银圆运输安全多了。洋油运到上海之后，立即转手卖了，把洋油换成钱，这样就把问题轻而易举地解决了。当这批洋油运抵上海时，碰巧遇上洋油大涨价。这样吴先生不但把全部银圆安全"运"到了上海，而且还大赚了一笔。

　　有时候，用直来直去的方法很难解决问题，如果遇到"此路不通"的情况，我们就需要运用目标转换的思维方法另辟蹊径，借助一个间接的目标来实现最终的目标。推销也一样，有时直接推销很难达到目的，如果进行目标转换之后，通过另外的渠道间接推销反而能如愿以偿。

　　美国通用公司发明了一种全自动洗碗机，本以为这种先进的电器会很受欢迎，但是摆上货架之后却无人问津。公司的策划人员以为是宣传不够，于是通过各种媒体大力宣传这种洗碗机的好处，但是人们还是对洗碗机不感兴趣。

眼看这种新型洗碗机就要夭折了，策划专家会如何运用转换思维创造机会呢？

霍夫曼的染料

有时候，在我们向着一个目标前进的过程中，会出现一些与我们的目标不相关，但是可能对其他领域有重大意义的现象。我们应该借助水平思考法中的创造性停顿来想一想目前的状况是不是对其他领域有意义。

奎宁是医治疟疾的良药，但是天然奎宁的数量有限，一旦疟疾流行起来，就会出现奎宁短缺的现象。19世纪40年代担任英国皇家化学院院长的霍夫曼试图用化学方法合成奎宁。他的学生帕琴按照老师的想法进行了多次实验，但是每次都失败了。他并没有放弃努力，继续做实验，结果还是没有成功。

霍夫曼会就此放弃吗？

狐狸的下场

狼和狐狸是好朋友，经常在一起捕食。一天，两位好朋友又一起外出打猎，很不巧地，它们遇上了凶猛饥饿的老虎。

怎么办？狡猾的狐狸眼珠一转，想出了一个馊主意。它回头对狼说："狼大哥，我曾经跟老虎打过几次交道，还算有点交情，让我去求一下情吧，也许它能放过我们。"

狐狸满脸堆笑地走到老虎面前，压低声音道："大王，如果我们两个联合起来对付你，很可能你不但吃不了我们，还会落个两败俱伤。所以，我看不如这样，咱们两个联合起来，我负责把狼引入一个陷阱里头，然后你吃掉狼，放掉我，怎么样？"

老虎想了想，点点头道："好，那你去引狼吧，如果你敢耍花招，我会立刻把你给吃掉。"

就这样，在狐狸的引诱下，狼被困到了一个陷阱里面。但是这时候，藏在旁边的老虎却突然窜出来把狐狸给抓住了。

狐狸大惊："大王，我们不是说好了吗？再说，我对您可是忠心耿耿啊……"

你猜老虎会怎么说？

大错误与小错误

后滕清一原本是三洋电机公司的副董事长，辞职之后，他投奔了赫赫有名的松下公司，并担任了厂长。

在其在任期间，曾遭遇一次由于工人违反操作规章而致失火的事故，损失极为严重。事情发生之后，后滕清一心中恐慌至极，他想平时哪怕自己打电话时一句问候语说得不到位，都会受到松下先生的严厉斥责，这次出了这么大的事，不定会受到多重的责罚呢。但他万万没有想到，松下接到报告后只轻描淡写地对他说了四个字："好好干吧！"

这短短的几个字当时就让后滕清一感动得一塌糊涂，立即暗暗发誓至死效忠松下，把全副精力都投入到工作中去。后来的事实证明，后滕清一的厂长做得的确是史无前例的好。

你能分析一下这其中的道理吗？

神圣河马称金币

很早以前，非洲大陆上生活着很多个部落，其中一个叫土也胡特的部落，以河马为图腾，视之为神物。而这个部落的酋长还专门养了一匹河马，对其精心照料。

不过，酋长也没有白养这匹河马，这匹河马对酋长有一个特殊的作用。每年在酋长生日这天，酋长和他的收税官都要用王室的船载着河马，沿河游览到收税站去。到了那里以后，当地的税官就要根据当地的习俗供奉给酋长金币，而称量金币时，正是让这匹河马站在一个巨大天平的一端，另一端则放金币，直到金币的重量达到了河马的体重为止。

不过对于交税问题，百姓们十分头疼，因为他们发现自己要供奉给酋长的金币一年比一年多。这是为什么呢？

原来酋长的河马因为被精心喂养，越来越膘肥体壮，每年体重都要增加许多。因此百姓们每次都要供奉比上年多许多的金币才能等同于河马的体重。

这一年，酋长又带着收税官前来收税了。可是，正在称量金币时，意外发生了。因为那匹河马经过一年后，体重又增加了许多，只见收税官不停地往站着河马的天平的另一端放金币，金币已经放上去很多了，可是秤的指针依旧偏向河马的那边。

等又放上去一些金币的时候，秤杆"啪"的一声折断了。这下麻烦了，要修好秤杆，至少需要几天的时间。

过来收税的酋长一见到这种情况非常气愤，他告诉收税官："今天我要得到我的金币，而且必须是准确的数量。如果在日落前称不出金币，我就砍掉你的脑袋。"说完，酋长就怒气冲冲地走了。

可怜的收税官这时脑袋一片空白，吓得几乎不能想问题。等他缓过神来，酋长早已走远了。这时，收税官强打精神，苦苦思索起来。经过几个小时的思考后，他突然有了一个好主意。你能猜出是什么主意吗？

熬人的比赛

有个原始部落，虽然整个世界已经进入了现代，但这里的人凡事都做得很笨拙，甚至有些好笑，从下面这个故事便能看出来。

这个原始部落的首领有两个儿子，首领对他们都很喜欢。随着自己渐渐老去，首领想要在两个儿子中挑出一个人来接替自己的位子。但是，他迟迟拿不定主意究竟将位子传给谁。一天，首领想来想去，终于想到一个自以为高明的办法，那就是让两个儿子各自骑上一匹马，跑向一个地方。

谁的马后到达，首领就将位子传给谁。于是，两个儿子依照规矩，各自骑上马出发了。两个人谁也不敢走得快一些，都想尽办法拖延时间，甚至走走退退。

如此一来，本来一天可以走完的路，两人走了三天，还没有到达，首领及部落的人都等得很不耐烦。

显然，这样的比赛方法，可能再过一个月，也不会有结果。看来这个原始部落的人的确笨得出奇。

那么，你作为一个现代聪明人，假设你正好旅游到了此地，并在路上遇到了两兄弟，你能否给他们出个主意，在不违反首领的比赛规则的情况下，尽快结束这熬人的比赛？

青年的理由

这个故事发生在远古的希腊时代。那时候，有一个年轻人特别热爱演讲，他想把演讲作为自己以后一直从事的事业。但是，当他把自己的理想告诉父亲的时候，却遭到了父亲的强烈反对。

父亲的理由是这样的："演讲是一个两难的职业。如果你说真话，那么一些达官显贵就会憎恨你；如果你说假话，那么贫民老百姓就不会喜欢你。但是演讲就必须说话，或者真话，或者假话。无论说真话还是说假话，你都会得罪人，所以，你不能把演讲作为你终身的职业。"

父亲的话似乎很有道理，年轻人一时感到难以辩驳。但是，过了一会儿之后，他突然想到了辩驳父亲的好主意。他再次找到父亲，说出了自己的理由。父亲一听，不得不点点头，同意了他的要求。

如果你是那位年轻人，你会怎样说服父亲呢？

思维小游戏

父亲和儿子

父亲和儿子的年龄个位和十位上的数字正好颠倒，而且他们之间相差27岁。

请问父亲和儿子分别多大？

弹子球

詹妮和杰迈玛本来有相同数量的弹子球，后来詹妮又买了35颗，而杰迈玛丢了15颗，这时他们两人弹子球的总数是100。

请问刚开始时詹妮和杰迈玛分别有多少颗弹子球?

动物散步

图中的问号处应该分别填上什么动物?

7只小鸟

7只小鸟住在同一个鸟巢中。它们的生活非常有规律,每一天都有3只小鸟出去觅食。

7天之后,任意2只小鸟都在同一天出去觅食过。

将7只小鸟分别标上序号1~7,请你将它们这7天的觅食安排详细地填在表格中。

时 间	觅食的小鸟序号
第1天	
第2天	
第3天	
第4天	
第5天	
第6天	
第7天	

猫鼠过河

3只猫和3只老鼠想要过河，但是只有一条船，一次只能容纳2只动物。无论在河的哪一边，猫的数量都不能多于老鼠的数量。

它们可以全部安全过河吗？

船最少需要航行几次才能将它们全都带过河？

谁是谁

汤姆总是说真话；狄克有时候说真话，有时候说假话；亨利总是说假话。

请问图中的3个人分别是谁？

中间的人是亨利。

我是狄克。

中间的人是汤姆。

哪一句是真的

下面哪一句话是真的？

1. 12 句话中有 1 句是假的。

2. 12 句话中有 2 句是假的。

3. 12 句话中有 3 句是假的。

4. 12 句话中有 4 句是假的。

5. 12 句话中有 5 句是假的。

6. 12 句话中有 6 句是假的。

7. 12 句话中有 7 句是假的。

8. 12 句话中有 8 句是假的。

9. 12 句话中有 9 句是假的。

10. 12 句话中有 10 句是假的。

11. 12 句话中有 11 句是假的。

12. 12 句话中有 12 句是假的。

通往真理城的路

真理城的人总是说真话，而谎言城的人总是说假话。

你在去往真理城的路上看到了下面的这个路标，但是这个路标让人摸不着头脑，因此你必须要向站在路标旁边的人问路。

不幸的是，你并不知道这个人究竟是来自真理城还是谎言城，而你只能问这个人一个问题。

你应该问一个什么问题，才能找到通往真理城的路呢？

3种人

鲁勒奴都斯城的市民分3种：只说真话的人、只说假话的人以及一次说真话一次说假话的人。

你遇到了这个城市里的一个居民，你可以问他两个问题，最后你必须通过他的回答来判定他属于哪一种人。

你会问他哪两个问题？

真理与婚姻

国王有两个女儿，一个叫艾米莉亚，一个叫莱拉。她们中有一个已经结婚了，另一个还没有。艾米莉亚总是说真话，莱拉总是说假话。一个年轻人要向国王的两个女儿中的一个提一个问题，来分辨出谁是已经结婚了的那个。如果答对的话，国王就会将还没有结婚的女儿嫁给他。

他应该怎样问才能娶到公主呢？

理发师费加诺

小城里唯一的一位理发师名叫费加诺。在所有有胡子的居民中，费加诺给所有自己不刮胡子的人刮胡子，他从来不给那些自己刮胡子的人刮胡子。也就是说，一个人要么自己刮胡子，要么让费加诺给他刮胡子，没有人两种方法都使用。我们的问题是，费加诺自己有没有胡子？

士兵的帽子

第二次世界大战中，一个军营里有 100 名士兵因违反纪律将受到惩罚。司令官把所有的士兵集合起来，说：

"我本来想让你们全体罚站，不过为了公平起见，我准备给你们最后一次机会。一会儿你们会被带到食堂。我在一个箱子里为你们准备了相同数量的红色帽子和黑色帽子。你们一个接一个地走出去，出去的时候会有人随机给你们每人戴上一顶帽子，但是你们谁都看不到自己帽子的颜色，只能看到其他人的，你们要站成一列，然后每一个人都要说出自己戴的帽子是什么颜色。答对的人将免受惩罚，答错了，就要罚站。"

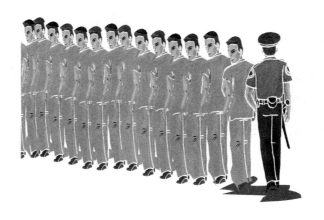

过一会儿后，每一个士兵都戴上了帽子，现在请问，士兵们怎样做才能逃脱惩罚呢？

男孩的特征

一个班有 20 个男孩，其中有 14 个人是蓝眼睛，12 个人是黑头发，11 个人体重超重，10 个人非常高。

请问一共有多少个男孩同时具备这 4 个特征？

真正的出路

一个顽皮小孩独自闯入一座迷宫，在里面走了很久，一直没有找到出口，孩子吓坏了。这时，他走到一个三岔路口，发现每个路口都有个牌子，上面写了一句话，第一个路口的牌子上写着："这条路通向迷宫的出口。"第二个路口的牌子上写着："这条路不通向迷宫的出口。"第三个路口的牌子上写着："另外两条路口上写的话，一句是真的，一句是假的，我们保证，上述的话绝不会错。"那么，他要选择哪一条路才能出去呢？

抢钱的破绽

一名女出纳员拎着一个空手提包向民警报案："我叫夏扬，是远华进出口公司的出纳员。上午 9 点钟，我去市农业银行取了 10 万元人民币放进手提包里，当我走到十字街口的时候，一个骑摩托车的歹徒，突然停在我身边，狠狠地打了我一拳，我头一晕，倒在了地上，当我醒来时，手提包里的 10 万元人民币不见了。"听完夏扬的叙述，民警冷笑一声，说："小姐，你涉嫌作案，请跟我们到公安局去！"在公安局，夏扬不得不交代了她伙同男友作案的过程。请问：民警是根据什么断定夏扬作案的？

你的观察能力很强吗

你善于观察身边的事物吗？你能在观察中找到快乐吗？你有洞悉一切的潜质吗？请看看下面的题目。

本测试共 15 题，不要思考，凭第一直觉立刻作答， 10 分钟内完成。

1. 清晨一睁眼，你会怎么样？

A．记起梦中的情景（3分）

B．想起应该马上完成的事情（10分）

C．想一想昨天都发生了什么（5分）

2. 见到一位陌生人时，你最先注意到什么？

A．把他从上到下全都看一番（10分）

B．只是留意他的面孔（5分）

C．注意到他脸上的某一特别部位（3分）

3. 走在热闹、繁华的街头，你会留意什么？

A．马路上的汽车（5分）

B．身边走过的行人（10分）

C．街旁的建筑物（3分）

4. 在拥挤的公交车上，你会怎么样？

A．旁若无人，只看窗外（3分）

B．看谁离你最近（5分）

C．与旁边的人交谈（10分）

5．走进一间办公室时，你会观察到什么？

A．留心办公家具的位置（3分）

B．注意墙上悬挂的物品（10分）

C．注意各种用具的具体放置方式（5分）

6．当你的书看到一半需要放下时，你会怎么做？

A．在里面放上书签（5分）

B．用铅笔在读过的末尾做标记（10分）

C．自己能够记得所读位置（3分）

7．你出席晚宴，面对一桌丰盛的宴席，你会怎样？

A．注意一下该来的人是不是都到齐了（10分）

B．看看所需的椅子是否摆好了（5分）

C．赞扬它的精致、丰富（3分）

8．如果同事让你去玩一个你从未接触过的博彩游戏，你会怎样？

A．想尝试一下，并且希望能有好运（10分）

B．找某些借口不去参与（5分）

C．直接说出对此不感兴趣（3分）

9．你能够记住与你住在同一单元那些人的哪些方面？

A．长相、习惯的穿着（5分）

B．姓名、称呼（10分）

C．什么都没记住（3分）

10．如果你正在找寻物品，你会怎样？

A．注意力放在物品最有可能出现的地方（10分）

B．仔细查找（5分）

C．寻求帮助（3分）

11. 当你看到街边琳琅满目的橱窗时，你会注意哪些？

A. 注意自己需要的东西（3分）

B. 看眼下根本用不着的东西（5分）

C. 观察每件物品（10分）

12. 看到你亲朋好友家中旧时的全家福，你会持什么态度？

A. 想要知道里面那些人中哪位是你的好友（10分）

B. 很兴奋（3分）

C. 感觉很有意思（5分）

13. 在广场等人时，你会做些什么？

A. 思考问题（3分）

B. 看杂志（5分）

C. 留心身边走过的人（10分）

14. 面对满天星斗的夜空，你会怎么样？

A. 努力查找每一个星座所处的位置（10分）

B. 只是呆呆地看天空（5分）

C. 什么也不看（3分）

15. 你看过一处优美景致，给你留下最深印象的是什么？

A. 色彩（10分）

B. 天空（3分）

C. 心中涌起的思绪（5分）

【测试结果】

括号内对应的是各选项的得分，将你所选选项的对应得分相加，即为你的总得分。

100～150分：你观察力很敏锐，通过观察，你能够很准确地分析、评价自己和他人。

75～99分：你有比较敏锐的观察力，但还可以进一步提高对周围事物的判断能力。

45～74分：你只关注表面的东西，对于隐藏在背后的深层问题没有太大的热情。有时候，以自我为中心，对外界一切事情不闻不问。

不过人的观察力并不是天生的，所以你完全有可能通过自己的努力，强化自己观察事物的能力。

你的竞争力有多强

如实回答下面问题，测试一下你的竞争力有多强。

1. 我从不和别人攀比。

2. 如果别人问了一个我不懂的问题，为了面子我也会装作明白。

3. 我的一个亲密的异性朋友是一个很有魅力的人，我对此很高兴。

4. 我不喜欢和比我棒的人在一起。

5. 我很愿意在团体中工作。

6. 我不喜欢别人只求与世无争的论调，人是应该互相竞争的。

7. 如果别人的车比我好，我就会想买更好的。

8. 我愿意先苦后甜，取得最终的胜利。

9. 靠挤压别人成功并不是唯一可行的路。

10. 我更倾向于个人比赛，因为团体赛中个人差别太大，不好配合。

11. 我把别人的成功，当作一种动力，这会让我更努力。

12. 我不会去参加那些没有可能获胜的比赛。

13. 不能一味争强好胜，面对一件错综复杂的事，我们应该多思考。

14. 我喜欢在打扮上超过别人。

15. 家里的电器和体育器械都是市场上最好的。

16. 我只求做好自己的事，别人怎么争与我无关。

17. 为了引起别人的注意，我愿意做任何别人看不上的工作。

18. 成功的人也有不如意的地方，所以不必和他们攀比。

19. 做一个名人要牺牲自己的个人空间，所以我喜欢做一个平凡人。

20. 被问及私人问题时，为了自尊会把不好的情况隐瞒。

21．我不喜欢在我面前装作很在行的人，尤其对方说的是我很懂的事。

22．我平时总用一些诸如体力、工作效率等指标进行自我测试。

23．如果能得到丰厚的回报，拼命工作也是值得的。

24．参加体育项目只在于乐趣，不在于名次。

25．争强好胜对于一个人来说并不是最主要的事。

【评分标准】

第1、5、9、13、16、18、19、22、24题，选A得5分，选B得4分，选C得3分，选D得2分，选E得1分；余下各题，选A得1分，选B得2分，选C得3分，选D得4分，选E得5分。

【测试结果】

97分以上：你会追逐胜利，一味与人竞争。

87～96分：你乐于接受挑战，与人竞争。

71～86分：你会根据实际情况选择参与竞争与否。

52～70分：你总是想办法不和别人竞争。

25～51分：你总是逃避现实，害怕与别人竞争。

你看人或事物的眼光如何

中国有句古话："画龙画虎难画骨，知人知面不知心。"是说认识一个人的外表很容易，但要了解他的真实性格和实质却很困难，看来识人还是一种能力，那么你具有识人的慧眼吗？想知道就请做下面的测试。

小时候看过的童话故事，就其内容你可曾质疑过？在《卖火柴的小女孩》的童话里，你对下列哪一项最感到不解？

A．小女孩不从父亲那里逃出来

B．没有一个人向她买一盒火柴

C．没有一个人帮助那小女孩

D．小女孩卖火柴

【测试结果】

选A：在家被酗酒的父亲虐待，还要出来赚钱养他。不离开父亲，所以不断被折磨受苦；离开父亲的魔掌，就可能脱离苦海。你看出原因与结果之间的矛盾，表明你对别人的言行，有冷静的分析能力。

选B：太着眼于表象，重视结果甚于过程。对你来说，最要紧的是结果怎样，而不是如何费心思做出来。在经商上，这也许行得通。不过你会对作弊得来的95分比靠努力与实力得到的60分，给予更高的评价。

选C：对"没有人帮助小女孩"觉得奇怪，正是中了原作者的下怀。这也表明你看人的眼光稍差。为人正直是件好事，但你竟毫无疑人之心，人家说的话照单全收，丝毫没有防人之心，这不是好事。

选D：贫苦的小孩极需要钱过圣诞，怎么会买火柴？在这喜气洋洋、家家狂欢的年节，再奢侈的东西人家也舍得买。这时卖火柴，不是很不谐调吗？能表达这种观点的人，看人的眼光一级棒。

第三篇

哈佛积极思维训练课
——从光明角度看世界

思维热身

阳光向上，活出不一样的自己

姚明，是中国篮球的标志和骄傲，他让世界了解了中国的"移动长城"，也带领中国队取得了巨大成就。

不少人崇拜姚明，不光是因为他在篮球场上的霸气，还因为他那积极乐观的精神。在姚明的菜鸟赛季，不少 NBA 比赛评论员认为他只是一个傻大个而已，缺乏力量和爆发力。而且姚明初到美国，无论是语言还是习惯，对他来说都是一个新的考验。

姚明乐观积极的心态帮助了他，他在训练之余，玩着《魔兽世界》的游戏，自得其乐，他对记者说："菜鸟就菜鸟呗，慢慢来。"他把压力抛在了脑后，积极训练，结果让所有的专家大跌眼镜，拿到了赛季的"最佳新秀奖"。

后来，姚明成为球队的领袖，被很多人称为 NBA 最顶尖的几个中锋之一。然而，天有不测风云，每个运动员都不想发生的事发生在了姚明身上，那就是伤病。面对这种情况，姚明没有怨天尤人，在养病期间，他积极参加公益活动，并且积极配合队医治疗，争取早日返回赛场。

没有什么可以打败一个人，除了你自己。只要自己有积极的人生态度，不管何时，你都能笑对人生。

积极进取，做命运的拓荒者

亚伯拉罕·林肯，是美国第十六任总统。他领导了美国南北战争，颁布了《解放黑人奴隶宣言》，维护了美联邦统一，为美国在 19 世纪跃居世界头号工业强国开辟了道路，使美国进入经济发展的黄金时代，被称为"伟大的解放者"。这位伟人一辈子都事事顺利吗？显然不是。

以下是林肯进驻白宫前的简历：

1831 年，经商失败。

1832 年，竞选州议员——但落选了。

1832 年，工作丢了，想就读法学院，但进不去。

1833 年，向朋友借钱经商，但年底就破产了，后来花了 16 年才把债还清。

1835 年，再次竞选州议员——赢了！

1835 年，订婚后即将结婚时，未婚妻却死了，因此他卧病在床 6 个月。

1840 年，争取成为选举人——失败了。

1843 年，参加国会大选——落选了。

1848 年，寻求国会议员连任——失败了。

1849 年，想在自己的州内担任土地局长的工作——被拒绝了。

1854 年，竞选美国参议员——落选了。

1858 年，再度竞选美国参议员——再度落败。

1860 年，当选美国总统。

林肯的伟大，看来不是偶然的。一般人经历这么多次的打击，早已经心灰意冷，放弃人生了。积极的人生态度让林肯永不放弃，他在逆境中，不屈不挠，忍辱负重；在胜利之时，不居功自傲，而是始终保持着谦虚质朴，宽厚仁慈的平民本色。

这样的人，谁不敬仰和爱戴呢？

别让嫉妒绊住你前进的脚步

"在绝望中寻找希望，人生终将辉煌。"这句话不知道鼓励了多少身处逆境的人们。

生活中其实没有绝境。绝境在于你自己的心没有打开。你把自己的心封闭起来，使它陷于一片黑暗，你的生活怎么可能有光明！

封闭的心，如同没有窗户的房间，你会处在永恒的黑暗中。但实际上四周只是一层纸，一捅就破，外面则是一片光辉灿烂的天空。

改变可以改变的

你改变不了环境，但你可以改变自己，让自己适应环境。

你改变不了现实，但你可以改变人生的态度，正视现实。

你改变不了过去，但你可以改变现在，从今奋发图强。

你不能选择容貌，但你可以展现你的笑容，让别人喜欢你。

你不能控制他人，但你可以把握自己，做到自信、自律、自强。

你不能延伸生命的长度，但你可以决定生命的宽度，事事尽心。

你不能测量人生的河流有多长、有多深，但是你可以做一条快乐的鱼儿，自由地游荡。

所谓积极思考术，就是人无论身处什么困境，都能摒弃悲观的念头，用豁达、冷静的态度尽量稳定自己的情绪，并从困境中看到希望，找到克服困难的办法，从失败中看到成功。

每个人都渴望幸福，现在的你幸福吗？你还希望自己更加幸福吗？

幸福不是一个终极目标，如果人生就是为了追求幸福，那么这个人生事实上是不太幸福的。因为幸福应该是一个过程，不是一个终点。

俗话说，人生不如意者十之八九。在漫长的人生中，能够自己规划好自己的行程，而且如意地向前推进，这当然是最理想的，可是，天有不测风云，人有旦夕祸福。人生经常发生事与愿违的事情，我们应该怎么办呢？

其实现状已经无法改变，那么我们就勇敢地去面对它吧！尝试通过积极思考来解决你的人生难题，也许你的一切都会向好的方面发展。

积极思考有以下几个特点：

1. 用光明积极的态度看待世界。

2. 将苦恼化为快乐。

3. 永不屈服，永不放弃。把乐观的信念贯彻于自己的行动中，让自己随时感受身边的真善美。

人和动物的区别就在于，人是有思想的，思想会自我实现。很多实验和事实也证明了这一点，人的心态可以改变很多东西。

有一个实验是医生给妊娠反应很大的妇女一些维生素片，然后告诉她们这是防止呕吐的特效药，在服用了这样一些"特效药"之后，她们剧烈的妊娠反应消失了；另一组实验是给未怀孕的女性一些无害却促使人呕吐的药物，但是告诉她们，这也是防止呕吐的特效药，结果，她们没有呕吐。

这两组人都深信自己吃了医生给的特效药。这就是心态的力量。也许我们知道真相后会觉得自己被医生"愚弄"了，会非常气愤，但事实上，我们常常在生活中"愚弄"自己。

有一个意外的事故证明这一点。一位铁路工人意外地被锁在一个冷冻车厢里，他清楚地意识到他是在冷冻车厢里，如果出不去，就会冻死。不到20小时之后，冷冻车厢被打开时，他已死了，医生证实他是冻死的。

可是，经过仔细检查车厢后发现，冷气开关并没有打开！

那位工人确实死了，因为他确信，在冷冻的情况下是不能活命的。从某种程度上来说，他也是被自己的思想狠狠地"愚弄"了一把。

积极思考不仅是一种思维方式，更是一种人生态度。积极的思想可以带给我们积极的行动和反应，无数事实与科学研究证明，只有你自己不放弃，渴望在这个世界上得到点什么，你才有可能得到它。

积极思考需要我们有颗乐观的心，下面介绍一些能让我们积极乐观的小窍门：

1. 举止像你希望成为的人。用笔写下来你希望成为的这个人的优点，然后努力让自己具有这些品质。积极行动会激发积极的思维，而积极思维会赋予积极的人生心态。

2. 卡耐基说过："一个对自己的内心有完全支配能力的人，对他自己有权获得的任何东西也会有支配能力。"

当我们开始运用积极的心态并把自己看为成功者时，我们就开始成功了。

3. 用美好的感觉、信心与目标去影响别人。当你的心态与行动日渐积极，你就会慢慢获得一种美满人生的感觉，对人生幸福的感悟也会越来越多。很快，别人会被你吸引，因为幸福是可以传染的，人总是喜欢跟积极乐观者在一起，运用别人的这种积极响应来发展积极的关系，同时帮助别人获得这种积极态度。

4. 永远也不要消极地认为有什么事是不可能的。首先你要认为你能行，然后再去尝试。把成败荣辱这些观念统统抛去，把消极思维消灭在萌芽状态，谈话中不提它，想法中排除它，态度中抛弃它，不再为它提供理由，不再为它寻找借口，把"不可能"抛弃，而用"可能"来替代它。

5. 不要为已经发生的悲剧过分难过，甚至影响你以后的规划。人的一生，很难一帆风顺，就连不少叱咤风云的伟人，一辈子也几起几落，历经坎坷。我们能做的，只有接受已经发生的事实，勇敢地继续我们的行程。

既然已经无法改变了，那就勇敢面对它。"祸兮福所倚，福兮祸所伏"，也许，在以后的日子里，你会发现，塞翁失马焉知非福。

思维风暴

热情能治疗生活

有这样一个故事：一位军人奉命去沙漠演习，他的妻子也随他一同前往，结果这位家庭主妇只能一个人留在闷热的小铁皮营房里。

更要命的是，她的身边只有语言不通的墨西哥人和印第安人，他们看起来是那样鄙俗、那样无知，这位女士无法想象跟他们在一起交流的情形。于是她写信给父母，说无论如何都要抛开一切回家去。

父亲回信，只有两行字：两个犯人都从牢里的铁窗望出去，一个看到泥土，一个却看到星星。她反复看这封信，终于决定积极思考自己的处境。她决心要到沙漠里找"星星"，她开始尝试着和当地人交朋友，开始研究那些使人着迷的仙人掌和各种各样的沙漠植物，后来，她竟痴迷于这里的生活，流连忘返，又快乐又成功。最后还根据当地特有的风土人情写出了一本畅销书：《快乐的城堡》。

"不择手段"地寻找活着的理由

在动物王国里，老鼠的胆小是出了名的，它们无时无刻不受到惊吓，心里总是压着大石头一般。

有一次，众多老鼠聚集在一起，都为自己的胆小无能而难过，悲叹自己的生活中充满了危险和恐惧。

它们越谈越伤心，就好像已经有许多不幸发生在自己身上，而这也就是它们之所以成为老鼠的原因。到了这种地步，负面的想象便无止境地涌现出来。它们怨叹自己天生不幸，既没有力气和翅膀，也没有可以吓人的保护色，日子只能在东怕西怕中度过，就连想要抛弃一切大睡一觉，也有什么都听得见的尖耳朵来阻挠，连自己想着都觉得憔悴。

它们觉得自己的这种生活是毫无意义的，这又更加成了它们自我厌恶的根源。于是它们做出一个决定：与其一生心惊胆战，还不如一死了之。

于是，它们一致决定跳湖了结自己的生命，结束一切烦恼。就这样决定了，于是它们一齐奔向湖边，想要投湖自尽。这时，一些青蛙正围在湖边蹲着，听到急促的脚步声，如临大敌，立刻跳到深水里逃命去了。

这是老鼠每次到湖边都会看到的情景，但是今天，有一只老鼠突然明白了什么，它大声地说："快停下来，我们不必吓得去寻死寻活了，因为我们现在可以看见，还有比我们更胆小的动物呢！"

这么一说，老鼠们的心情奇妙地豁然开朗起来了，好像有一股勇气喷涌而出，于是它们欢天喜地回家去了。

这样也可以不死

一位游客在森林中漫游时，突然遇见了一只饥饿的老虎，老虎大吼一声就扑了上来。他立刻用最快的速度逃开，但是老虎紧追不舍，他一直跑一直跑，最后被老虎逼到了几米高的悬崖边。

站在悬崖边上，他想："与其被老虎捉到，活活被咬死，还不如跳下悬崖，说不定还有一线生机。"

他纵身跳下悬崖，非常幸运地卡在一棵树上。那是长在断崖边的果树，树上结满了果子。

正在庆幸之时，他听到悬崖深处传来巨大的吼声，往崖底望去，原来还有一只凶猛的老虎正抬头看着他，老虎的声音使他心颤，但转念一想："既然都是老虎，被哪只吃掉都是一样的。"

刚一放下心，又听见了一阵声音，仔细一看，两只老鼠正用力地咬着果树的树干。他先是一阵惊慌，立刻又放心了，他想："被老鼠咬断树干跌死，总比被老虎咬死好。"

情绪平复下来后，口渴难耐的他看到果子长势喜人，就采了一些吃起来。他觉得一辈子从没吃过那么好吃的果子，吃饱以后他心想："既然迟早都要死，不如在死前好好睡上一觉吧！"于是靠在树上沉沉地睡去了。

睡醒之后，他发现老鼠不见了，老虎和狮子也不见了。他顺着树枝，小心翼翼地攀上悬崖，终于脱离了险境。

原来就在他睡着的时候，老虎实在按捺不住，跳下了悬崖。跳下悬崖的老虎一下子吓走了老鼠，还与崖下的另外一只老虎展开激烈的打斗，最终双双负伤逃走了。

想法越多，烦恼越多

十几岁的学生汤姆一点儿也不快乐。他经常为很多事情发愁，刚考完试，他就会想自己是不是漏答了一个题目，以至于会不及格；从家里出来，他会想自己吃早餐的时候，是不是说话太没礼貌，冲撞了妈妈……他总是想那些做过或者没发生的事，然后凭空担心；总是回想那些说过的话，后悔当初没有将话说得更好。

一天早上，爸爸忽然把他叫到一旁，然后拿出了一瓶装得满满的牛奶。过了一会儿，爸爸突然站了起来，一巴掌把那牛奶瓶打碎在水槽里，同时说道："你觉得可惜吗？"

"当然可惜啊，这么大一瓶牛奶。"汤姆回答道。

"不要为打翻的牛奶而哭泣。"爸爸说完这句话后把汤姆叫到水槽旁边，"好好地看看那瓶打翻的牛奶。"

"好好地看一看，"爸爸对汤姆说，"我希望你能一辈子记住这一课，这瓶牛奶已经没有了——你可以看到它都漏光了，无论你怎么着急、怎么后悔，都没有办法再救回一滴。也许你会说只要先用一点儿思想，先加以预防，那瓶牛奶就可以保住。可是现在已经太迟了，我们现在所能做的，只是把它忘掉，丢开这件事情，只注意下一件事。"

思维训练营

思维情景再现一

杰克是一位便利店收银员，收入不高，然而，却总是乐呵呵的，对什么事都表现出乐观的态度。他常说："太阳落了，还会升起来；太阳升起来，也会落下去，这就是生活。"

拥有一部好车，是每个男人的梦想，但是凭他的收入想买车是不可能的。与朋友们在一起的时候，他总是说："要是有一部车该多好啊！"眼中充满了无限向往。有人逗他说："你去买彩票吧，中了奖就有车了！"

于是他买了两元钱的彩票。也许是老天开眼，杰克凭着两元钱的一张体育彩票，居然中了个大奖。于是杰克终于如愿以偿，用奖金买了一辆车，整天开着车兜风，人们经常看见他吹着口哨在林荫道上行驶，车也总是擦得一尘不染的，就像快乐的天使一样。

然而有一天，杰克把车泊在楼下，半小时后下楼时，发现车被盗了。

朋友们得知消息，想到他那么爱车如命，几万元钱买的车眨眼工夫就没了，都担心他受不了这个打击，便相约来安慰他："杰克，车丢了，你千万不要太悲伤啊！"

杰克大笑起来，说道："嘿，我为什么要悲伤啊？"

为什么杰克能豪情万丈地说出这句话？亲爱的读者，你知道杰克是如何想通的吗？

积极思考术

朋友们疑惑地互相望着。"如果你们谁不小心丢了两元钱，会悲伤吗？"杰克接着说。

"当然不会！"有人说。

"是啊，我丢的就是两元钱啊！"杰克笑道。

既然车子已经丢了，杰克可以做的，也许是报警，也许是找保险公司，但是车没了这个事实，一时半会儿是无法改变的。如果自己无法从这个荫翳中走出来，气坏自己的身体，只能是"赔了夫人又折兵"。换一个角度，就能得到快乐。

丢掉生活中的负面情绪，要有一种认识挫折和烦恼的胸怀，这不仅是一种气度，也能让自己活得更加豁达与洒脱。

思维情景再现二

有一只小壁虎，天性开朗活泼。有一天，它一个人出去游玩，却被蛇咬住了尾巴，它拼命地挣扎，尾巴断了，小壁虎"蛇口脱险"得以逃命。

一位农夫见了，对小壁虎说："你这可怜的小东西，刚断了尾巴，是不是很痛啊！"

小壁虎点了点头。

"来，我给你包扎上，这草药是止痛的。"农夫拿出一包草药说。

"不，我很感谢这疼痛，因为是痛让我知道自己还活着，而且，你包扎了我的伤口，我怎么能长出新的尾巴来呢？"说完，小壁虎快速地爬走了。

积极思考术

伤痛是每个人都想避免的，但是有时痛苦也孕育着希望，能感觉到痛苦，就说明还有知觉，还有活下去的希望。这个时候，能够痛苦岂不是一件很令人开心的事情？所谓"凤凰涅槃"，经历痛苦以后，才能重生。

思维情景再现三

有位秀才第三次进京赶考，住在一个经常住的店里。店老板生性开朗，对秀才说："好事多磨，但事不过三，这次你肯定没问题。"

秀才听了以后，高高兴兴地住进了店里。

秀才在考试前两天做了三个梦，第一个梦是梦到自己在墙上种白菜，第二个梦是下雨天，他戴了斗笠还打伞，第三个梦是梦到跟心爱的表妹脱光了衣服躺在一起，但是背靠着背。

这三个梦似乎有些深意，秀才第二天就赶紧去找算命的解梦。算命的一听，连拍大腿说："你还是回家吧。你想想，高墙上种菜不是白费劲吗？戴斗笠打雨伞不是多此一举吗？跟表妹都脱光了躺在一张床上了，却背靠背，不是没戏吗？"

秀才一听，心灰意冷，回店收拾包袱准备回家。店老板非常奇怪，问："不是明天才考试吗，今天你怎么就回乡了？"

秀才如此这般说了一番，店老板顿时乐了："哟，我也会解梦的。我倒觉得，你这次一定要留下来。你想想，墙上种菜不是高种吗？戴斗笠打伞不是说明你这次有备无患吗？跟你表妹脱光了背靠背躺在床上，不是说明你翻身的时候就要到了吗？"

秀才一听，更有道理，于是精神振奋地参加考试，居然中了个探花。

积极思考术

逢年过节，每家每户都愿意讨一个吉利话。这无非都是给自己一个积极的心理暗示。很多时候，别人一句无心的话，也许能让我们振奋和忧虑。

秀才本身的实力摆在那里，其实和他做的梦又有什么关系呢？他要别人给他解梦，无非只是让自己的心放踏实一些。其实只要自己拥有积极快乐的心态，你还是你，别人的话又有何妨？积极的人，像太阳，照到哪里哪里亮；消极的人，像月亮，初一十五不一样。想法决定我们的生活，有什么样的想法，就有什么样的未来。

思维名题

"看破红尘"的学生

有一个初中二年级的学生，自以为看破了红尘，认为人世间没有真情可言，人与人之间也只是一种相互利用的利益关系。因此，在他的日常生活乃至作文中，他都经常流露出要离开学校这个虚伪的地方到社会上独自闯荡的思想。班主任对于这个学生的想法也有所注意，并找他谈过话，但似乎并没能打动他。于是，班主任没辙，干脆不管这件事了，心想他也只是出于一种青春期的叛逆心理，不会有什么过激的举动。

没想到的是，一天下午，这个学生真的出走了。临走前他给班主任留了一封信，在信上他再次阐述了一番自己之前的观点，并在最后祝班主任身体健康，并希望班主任能多送几个学生升学。班主任通过调查得知这个学生的去向后，立即骑上摩托车，追了一天，最终在省城找到了这个学生。但是，这个学生仍旧不愿回学校。鉴于这种情况，班主任一针见血地指出了他的观点的谬误。最终，这个学生承认自己的观点是错误的，乖乖地跟班主任回学校了。

如果你是班主任，你会如何说服这个学生呢？

小孩与大山

有一个小孩子第一次到山里的外婆家去玩，吃过饭后一个人跑到外面去玩。当他看到对面的大山时瞪着好奇的大眼睛，不知道这个奇怪而巨大的东西是什么，于是他试着和对方打招呼，轻轻地喊了一声："喂！"

结果小孩发现对方也回了一声："喂！"

小孩于是很高兴，便又喊道："你是谁呀？"

对方也同样问了一句："你是谁呀？"

小孩于是回答道："我叫小明，你呢？"没想到对方这次还是回应了同样的话。小孩于是不高兴了："你怎么老是学我说话！"又是同样的回应。小明这下干脆恼火了："你真讨厌！"对方也同样不客气地回应了同样的话。接着小明便将对方使劲骂了一顿，自然，对方也一点不漏地奉还给了他。

小孩最后感到又气愤又难过，正在这时，一个山里的老人从旁边经过。他正好看到了小孩的举动，于是便对他说了一句话，要小明按照自己的做法去和对方沟通。结果，小明和对面大山成了很好的玩伴。想一下，假如你是那个老人，你该对小孩怎么说？这个故事反映了什么样的哲理？

两个高明的画家

古时候，在苏州城里住着两位高明的画家，一个姓黄，一个姓李。两个人的画都十分高妙，受到人们的追捧。但总体来说，似乎人们对李画家的评价要略微高于黄画家。于是，黄画家便觉得很不舒服，终于有一天，他向李画家提出比试画作。李画家无奈，只好接受了比试。

这天，苏州城里的名流和李画家一起来到了黄画家的家中，欣赏他专为此次比试所作的画。黄画家早已等在家中，等所有人都到齐了，他便走到墙边，扯开画布。没想到画面刚一露出来，一条蹲在地上的猫便扑了上去。大家仔细一看，原来是因为黄画家所作的是一幅山水画，在水中有一条鱼正在游动，看上去栩栩如生，猫以为是真鱼，便扑了上去。名流们一看，纷纷对黄画家赞不绝口，对其精湛的技艺表示叹服。黄画家再一看李画家，只见他只是微笑而已。

第二天，这一干名流和黄画家一起来到了李画家家中。只见其画同样是挂在墙上，并被一块幕布所挡。李画家客气地请黄画家将幕布揭开，黄画家一听，便走上前去，伸手要揭开幕布。但是，就在那一瞬间，黄画家感到十分惊讶，并惭愧地对李画家说："先生画术高明，小弟甘拜下风！"名流们也一个个赞叹不已。

你猜这是怎么回事？

吹喇叭

有这样一个笑话。

有个人在星期天到朋友家去玩耍，到了下午，他估摸着该回去了，于是问朋友道："现在几点啦？"朋友于是走到窗口，伸出头看了看外面的太阳，便说道："现在是三点十五分。"

这个人奇怪地问："怎么，你没有手表？"

朋友笑着说："太阳就是我的手表。"

这个人惊讶地问："这样判断时间能准确吗？"

"再没有比太阳更准的表了！"

这个人心想，可能看习惯了太阳，也的确没什么问题。但是他又一想，便继续问道："那要是你夜里醒来，想知道时间的话，该怎么办呢？"

没想到朋友回答说："没事的，晚上我有喇叭。"

"喇叭？喇叭如何告诉你时间？"这个人好奇地问。

朋友于是解释了一下，这个笑话便结束了。你能将这个笑话说完整吗？

马克·吐温"一见钟情"

一天，有个年轻人向美国著名幽默作家马克·吐温请教："您知道这世界上有什么能治疗一见钟情吗？"

"当然有了！"马克·吐温当即回答，"这很简单！"

"那是什么呢？"年轻人问道。

你猜马克·吐温如何回答？

倒霉的乘客

在一辆公共汽车上，一个城里的乘客发现与自己邻座的农民的背篓里装着一只甲鱼。出于好奇，他凑到背篓上去观看。没想到该他倒霉，甲鱼突然跃起透过背篓的孔隙咬住了他的鼻子。甲鱼这种东西，一旦咬住了东西，往往是死不松口，并且，它边咬着这位乘客的鼻子，还边将脑袋往鳖壳里缩。这下，这个乘客疼得满头大汗，鼻子也流出了血。但是，车上的人，包括那个背甲鱼的农民，都没有办法使甲鱼松口。无奈之下，公共汽车只好开进医院。但是医院的医生也没有遇到过这种情况，不知道该怎么办。外科医生提出，可以小心翼翼地将甲鱼给弄死。但是，在这个过程中，甲鱼必定要挣扎，会越咬越紧，担心将乘客的鼻子给完全咬下来。

最后，还是一位住院的农民想出了一个办法，将这个问题给解决了。

你能猜出农民的办法是什么吗？

老人与小孩

有这样一个故事。

有个老人在湖边钓鱼，老人的技术很高明，半天下来，他钓的鱼装满了他带来的背篓。而在老人钓鱼的时候，有个小孩一直站在旁边看他钓鱼，半天没有离开，也没有乱说话打扰老人。老人一看这小孩又有耐心又懂事，便很喜欢他，说要将自己钓的一篓鱼送给他。

但是，小孩却摇了摇头。

老人奇怪地问："你为什么不要呢？"

小孩回答："因为一篓鱼很快就会吃完了，之后我就又没有鱼吃了！"

老人便问："那你想要什么呢？"

"我要你的鱼竿，那样等没有鱼了，我就能自己钓鱼了。"小孩答道。

老人一听，觉得小孩真是聪明，于是便高兴地将鱼竿送给了小孩。

这个故事就这么讲完了，其主题显然是夸赞这个小孩聪明。同时，其隐含的结局便是这个小孩从此一直有鱼吃了。不过，如果仔细想一下，会发现这个故事是有漏洞的。可以想象，从此以后，这个小孩未必就真的一直有鱼吃了。

你能指出这个故事的漏洞吗？

阿基米德退敌

阿基米德是古希腊伟大的数学家及科学家，他在物理学、数学、静力学和流体静力学等诸多科学领域都做出了突出贡献。阿基米德之所以受到异常的尊崇，是因为他不仅长于理论，还善于将科学理论应用于实践中，被科学界公认为是"理论天才与实验天才合于一人的理想化身"。公元前240年，阿基米德回到自己的出生地——位于地中海的西西里岛上的叙拉古，当了赫农王的顾问，利用自己的科学知识和智慧帮助赫农王解决难题，解决生产实践、军事技术和日常生活中的各种科学技术问题。

在阿基米德担任赫农王的顾问期间，他帮助赫农王解决了许多难题，其中最耳熟能详的便是阿基米德利用浮力原理帮助国王测试王冠是否是纯金的故事。除此之外，阿基米德还发明了许多非常实用的东西。例如，他利用杠杆定律设计制造了举重滑轮、灌地机、扬水机等，给人们的生产生活带来了方便。公元前213年，古罗马帝国率军攻打叙拉古，已经74岁高龄的阿基米德为保卫祖国，设计出了投石机把敌人打得哭爹喊娘，他还制造了铁爪式起重机，能将敌船提起并倒转。此外，关于阿基米德在这场战争中的作用，还有一个有争议的传说。

据说，在古罗马前来侵略时，叙拉古王国先是派出了海军在海上阻截古罗马军队。但几次海战下来，叙拉古海军败下阵来，于是只好退回城中固守。不过，经过海战的失败后，城中的兵力已经不多了，很难长久固守。于是，赫农王便将希望寄托在阿基米德这位智者身上，询问道："听说您最近叫人做了许多奇怪的大镜子，这里面有什么名堂呢？"

阿基米德指着远处的敌舰说道："古罗马军队的后备物资全都在战船上，只要我们将他们的战船消灭，他们就彻底失败了！而今天中午，就是他们灭亡的时刻，因为太阳神会帮助我们。"他指着头顶热辣辣的太阳兴奋地说，显然，现在是上午，到了中午，太阳肯定还会更耀眼。

"您不是从来不相信神灵的吗，怎么现在突然信奉起太阳神来了？"赫农王奇怪地问。于是，阿基米德便将自己的主意跟赫农王说了。赫农王一听，有些将信将疑，但是他亲眼看见了阿基米德之前的发明的威力，便按照阿基米德的部署试一下。

果然，到了中午，太阳正毒辣的时候，阿基米德利用自己的新发明给古罗马军队的船队造成了巨大损失，使得他们以为是太阳神在帮助叙拉古，吓得慌忙撤退了。

你能猜出阿基米德是如何击退古罗马船队的吗？

瓦里特少校计调德军

第二次世界大战期间，德军动用重兵对苏联发动了突然袭击，在很短时间内占领了苏联大片领土。

1944 年中，随着英美盟军转入战略反攻阶段，苏联红军也开始部署战略反攻。其经过周密的部署，准备发动利沃夫—桑多梅日战役。苏联红军准备在利沃夫方向实施重兵突击，打开一个缺口。但是在当时，德军无论在人员还是装备上，都占有巨大的优势，如果硬打，苏联红军很难取得胜利。因此，苏联高级指挥部经过商讨，认为要想取得该场战役的胜利，便要在别处制造佯攻，将德军的兵力吸引一部分过去。但是，如何吸引德军离开呢？指挥官们想了许多方案，最终都被否决了，眼看进攻的日子马上就要到了，苏军高层很是焦急。

正在无计可施之际，一位名叫瓦里特的少校找到高级指挥官们，主动请缨。"我只需要 30 名士兵和 30 辆汽车，就可以调动敌人的部队！"指挥官们一听，觉得他在吹牛，但是，当认真听了瓦里特的计划之后，便觉得这个办法可以试一下。

于是，在接下来的某天晚上，德军夜间侦察机在斯塔尼斯拉夫地区突然发现，似乎有一支苏联军队在夜间悄悄移动，并立即报告了德军指挥部。德军指挥部十分重视这个情报，要求侦察部门加强侦察，密切关注这支移动的苏联军队，并搞清楚他们的目的。于是，接下来的几天，德军侦察机每天晚上都密集出动，观察这支苏联军队的动向。德军侦察机连续在多处发现了苏军部队的踪迹，尽管这支苏联部队似乎行军很隐蔽，在巧妙地躲避着自己的侦察，但是德军还是找到了他们的蛛丝马迹。最终，德军侦察部门经过一段时间的侦察和分析一致认定，苏联红军正在悄悄地向斯塔尼斯拉夫地区大规模集结兵力，并将这个结论上报了德军高级指挥部。而德军高级指挥部对该情报进行分析之后，得出结论：苏联红军将会以斯塔尼斯拉夫为进攻的突破口。于是，德军也立即采取应对措施，将德军的一个坦克师和一个步兵师火速调往斯塔尼斯拉夫地区。

而实际上，这一切不过是瓦里特少校利用他的 30 个士兵和 30 辆汽车布置出来的一个假象罢了。通过瓦里特的计策，苏军成功地将德军的许多兵力调离了利沃夫，为此后苏军打赢利沃夫—桑多梅日战役奠定了基础。

那么你猜，瓦里特少校是怎样利用区区 30 个士兵和 30 辆汽车制造出这一假象的？

炼金术

从前，有一个年轻人，一心想要发财。在他的脑海中，最快的发财手段莫过于学会点金术了。于是他便花费了几年的时间和自己仅有的金钱到炼金实验中。这样折腾了几年，也没有什么成果，而他变得一贫如洗，连饭都吃不起了，靠邻居们的施舍度日。一次，他听一个过路的人说在某山的一个智者会炼金术，于是他又燃起了希望，生磨硬泡地跟人借了一些盘缠便出发了，去向那个智者学习炼金术。

几个月后，他来到了智者面前，诚恳地向其请教炼金术。智者听他讲述完自己的经历之后，便认真地说："的确如人们所传言的那样，我已经学会了炼金术，但是，我一直未能炼出金子。"

年轻人迷惑地问道："那是为何？"

"因为炼金的材料还不齐。"智者答道。

"那么还差什么呢？"

"现在唯一缺的就是3千克香蕉叶下的白色绒毛。而这些绒毛必须得是你自己种的香蕉上的。如果你能够收集到这个东西，到时我们便一块儿来炼金。"

其实，我们知道，世界上哪有什么炼金术！但是，在遵照智者的嘱托去做之后，这个年轻人真的得到了许多金子，并因此成了富翁。你猜这是怎么回事？

富翁和乞丐

有个故事大家耳熟能详了：一个富翁在海边的沙滩上惬意地边散步边晒太阳，走着走着看见沙滩上躺着一个乞丐，穿得破破烂烂，也躺在那里在晒太阳。富人一看便来气，走上前去质问乞丐："你为什么不去干活挣钱，而在这里懒懒地晒太阳？"乞丐懒洋洋地看了一眼富翁，然后问道："你拼命地挣钱，成了富人是为了什么呢？"富人说："废话，有了钱就可以自由自在地做许多事情吧，比如就像我现在这样，到海边悠闲地度假，晒太阳啊！"乞丐于是笑道："那你看我现在在干什么呢？"富翁无言以对。

这个故事的立意显然说的是富翁虽然富有，却使自己整天处于一种忙碌之中，失去了许多生命的悠闲和情趣。看到这个故事，人们也都是惯性地这么理解的。但是，如果进一步思考的话，事情显然没这么简单。不然，也不会人人都追求做富翁，而不愿做乞丐了。显然，富翁是有富翁的好处的。现在，你能从另一个角度来分析一下这个故事吗？

大度的狄仁杰

唐代名臣狄仁杰，在武则天当政时期曾任宰相，长期受到武则天宠信，被其尊称为"国老"。之所以能够获得如此尊崇，正是因为其恪守为政的大道，廉洁奉公，以百姓之心为心；在做人上，则恪守为民之责，坚持豁达、无争的本性。有一个例子可以很好地说明他恪守大道的本性。

一次，狄仁杰离京到外面出差时，有官员到武则天面前说狄仁杰的坏话。于是，狄仁杰回京后，一向宠信他的武则天便告诉狄仁杰有人说他坏话，问他想不想知道详细情况。没想到狄仁杰一听，哈哈一笑说了句话，武则天一听一连数天都非常高兴，十分欣赏这位大臣的开阔胸襟和不凡气度。而从这件事我们也可以看出狄仁杰之所以能够长期受到武则天的宠信，靠的并不是投机钻营、逢迎拍马的手段，而是坦荡的为人为臣之道。

那么，你猜狄仁杰当时是如何说的？

"赔本"经营

一条街上有两家电影院，由于市场不太景气，两家电影院的老板都使出浑身解数招揽顾客。路北的电影院刚推出门票八折优惠，路南的电影院就跟着来个五折大酬宾。对于顾客来说，同样情况下当然都愿意去价格便宜的影院。于是，路南的电影院生意兴隆，路北电影院顾客逐渐减少。路北电影院的老板当然也不甘心坐以待毙，于是一赌气，干脆将门票打两折。按照当地的消费水平和行业常规，影院门票五折以下其实已经没有利润了。路北影院打两折的目的是为了把对手彻底挤垮，然后再进行价格垄断。谁知他们刚刚才把顾客拉过来，路南的影院接着就推出了门票一折的优惠活动，并且每人还另送一包瓜子。路北影院的老板经过一番考虑，觉得自己做不了这种赔本生意，便关门了。

自从推出送一包瓜子的活动后，路南的影院顾客纷至沓来，场场爆满，大家都以为路北影院会恢复竞争之前的价格，没想到的是，这个送瓜子的"赔本生意"却一直坚持下来。并且，半年多的时间过去了，路南影院的老板不仅没有赔钱，反而赚了很多钱，不仅买了奥迪轿车，房子也换成了高档别墅。

猜想一下，这是为什么？

知县的妙答

清朝末年，湖北督抚张之洞与巡抚谭继询两人关系不太好。

有一天，两人在黄鹤楼参加宴会。期间，客人中有个人谈到江面的宽窄问题。谭继询说是五里三分，而张之洞故意说是七里三分，两人各执一词，争论不休，几乎要大打出手。

当时知县陈树屏也在场，他早就听说两位大人不和，知道他们在故意怄气。但是，作为他来说，两边谁也得罪不起，于是他灵机一动，巧妙地说了几句话就解决了两人的纷争，而且谁也没有得罪。

猜猜看，陈树屏说了些什么？

巧妙化解尴尬

有一次，一个年轻的书法家在公园里举行笔会。围观的人越来越多，求字的人也有很多。

突然，一位美国人请书法家给他写一幅字，内容为："孔子曰：'可口可乐好极了！'"书法家很为难，觉得借孔子为可口可乐做广告实在是对圣人的亵渎，可是不写吧，又会让这位美国朋友扫兴，于是犹豫不决。这时，站在旁边的老师鼓励他大胆地写。书法家就写了，写完后，老师又让他在旁边加了一行字，众人看后都不禁称妙。

你知道书法家的老师让他加了什么吗？

变障碍物为宝

希尔顿买下阿斯托里大酒店后，就开始了酒店的装修工作。一天，他到酒店里视察工作，无意中用手指敲了一下放在走廊上的大圆柱。希尔顿发现这几根圆柱都是空心的，根本没有任何支撑作用，只是起到一个装饰作用而已。

看到这几根有点碍眼的圆柱，希尔顿寻思着怎样才能发挥它别的用途。后来，希尔顿果然利用这几根圆柱赚取了不少钱。你能想到希尔顿是怎么利用这些圆柱赚钱的吗？

刘墉拍马屁

刘墉是乾隆皇帝的爱臣，他位居中堂，才思敏捷，能言善辩。乾隆总是不失时机地试探他的才华，并以此为乐。

一次，乾隆去承德避暑山庄，让刘墉陪驾。这天，办完公事，乾隆让刘墉陪同去大佛寺。到了大佛寺，乾隆看见大肚子弥勒佛冲他笑，便有意为难刘墉，说："刘爱卿，你说说弥勒佛为什么冲朕笑？"刘墉回答道："启禀皇上，圣上是文殊菩萨转世，当今的活佛，今天你来这里，所以弥勒佛就笑了。"乾隆听了十分高兴。当刘墉走到弥勒佛面前时，乾隆又转身问道："那佛为什么见了你也笑呢？"

猜猜刘墉是怎么回答的？

神童钟会

三国时，魏国的太傅钟繇有两个儿子，大儿子叫钟毓，小儿子叫钟会，兄弟俩从小就聪明绝顶，闻名一时。但两人的性格却完全不同，钟毓比较憨厚，钟会则比较调皮。

魏文帝偶然听人说起两个小神童，就命钟繇带两个儿子来觐见。

钟毓和钟会都是第一次见皇帝，难免有些紧张。看到大殿上庄严肃穆的气势，钟毓紧张得满面流汗，而钟会则若无其事，一点儿也不紧张。

魏文帝问钟毓："你为什么出这么多汗呢？"

钟毓回答道："战战惶惶，汗出如浆。"这是实话，也是钟毓当时的感受。

魏文帝又问钟会："你为什么不出汗？"

猜猜钟会是怎么回答的？

聪明的商人

从前有一个商人从外地采购了大量的面粉和蔗糖，由于货物较重，商人决定从水路回去。路上商人想，回去一定可以大赚一笔。可是天有不测风云，人有旦夕祸福，半路上忽然下起了暴雨，而且一连下了七天。当暴风雨过后，商人发现面粉和蔗糖都被淋湿了，蔗糖已经开始融化了，面粉也都成了糊状。看着一船的货物将成为废品，商人心里很难过，但他马上又振作起来，准备给这些"报废"的面粉和蔗糖找一个用途。

后来，商人不仅没有赔钱，还利用这些面粉和蔗糖大赚了一笔。你知道他是怎么做的吗？

洒脱的爱因斯坦

爱因斯坦是20世纪最杰出的科学家，他曾被美国《时代周刊》评选为"世纪伟人"。

在爱因斯坦还未成名的时候，有一次，他在大街上碰到一位朋友。朋友看到爱因斯坦的衣服破旧不堪，就对他说："你需要买几件新衣服了，你看你身上的这件衣服实在太旧了。"爱因斯坦坦然一笑，说道："这有什么关系，反正这里也没有人认识我。"

几年后，爱因斯坦成了科学界的大人物，誉满天下。有一天，他又在街上碰到了那个朋友。朋友看见爱因斯坦还穿着那件破旧的大衣，惊讶地问道："你怎么还穿得那么寒酸啊？"

你知道爱因斯坦是怎样回答的吗？

王僧虔妙答皇帝

南齐的王僧虔是晋代大书法家王羲之的四世孙，他的楷书继承祖法而又有所创新，造诣极深，备受时人推崇。

齐太祖萧道成也爱好书法，听到众人夸赞王僧虔，心里很不舒服，想要与他一决高下。这天，皇帝心血来潮，便传圣旨召王僧虔进宫。太祖对王僧虔说："朕听说你的书法是天下第一，特地约你来比试一下。你抬头看一下这个亭子上的匾额，上面有'梅亭'两字。想当年你的先祖王羲之在兰亭写下一序，闻名天下，希望你今天在梅亭能梅开二度！"

王僧虔知道皇帝是故意以梅对兰，侮辱先人，心里很愤怒，但又敢怒不敢言，只得强忍着写了一幅字，太祖也很快写完。写完后，太祖问王僧虔道："你说你我二人的字，谁第一，谁第二？"

王僧虔不愿意贬低自己，辱没先祖的美名，可也不愿意得罪皇帝，落得满门抄斩的结局。你知道他是怎么回答太祖的吗？

聪明的田文

薛公田婴是齐威王的小儿子，曾在齐国为相。他有个儿子叫田文，生在五月五日，田婴认为这个日子不吉利，就要妻子丢掉田文。但田文的母亲不忍心，就偷偷地把田文养大。

一天，田婴看见了田文，就大声呵斥妻子："谁让你把他养大的？"

田文的母亲吓得一句话都不敢说。

田文却据理力争，向父亲叩头后问："父亲大人，您为什么不让养五月五日出生的孩子？"

田婴说："这天出生的孩子，会长到大门那么高，将来对父母不利。"

田文又问："人的命运是由天支配的呢，还是由大门支配的？"

"这……这……"田婴被问住了。

接着，田文又说了一句话，这句话让田婴心服口服。

你知道田文说了什么吗？

三角形数

你能将前 10 个自然数（包括 0）分别填入下面的三角形中，使三角形各边数字的总和都相同吗？

你能找出几种方法？

自创数

在多伦多安大略科学中心的数学展览上，可以看到这样一道引人注目的题。这道题要求按照下面的规则在一行 10 个空格里填上一个十位数：

第 1 个数字是这个十位数各位数字中所包含的"0"的个数；第 2 个数字是十位数各位数字中包含的"1"的个数，第 3 个数字是十位数各位数字中所包含的"2"的个数，依此类推，直到最后一个数字是十位数各位数字中所包含的"9"的个数。

这个结果就好像是这个十位数在创造它本身，也难怪马丁·加德纳把它叫作自创数。

怎样才能解决这个具有挑战性的难题呢？这道题究竟有没有解？

麻省理工学院的丹尼尔·希哈姆找到了一些思路来解决这个问题。他说，因为第1行一共有10个不同的数字，因此第2行的各个数字之和一定为10，由此就决定了这个十位数中所包含的最大数字的极限。

你能按照他的逻辑，找到这道题唯一的解吗？

四个盒子里的重物

你能否将连续整数1～52放进4个盒子中，使得每个盒子里的任意一个数都不等于该盒子里任意两个数的和？

我们已经把数字1～3放进盒子里了。

你能将4～52全部都放进这4个盒子里吗？

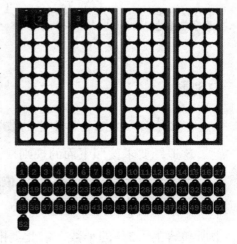

瓢虫的位置

一共有 19 只不同大小的瓢虫，其中 17 只已经被分别放入了下面的图形中，每只瓢虫均在不同的空间里。

现在要求你改变一下下面图形的摆放方式，使整个图中多出两个空间，从而能够把 19 只瓢虫全部都放进去，并且每只瓢虫都在不同的空间里。

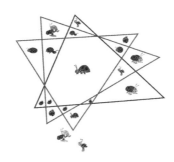

五格拼板的 1/3

你能在下面 4 个图形里面分别画上 3 个五格拼板吗？

如上题所示的 12 个五格拼板中每个只能使用一次。

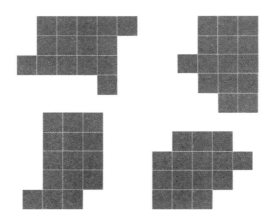

五格拼板围栏

当用这 12 个五格拼板拼成一个矩形的轮廓时，在它们的内部能够围成的一个最大的矩形如下图所示。

你能把这 12 个五格拼板的位置画出来吗?

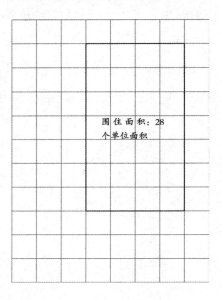

围住面积：28
个单位面积

思维测试

测测你的心态如何

晴空万里，你和朋友外出旅行。假如你和你的朋友漫步在森林之中时，无意中发现了一座隐藏在林中的建筑物，依你的直觉，你会认为这是何种建筑物？

A．小木屋　　　B．宫殿　　　C．城堡　　　D．平房住家

【测试结果】

选择A：你是一个心胸宽广的人，你对任何事物都抱着以和为贵的态度，基本上你就是一个完美的人。

选择B：你是一个心思细腻的人，凡事都在你的掌控之中。你虽说不上城府极深，但对于复杂的人际关系却能处理得很好，在交际中能如鱼得水。

选择C：你是一个人际高手，具有敏锐的观察力，更能看透人心，在这方面别人总是望尘莫及，而你也一直为之自豪，乐此不疲。

选择D：你是一个心无志向的人，对什么事情都没有企图，凡事抱着一颗平常心。这种人最大的好处就是，平凡，没有烦恼压力。

生活中的你乐观吗

俗话说：积极的人像太阳，照到哪里哪里亮；消极的人像月亮，初

一十五不一样。你是一个积极的人，还是一个消极的人呢？做完这套试题，你就明白了。不过需要提醒想明了自己性格的人的是：乐观者切勿过于冒险而多了祸事，悲观者切勿过于保守而少了进取。

1. 如果半夜里听到有人敲门，你会认为那是坏消息，或是有麻烦发生了吗？

2. 你随身带着安全别针或一根绳子，以防衣服或别的东西裂开了吗？

3. 你跟人打过赌吗？

4. 你曾梦想过赢了彩票或继承一大笔遗产吗？

5. 出门的时候，你经常带着一把伞吗？

6. 你会把收入的大部分用来买保险吗？

7. 度假时你曾经未预订宾馆就出门吗？

8. 你觉得大部分的人都很诚实吗？

9. 度假时，把家门钥匙托朋友或邻居保管，你会把贵重物品事先锁起来吗？

10. 对于新的计划你总是非常热衷吗？

11. 当朋友表示一定会还时，你会答应借钱给他吗？

12. 大家计划去野餐或烤肉时，如果下雨，你仍会按原计划行动吗？

13. 在一般情况下，你信任别人吗？

14. 如果有重要的约会，你会提早出门以防塞车或别的情况发生吗？

15. 每天早上起床时，你会期待美好一天的开始吗？

16. 如果医生叫你做一次身体检查，你会怀疑自己有病吗？

17. 收到意外寄来的包裹时，你会特别开心吗？

18. 你会随心所欲地花钱，等花完以后再发愁吗？

19. 上飞机前你会买保险吗？

20. 你对未来的生活充满希望吗？

【评分标准】

每道题答"是"得 1 分，答"否"得 0 分。

【测试结果】

　　0~7分：你是一个彻底的悲观者，总是看不到事物好的一面。若总以悲观的态度面对人生，会有太多的不利。你随时会担心失败，因此宁愿不去尝试新的事物，尤其遇到困难时，你的悲观会让你觉得人生更灰暗。解决这一问题的唯一办法，就是以积极的态度来面对每一件事和每一个人，即使偶尔感到失望，你仍可以增加信心。

　　8~14分：你能客观地看待人生，既能看到生活的阴暗，也能及时看到生活的光明。不过你仍然可以再一进步，只要你学会以积极的态度来应对人生的起伏。

　　15~20分：你是个典型的乐观主义者，看人生总是看到好的一面，将失望和困难放到一旁。不过过分乐观也会使你对事情掉以轻心，难免误事。

你是否是一个积极的人

　　下列题中，从1~5级中选择一个数字，表示你对该陈述的认同度或者该陈述适合你的程度。一共25道题，每条陈述只选择一个数字。选5表示你最认同或最适合于你，顺序递减到1表示你最不认同或最不适合于你。

　　1．人们基本上是正派的。

　　2．父母早就应该教会孩子明辨是非。

　　3．我很容易忘记并且不计较个人恩怨。

　　4．我相信基本原则：顾客永远是正确的。

　　5．我为自己的祖国而骄傲。

　　6．如果看到商店里出售过期的食品，我会告诉店主。

　　7．我为当今社会的犯罪和暴力情况感到十分担忧。

　　8．我一直在展望并且计划未来。

　　9．当其他人喜欢并且尊重我时，我感到很高兴。

　　10．我喜欢取悦别人。

　　11．我努力去理解他人。

12. 我努力地让自己处于良好的精神状态。

13. 我比我认识的大多数人更喜欢微笑。

14. 在第一次与他人会面时，我总是尽量避免以貌取人。

15. 我对自己以及自己的信仰十分坦率和公正。

16. 我尽量对任何人都一视同仁，不管他们的出身和身份如何。

17. 总的来说，人们总是尽力让自己交好运。

18. 我希望能了解其他人的信仰。

19. 我们对世界以及世界上的人了解得越多，我们的世界将变得越安全。

20. 能让我彻底相信的人屈指可数。

21. 我全力以赴去做好本职工作。

22. 我不怨天尤人。

23. 当看到有些人因循守旧时，我非常生气。

24. 在走路或者站立时，我很少将手插在兜里。

25. 绝大多数时候，我总是让自己的房子和花园保持整洁。

【测试结果】

90～125分：从整体上来看，你拥有非常好的人生态度。你不仅积极，而且充满热情。别人也会注意到你的这种态度，并且会在你的生活中助你一臂之力。你不需要太大的改变。

65～89分：多数情况下你态度端正，但是你仍然可以有所改进。你并不存在态度问题，但如果你能经常进行自我分析，那将是很有益的锻炼：不仅要考虑你对生活的态度，还要想一想你对其他人以及周围世界的态度是否正确。

低于65分：你在某些方面（但不是所有方面）存在态度问题，建议你有针对性地分析本套测试题中的某些个别问题，尤其是那些得分低于3分的问题，将对你大有益处。在这些问题上，你可能有必要再考虑一下自己的态度，并且争取改进。

从倒垃圾看你的进取精神

你住在二楼左侧的房子里，某天，你要出门去倒垃圾，你的左边是一个窗子，而楼上和楼下都各有一个垃圾道，在二楼的最右边也有一个垃圾道，你可以有以下选择：

A. 从自己所在的位置一直向右走，去那里倒垃圾

B. 上楼到上面那个垃圾道去倒垃圾

C. 下楼到下面那个垃圾道去倒垃圾

D. 直接从身边的窗口爬出去倒垃圾（那里直接通往垃圾道）

E. 从窗口倒出去

【测试结果】

选择 A：你现在很可能对现状非常满意，你不喜欢波动，而喜欢平平淡淡的生活。你希望永远维持自己喜欢的现状，就算不前进也无所谓。

选择 B：你进取心很强，而且有很多的欲望，希望得到比较好的位置，不论是工作还是学习都喜欢得到好的名次，是个非常上进的人。

选择 C：你希望自己可以省点儿力气，却不考虑以后要回到原先的位置需要付出同样的力气。你也可能觉得生活不应该背负太多负担，只想轻松地享受人生。

选择 D：你实在是太喜欢追求刺激了，你觉得平凡的生活太过单调，你需要任何时候都保持新鲜感。

选择 E：你的素质需要培养。你现在遇到的不顺利很可能是你个人修养问题造成的。

你是否具有较强的进取心

你有足够的进取精神吗？你永远都有向上的愿望吗？测一测你的进取心吧。

以下共10道题，1～7题有5个备选答案：1. 完全不同意，2. 部分不同意，

3. 不确定，4. 部分同意，5. 完全同意。8～10 题也有 5 个备选：1. 很弱，

2. 较弱，3. 一般，4. 较强，5. 很强。请根据实际情况选出适合你的答案。

1. 你有兴趣参加能发挥自己的特长、体现自己的价值的一切活动吗？

2. 你很优秀，成了别人随时想超过的目标，你感觉他们中的一些人会为此不择手段吗？

3. 和同资历的人相比，你有决心获得比他们更大的成功吗？

4. 你认为人生如战场、适者生存、优胜劣汰吗？

5. 拥有一份非常具有难度，却又十分艰巨的工作会令你感到满足和快乐吗？

6. 你的好心经常被人误解吗？

7. 当得知与你不相上下的人做出了成就，你会不服气并试图超过他吗？

8. 你认为相互竞争对成功能起多大的作用？从弱到强为 1～5，你更倾向于哪一种？

9. 人们之间的竞争强度从弱到强为 1～5，你认为在目前所处的环境中，你属于哪一种？

10. 如果希望与人合作，其合作程度从弱到强为 1～5，你更倾向于哪一种？

【评分标准】

每题选 1 记 1 分，选 2 记 2 分，选 3 记 3 分，选 4 记 4 分，选 5 记 5 分。各题得分相加，统计总分。

【测试结果】

45 分以上：你的竞争意识和进取心很强。

35～44 分：你的竞争意识和进取心较强。

25～34 分：你的竞争意识和进取心一般。

24 分以下：你的竞争意识和进取心较弱。

第四篇

哈佛发散思维训练课
——由点到面

抓住好点子，节省千百万资金

白兰地通常被人称为"葡萄酒的灵魂"。世界上生产白兰地的国家很多，但以法国出品的白兰地最为驰名。

法国的白兰地酒在国内和欧洲畅销不衰，但在进入美国市场时遇到了困难。美国人爱喝啤酒加爆米花，喜欢休闲和随意，崇尚牛仔生活，所以白兰地很难进入他们的生活。为占领巨大的美国市场，白兰地公司耗费巨资专门调查美国人的饮酒习惯，制定出各种推销策略，但因促销手段单调，结果收效甚微。

这时有一位叫柯林斯的推销专家，向白兰地公司总经理提出一个推销妙法：在美国总统艾森豪威尔 67 岁寿辰之际，向总统赠送白兰地酒，借机扩大白兰地酒在美国的影响力，白兰地公司总经理采纳了这个建议。

公司开始了规模庞大的公关活动，首先给国务卿呈上一份礼单，上面写道："尊敬的国务卿阁下，法国人民为了表示对美国总统的敬意，将在艾森豪威尔总统 67 岁生日那天，赠送两桶窖藏 67 年的法国白兰地酒。请总统阁下接受我们的心意。"然后，他们把这一消息在法美两国的报纸上连续登载，很快，这个消息成了坊间和媒体津津乐道的焦点，引起不少人的兴趣——什么样的酒能作为生日礼物送给美国总统呢？

1957年10月14日是美国总统艾森豪威尔的生日。法国人用专机将两桶白兰地酒运到华盛顿，当机门缓缓打开的时候，身着宫廷服饰的法国礼仪兵将白兰地酒缓缓接下机，然后护送这两桶经艺术家精心装饰的白兰地酒步行经过宽敞的华盛顿大街，直往白宫，白宫前的草坪上更是热闹非凡。

一路上，数以万计的美国市民夹道观看，盛况空前，引起极大轰动。上午10时，只见四名英俊的法国青年，穿着雪白的王宫卫士礼服，如同骑士一样驾着法国中世纪时期的典雅马车进入白宫广场，由法国艺术家精心设计的酒桶古色古香，似已发出阵阵美酒醇香，整个现场的气氛达到了高潮，在场的群众纷纷唱起了《马赛曲》，气氛达到了最高潮。

从此以后，争购白兰地酒的热潮在美国各地掀起，这不仅是一种品位，更是一种生活态度。一时间，国家宴会、家庭餐桌上都少不了白兰地酒。白兰地酒进军美国市场之后，白兰地公司的收益大幅度增加。白兰地公司总经理感叹道："一个好点子胜过千百万资金！"

仔细观察，从无关中寻找相关

威廉·萨默塞特·毛姆是英国著名小说家、剧作家、散文家。他原是医学系学生，后转而致力于写作。他的文章常在讥讽中潜藏对人性的怜悯与同情。他写过不少经典的文学作品，其中《人性枷锁》是其毕生心血巨著，也为他奠定了伟大小说家的不朽的地位。关于这位小说家，坊间还有一个趣闻。

在毛姆写作生涯的早期，他的小说有一段时间销售不畅，他对自己的小说的文笔和内容充满信心，但是如何才能让读者知道这本小说呢？是摆个摊自产自销，还是通过什么别的办法？很快，他就想出了主意，他用别名在报刊上刊登了一则征婚启事：本人年轻英俊，受过高等教育，家有百万资产，觅佳偶一名，但只希望获得和毛姆小说中主人公一样的爱情。结果这个征婚启事一刊登出来，不少希望嫁入豪门的女孩纷纷去买毛姆写的小说。毛姆的这一独特举动使他的小说在短时间内被抢购一空。毛姆在推销他的小说中，就运用了思维的发散性，来解决自己图书滞销的问题，收到了意想不到的效果。

跳出常规，多角度思考问题

2008年的北京奥运会给世人留下了深刻的印象，也让世界认识了北京，扬我国威，振奋了我们的民族精神。可以说，这届奥运会取得了巨大的成功，但是你知道吗？几十年前的奥运会可不像现在这么风光，原来关于奥运会还有一个小故事：

奥运会自创办之初，就有3条基本准则：非职业化，非政治化，非商业化。这些都是很好的理想，然而理想和现实总是有差距的。

最初，由于规模有限、时间不长，可以比较容易坚持这3条原则。但逐渐地，来自苏联东欧的职业运动员大量进入奥运会；将第一条基本准则破坏了。然后，奥运会深深卷入政治冲突，政治因素极大地影响了奥运会，这第二条基本准则也遭到破坏。

只剩下最后一条戒律：非商业化。能够承办奥运会的确是一种莫大的荣誉，但是随着奥运会比赛的项目日趋增多，规模越来越大，场面越来越奢华，对技术、生活服务设施的要求也越来越高。承办城市面临着一项沉重的经济负担。

蒙特利尔亏损了10亿美元，巨额债务差点让市政府破产，之后很长一段时间蒙特利尔的市民都在缴纳"奥运特别税"，该市用了10多年时间才还清那笔债。莫斯科更是花去90亿美元，没有挣回一分钱。

奥运会的举办权成为一个烫手山芋，到了1978年，申请下一届奥运会的只有美国的洛杉矶一家，自然就轻松拿到了主办权。

拿到主办权后，洛杉矶一点儿也高兴不起来，反而愁眉苦脸。更有部分社会人士，甚至包括市政府官员，明确反对承办奥运会。问题很简单：政府如何凑集这么大一笔钱？亏损的经济账如何算？

有人突然想到了个好点子，把奥运会交给市场，也就是说，市政府不必插手，让私人企业去筹资举办。这样，政府不用花钱，成功了，白捡个好名声；失败了，也不增加纳税人的负担。这一大胆的建议得到了有关方面的同意，于是找寻一个好的奥委会主席成为当务之急。

尤伯罗斯1937年出生在伊利诺伊州一个房产主的家庭。由于家庭原因，在他求学时期不得不常常变换学校，这也让他能够迅速地适应新环境。

他也具有一种同龄人所没有的组织才干。在20世纪70年代，尤伯罗斯已经是北美第二大旅游公司的老板，但除了在业界，几乎没有人听说过他。虽然他曾经投票反对把纳税人的款项用于奥运会，不过因为他爱好体育，具有创建、发展和管理大型企业的经验，并精通全球公关事务，因此被一家名为科恩—费里国际公司的体育经纪公司相中，游说他参与竞争洛杉矶奥运会组委会主席的职位，并一举成功。

在入手奥运会筹备事宜之初，尤伯罗斯发现，一切得从零开始。当时奥组委可谓困难重重，没有办公室，没有银行账号。因此尤伯罗斯自己拿出一部分钱，在银行立了户头，又临时租下一所房子作为组委会栖身之所。历史上第一个由企业家主持的奥运会组委会开张了。

因为洛杉矶市政府禁止动用公共基金，加利福尼亚州又不准发行彩票，而两者都是奥运会筹款的传统模式。所以尤伯罗斯只好决定把奥运会进行商业性操作，让最重要的财源来自电视转播权、企业赞助、门票销售。

以前的奥运会电视转播是免费的，随便哪家电视台都可以转播。尤伯罗斯则将电视转播权包装为一项专利产品出售，电视台将获得独家转播权，为了得到这一全球瞩目的美国独家转播权，美国三大电视网展开了激烈的竞争，最后美国的ABC广播公司以2.25亿美元获得了电视转播权。

以前是政府官员拉赞助，而尤伯罗斯却把握住了一些大公司想通过赞助奥运会来提高自己知名度的心理，把企业赞助作为盈利的一个重要来源。他规定，本届奥运会正式赞助商只能有30家，每个行业就一家，最低门槛就是400万美元，这就是著名的"TOP计划"（The Olympic Partners，奥林匹克伙伴）。

由于每个行业的赞助商只要一个，于是企业互相竞争，抬高赞助要价。在谈判中，他也善于抓住谈判对手的心理，摆出最有说服力和诱惑力的理由，令对手高高兴兴地掏钱认账，这一项筹集到 3.85 亿美元。

尤伯罗斯严格控制赠票，甚至放出话来，即使总统来也得自掏腰包买门票。尤伯罗斯以前一直就在干服务业，知道如何进行市场促销。结果，门票最终定价为 50~200 美元，售量也远远超过以往各届。

奥运会开幕前的火炬传递以前都是由社会名人和杰出运动员担任，但是尤伯罗斯却又看到了这个商机，他开始拍卖这个权利：谁想获得举火炬跑一公里的资格，交钱竞争！于是这一项又筹集到了 4500 万美元。

销售上去了，还得控制成本。以前是政府举办，具有一切官僚机构的特征：人员浩浩荡荡，场面轰轰烈烈。他决定在这次大会上大大减少工作人员的名额，谁不好好干活谁走人。而且还大量招募了赛会志愿者为奥运会免费服务。以往各界奥运会，几乎无不大兴土木，尤伯罗斯则决定尽量避免新建设施，沿用洛杉矶现成的体育场，并借用大学的学生宿舍作为运动员的公寓，从而充分利用现有设施。

7 月 28 日当地时间下午 4 时 15 分，第 23 届奥运会在洛杉矶纪念体育场开幕。当这届奥运会结束后，他给世人提供了一份惊人的账单：承办奥运会共耗费 5.1 亿美元，盈利 2.5 亿美元，而洛杉矶的宾馆、饭店、商店等服务机构的额外收入高达了 35 亿美元。尤伯罗斯成功了。

他在答记者问的时候这样解释他的成功，他在 1975 年在美国佛罗里达听了英国专家德·波诺博士关于发散性思考方法的演讲，从此养成了创新型的思考方法。

打破原有的思维形式，给自己带来一场思维革命

发散思维又被称为辐射思维、扩散思维，它是指人在思考问题的时候，思维会以某一个点为中心，沿着不同的方向、不同的角度，向外扩散的一种思维方式。

1950 年，美国心理学家吉尔福特在以《创造力》为主题的演讲中首次提出"发散思维"这个概念。经过五十多年的研究，人们从"发散思维术"中又演变出其他很多种思维术，所以我们对发散思维研究得越是透彻，对其他的思维术的了解就会越发深刻。总的来说，发散思维有以下几个特征：

1. 变通性

变通性就是不断变化，克服人们头脑中某种自己设置的僵化的思维框架，按照某一新的方向来思索问题的过程。

拥有发散思维的人会沿着不同的方面和方向思考问题，就肯定会具备变通性的特性，而变通性需要借助横向类比、跨域转化、触类旁通，表现出极其丰富的多样性和多面性。

2. 流畅性

流畅性就是想象力的自由发挥。发散思维的触角就像阳光一样，很快就能遍布四周。流畅性反映的是发散思维的速度和数量特征。它是指在尽可能短的时间内生成并表达尽可能多的思维观念以及较快地适应、消化新的思维、概念，所以我们说有发散思维的人肯定会很机智，因为机智与流畅性密切相关。

3. 独特性

"学我者生，似我者死。"一个人的思维如果大众化就没有任何优势了。独特性指人们在发散思维中做出的异于他人的新奇反应的能力，可以说独特性是发散思维的最高目标。

4. 多感官性

发散性思维不仅运用视觉思维和听觉思维，还充分利用其他感官接收信息并进行加工。发散思维还与情感有密切关系。如果思维者能够想办法激发兴趣，产生激情，把信息情绪化，赋予信息以感情色彩，会提高发散思维的速度与效果。

发散思维能让人变通，它为思考者开辟了一条广阔的道路，如果我们局限于一种思路、一种角度，发明创造、技术创新是绝对不可能实现的。创新发明的过程，如同大海捞针一样，在事先一无所知而目标又太过宏大的情况下，只能向各个方向去摸索。而探索的方向越广，最终找到针的可能性也就越大，所以我们可以说发散思维是立体的，是创新思维最明显的标志。

一只甲虫在一个篮球上爬行，由于它看到的世界都是扁平的，所以它永远不会知道自己在一个有限的球面上爬行。

然而，如果这个时候飞来一只蝴蝶，它一眼就会看出甲虫在一个小小的篮球上爬行，因为蝴蝶的视觉是立体的，这对它来说，是轻而易举的事情。

这个例子告诉我们，发散思维，就是要从多角度、多方位、多层次、多学科、多手段地考察研究，力图真实地反映对象的整体以及这个整体和其他周围事物构成关系的思维方式。

1. 一般方法

材料发散法——以某个物品作为"材料"，以其为发散点，设想它的多种用途。

功能发散法——从某事物的功能出发，构想出获得该功能的各种可能性。

结构发散法——以某事物的结构为发散点，设想出利用该结构的各种可能性。

形态发散法——以事物的形态为发散点，设想出利用某种形态的各种可能性。

组合发散法——以某事物为发散点，尽可能多地把它与别的事物进行组合，变成新事物。

方法发散法——以某种方法为发散点，设想出利用方法的各种可能性。

因果发散法——以某个事物发展的结果为发散点，推测出造成该结果的各种原因，或者由原因推测出可能产生的各种结果。

2. 假设推测法

面对一个问题的时候，我们可以用假设的方法来思考。假设的情况不管是任意选取的，还是有所限定的，所涉及的都应当是与事实相反的情况，是暂时不可能的或是现实不存在的事物、对象和状态。

由假设推测法得出的观念可能大多是不切实际的、荒谬的、不可行的，这并不重要，重要的是有些观念在经过转换后，可以成为合理的有用的思想。

3. 集体发散思维

生物学上的"近亲繁殖"指的是血缘关系相近的生物之间繁殖后代，这样就会导致物种退化，思维也一样，"三个臭皮匠，顶得上一个诸葛亮"，发散思维不仅需要用上我们自己的全部大脑，有时候还需要用上我们身边的无限资源，集思广益。集体发散思维可以采取不同的形式，比如我们常常说的"开会"，几个人在一起，提出问题以后，大家各自思考解决办法，最后有一个会议记录员把所有想法记下来，拿出来大家一起讨论，这种头脑风暴的形式会极大地拓展我们的思路。

圆珠笔的故事

圆珠笔是大家日常生活中常常用到的文具，使用起来十分方便。但是你知道吗，关于圆珠笔笔芯还有这样一个故事：

以前，圆珠笔笔芯写到 20 万字就要漏油，没办法继续使用了，针对这个技术难题，不少圆珠笔生产厂商都投入大量的人力和物力来进行研究：要么准备延长滚珠的磨损寿命，要么考虑如何提高油墨的质量……可惜纷纷折戟沉沙，都没有取得任何突破。

没想到，在众多专家一筹莫展的时候，一个日本的年轻人却另辟蹊径，利用发散思维解决了这个难题。原来，这位日本青年想明白了这个道理：既然圆珠笔写到 20 万字就要漏油，那么就干脆让他写到十八九万字时就正好用完。这个道理很简单，但是要想到却并不容易。

思维决定出路，一切就是这么简单。

曲别针用途知多少

一根普普通通的曲别针，你能想到它有多少种用途吗？也许你只能想到几种。在一次许多中外学者参加的旨在开发创造力的研讨会上，有一位学者居然说出了 3000 多种用途。

原来，他把曲别针分解为：材质、重量、体积、长度、截面、弹性、硬度、直边、弧度等11个要素，然后将这些要素用一根标线连接起来，作为横的x轴，再把与曲别针有关的人类活动进行要素分解，连成纵的 y 轴，两轴相交垂直延伸，就可以发现曲别针的一系列用途：比如将曲别针连接起来，设计成为各种电路导电，以及制成物理上的实验器材。在化学方面，曲别针是铁元素组成的，可与硫酸、盐酸以及很多制剂发生反应，进而生成千万种化合物。在语言学上，曲别针可以折叠成英、希腊等外文字母，用来进行拼读，这样分析下去，曲别针的用途可谓是太多、太广了！

宇宙飞船的隔热罩

在 20 世纪美国和苏联进行军备竞赛的时候，美国在发射载人宇宙飞船时碰到了一个很严峻的技术难题：当宇宙飞船以极高的速度从太空返回到地球的时候，就会与大气层发生激烈的摩擦，这样，飞船上的材料由于无法承受超过 3500℃ 的高温，将立刻分解。这样，宇航员的生命将得不到保障。刚开始，美国国家航天局把思维全部放在寻找一个可以抵抗超级高温的材料，过了很长一段时间，依旧是无功而返。

后来有几位专家利用发散思维去思考，居然把这个问题解决了。原来，这几位专家提出用陶瓷制造出一种可磨削的隔热罩，把这个隔热罩加在飞船上面。宇宙飞船在重返大气层的过程中，高温就让陶瓷制品逐渐地燃烧，在它逐渐汽化的时候，形成的汽化带也就带走了大部分热量，从而保护了宇宙飞船的机体，进而保护了宇航员的生命安全。

把梳子卖给和尚

有一个经典的发散思维案例，被很多教科书引用：

为了选拔真正有效能的人才，公司要求每位应聘者必须经过一道测试：将公司的一种梳子产品卖给附近寺庙的和尚。这道立意奇特的难题、怪题，可谓别具一格，用心良苦。几乎所有的人都觉得很荒谬：和尚用得着梳子吗？不少人打了退堂鼓，但是还是有3位应聘者决定完成这个"不能完成的任务"。

一个星期的期限到了，3人回公司汇报各自销售实践成果，甲先生仅仅只卖出一把，乙先生卖出10把，丙先生居然卖出了1000把。同样的条件，为什么结果会有这么大的差异呢？公司请他们谈谈各自的销售经过。

甲先生说，他跑了3座寺院，受到了无数次和尚的臭骂和追打，但仍然不屈不挠，终于感动了一个小和尚，买了一把梳子。

乙先生去了一座名山古寺，由于山高风大，把前来进香的善男信女的头发都吹乱了。乙先生找到住持，说："蓬头垢面对佛是不敬的，应在每座香案前放把木梳，供善男信女梳头。"住持认为有理。那庙共有10座香案，于是买下10把梳子。

丙先生来到一座颇具盛名、香火极旺的深山宝刹，对方丈说："凡来进香者，多有一颗虔诚之心，宝刹应有回赠，保佑平安吉祥，鼓励多行善事。我有一批梳子，您的书法超群，可刻上'积善梳'三字，然后作为赠品。"方丈听罢大喜，立刻买下1000把梳子。

听了这3位应聘者的讲述之后，公司认为，3个应考者代表着营销工作中3种类型的人员，各有特点。

甲先生是一位执着型推销人员，有吃苦耐劳、锲而不舍、真诚感人的优点；乙先生具有善于观察事物和推理判断的能力，能够大胆设想、因势利导地实现销售；丙先生呢，他具有发散思维，从卖梳子卖给和尚，进而把业务扩展到上香的香客上面，大胆创新，有效策划，开发了一种新的市场需求。最后录取了丙先生。

杀出重围的微型冰箱

在过去很长的一段时间里，电冰箱市场一直为美国人所垄断，冰箱几乎每个家庭都有，而且产品淘汰周期长，可以使用很久。

在这种情况下，其他国家的产品很难进入市场，而日本厂商却看到了商机，异军突起，发明创造了微型冰箱。人们忽然发现除了可以在办公室使用外，冰箱原来还可安装在野营车娱乐车上，方便全家人外出旅游，就算在野外也能用上冰箱。微型冰箱改变了一些人的生活方式，也改变了整个冰箱市场的格局。

微型电冰箱与家用冰箱在工作原理上没有区别，其差别只是产品所处的环境不同。日本人有意识地改变了产品的使用环境，引导和开发了人们潜在的消费需求，把冰箱的使用方向由家居转换到了办公室、汽车、旅游等其他方向，从而达到了创造需求、开发新市场的目的。

思维训练营

思维情景再现一

有这么一个经典的发散思维训练题，摘录如下，让读者也开动一下脑筋：

大兔子病了，

二兔子瞧，

三兔子买药，

四兔子熬，

五兔子死了，

六兔子抬，

七兔子挖坑，

八兔子埋，

九兔子坐在地上哭起来，

十兔子问他为什么哭，

九兔子说五兔子一去不回来！

大家看出什么门道来没？这是一件密谋杀兔事件。兔子家族到底发生了什么阴谋？大家先别看参考答案，先想想这个歌谣中到底蕴含了什么样的线索呢？请充分发挥你们的发散思维。

发散思考术

1. 首先，兔子也是有阶级的，大兔子病了，要治他的病，就必须不惜一切代价，甚至牺牲一只兔子做药引。

2. 病的是大兔子，五兔子却突然死了，显然是被做成了药引。

3. "买药"其实是黑话，因为实际上只需要一些简单的草药，主要是药引，所以这个"买药"指的是去杀掉做药引的兔子，三兔子是一个杀手。

4. 做药引的为什么是五兔？因为哪只兔子适合做药引是由医生决定的，二兔子就是医生，而四兔子应该就是小学徒了。

5. 可以推出，二兔子借刀杀兔搞死了五兔子，他们之间有什么过节呢？可能是情杀，因为一只母兔。

6. 谁是母兔呢？想一下，女人爱哭的天性，所以九兔是母兔。九兔也知道了真相，所以才哭，因为她爱的是五兔。

7. "六兔子抬"，这明显是病句，一只兔子怎么抬？他显然是被抬，因为他死了，所以才会被抬。抬他的两只兔子随后一个挖坑，一个埋尸。没错，抬他来的就是七八两只兔子！

8. 六兔子是被七八两只兔子杀的吗？不是，他是被杀手三兔子杀死的。三兔子本来不想杀他，五兔子和六兔子关系非常好，当时他们正好在一起，并联手抵抗，所以三兔子才把他们一起杀了。

9. 最后一点分析，也许是多余。事情是这样的，三兔和五六两兔打斗过程中，引来了七八两兔。当五六被杀死后，三兔已没有力气，况且七八两兔平时都很听话，不会告密的。所以三兔就放过了七八两兔，并让他们把六兔抬走，埋了。

从一个类似打油诗几句话中，我们能推测出这么多的东西，你是不是觉得发散思维很有趣呢？

思维情景再现二

如今找一份工作不容易，小李在网上看到一个他非常中意的企业的招聘启事。可是当他赶到报考地点时，已有 20 位求职者排在前面，他是第 21 位。怎样才能引起老板的特别注意而赢得唯一的职位呢？

发散思考术

小李在找寻工作的过程中，属于被选择的一方，属于弱势群体。这个时候能帮助他的，只有他自己。如何有礼有节，而又巧妙地让老板坚持到他这个 21 号求职者才出结果呢？小李沉思了一会儿，终于想出了一个好主意。

他在一张纸片上写了几行字，请人交给了老板。老板看后哈哈大笑起来，并且走到他的面前亲切地拍了拍他的肩。请你们想一想纸片上写的是什么字？纸片上写的是：先生，我排在队伍的第 21 位。在您看到我之前，请千万别忙着做出决定。

思维情景再现三

日本有一厂家生产瓶装味精，质量好，瓶子内盖上有 4 个孔，顾客使用时只需甩几下，很方便。可是销售量一直徘徊不前，为了增加利润，厂家采取了打广告、做促销等各种手段，但销售量还是不能大增。如果你是厂家负责人，你有什么方法吗？

发散思考术

厂家一直把目光集中于自己的产品上，这固然是个好事，但是却局限了思路和解决问题的方法。味精作为一种消费品，但也是一种消耗品，如果消耗的多，自然就会再买一瓶。最好的办法就是在味精瓶的内盖上多钻一个孔。

由于一般顾客放味精时只是大致甩个二三下，四个孔时是这样甩，五个孔时也是这样甩，结果在不知不觉中多用了近 25%，而味精的销量自然也大大提高了。

思维名题

铅笔的改进

现在市面上有各种各样的铅笔，使用起来非常方便。但是在最初的时候，人们使用光秃秃的石墨写字，石墨容易断，而且写字的人总是弄得满手黑。后来在德国纽伦堡的一位木匠把石墨和木条组合起来，发明了现代铅笔的雏形。1662年，弗雷德里克·施泰德勒根据这个原理开办了第一家铅笔工厂，他将细石墨放入带槽的木条，然后用另一根上了胶的木条把石墨笔芯夹在中间，再将笔杆加工成圆形或者八角形。

1858年，美国费城有一位名叫海曼·利普曼的穷画家对铅笔进行了又一次改进，他还申请了一项专利，后来以55万美元的价格卖给了一家铅笔公司。

你知道改进后的铅笔是什么样子的吗？

福尔摩斯的推论

有一次，福尔摩斯和华生去野营，他们在星空下搭起了帐篷，然后很快就睡着了。半夜里，福尔摩斯把华生叫醒，对他说："抬头看看那些星星吧，然后把推论告诉我。"华生想了想说："宇宙中有千百万颗星星，即使只有少数恒星有星星环绕，也很可能有一些和地球相似的行星，在那些和地球相似的行星上很可能存在生命。"

这是福尔摩斯想要的答案吗？

女孩的选择

一个南方女孩和一个北方男孩相爱了，有一天晚上男孩向女孩求婚。女孩有点不知所措，她说："让我想想。"她回家后拿出一张纸，左边写上"不嫁"，右边写上"嫁"。在不嫁的那一栏，她写下：

他工作不稳定，收入不高。

南、北方生活习惯不一样，将来会有麻烦。

他学历不高。

他家在农村。

他有体弱多病的母亲和上学的妹妹，家庭重担靠他一个人承担。

……

在右边那一栏，她写下了一个字——爱。

女孩会做怎样的选择呢？

你说得对

有两个人为一件事发生争执，他们来到寺院让一个德高望重的老和尚评理。甲来到老和尚面前说了自己的一番道理，老和尚听后说："你说得对。"接着，乙来到老和尚面前说了和甲的意见相反的另一番道理，老和尚听后说："你说得对。"站在一旁的小和尚说："师父，怎么两个人说的都对呢？要么甲对乙错，要么乙对甲错。"

这回老和尚会怎样回答呢？

5=？ +？

在一节思维培训课上，一个小学一年级的数学教师向思维培训师请教如何教孩子们发散思维。思维训练老师在黑板上写了一道算术题：

2+3=？

然后，他说："这是小学一年级常见的计算题，只有唯一的答案，对就是对，错就是错。这会让孩子们养成寻找一个答案的思维习惯，导致思维的扁平化，遇到问题时缺乏寻找多种答案的意识和能力。虽然大部分数学题是一题一解的，但是我们可以运用关系发散来改变出题的方式。"接着，他在黑板上写下了这道题：

5=？ +？

你能说出这里面蕴含的思维道理吗？

牛仔大王

当年，李维斯和很多年轻人一样投入西部淘金热潮之中。在前往西部的路途中，有一条大河挡住了去路，人们纷纷向上游或下游绕道而行，也有人遇到阻碍就打道回府。李维斯对自己说："凡事的发生必有助于我。这是一次机会！"他想到了一个绝妙的创业主意——摆渡。很快他就积累了一笔财富。

后来摆渡的生意冷淡了，他决定继续前往西部淘金。到了西部，他发现那里气候干燥，水源奇缺，人们纷纷抱怨："谁给我一壶水喝，我情愿给他一块金币。"李维斯又告诉自己："凡事的发生必有助于我。这是一个机会！"他又看到了商机，做起了卖水的生意，渐渐地卖水的越来越多，没有利润可图了。

这时，他发现淘金者的衣服都是破破烂烂的，而西部到处都有废弃的帐篷。李维斯再次告诉自己："凡事的发生必有助于我。这是一次机会！"由此他又想到一个好主意。

他想到了什么好主意？

"慷慨"的洛克菲勒

第二次世界大战结束之后，战胜国决定成立一个处理世界事务的联合国。各国政府遇到的第一个问题就是购买可以建立联合国总部的土地，这需要很大一笔资金，而对刚成立的联合国来说很难筹集大笔资金。

美国石油大王洛克菲勒听说了这件事情后，决定出资 870 万美元买下纽约的一块地皮，并无偿地捐赠给联合国。有人赞叹洛克菲勒的义举，有人对此表示无法理解，事实上洛克菲勒另有打算。洛克菲勒有什么打算呢？

洞中取球

北宋的宰相文彦博小时候是个聪明可爱的孩子，不仅书读得好，而且活泼好动，经常和小伙伴们一起踢球。

有一天，文彦博又和村里的小伙伴们在打谷场上踢球。大家你来我往，踢得兴高采烈，文彦博更是厉害，一个人就踢进了两个球。大家正玩得高兴，不知是谁一不小心把球踢出了场外。只见那球刚开始力道很大，后来没有劲了，滚着滚着，正好滚到一棵大白果树的树洞里去。大家笑着说："这是谁啊，脚法这么好，一脚就把球踢到那么小的树洞里去了，太厉害了吧。"说着，大家纷纷跑过来捡球。

树洞里黑黝黝的，大家睁大了眼睛，也看不到球在哪里。有个胳膊长的小朋友自告奋勇来够球。只见他趴在地上，手臂使劲往树洞里伸，半个身子都快伸进去了。但是树洞太深了，他怎么也够不到底。看来用手是够不到了，只有想别的办法了。

又有一个小朋友说："我有办法了，我去拿个竹竿来够。"于是他找来了一根长长的竹竿。可是树洞里是弯弯曲曲的，竹竿是直的，不会拐弯，所以也够不到底。

大家都着急起来，骂这讨厌的树洞："破树洞，坏树洞，怎么偏偏长在这里，把我们好好的球给吃进去了。"如果树洞会说话的话，肯定会很委屈：

"怎么怪到我啦？是你们自己踢进来的呀，要怪也只能怪你们自己。"

想到以后没有球踢了，大家都很沮丧。忽然，文彦博一拍脑袋叫道："有了，我有办法了。"

文彦博想出的是什么办法呢？

于仲文断牛案

于仲文是隋朝的大将军，他足智多谋、英勇善战，曾经率领8000人打败了对方的10万大军，小时候他就是一个聪明伶俐的孩子。

于仲文9岁的时候曾经面见皇帝，皇帝见他聪明可爱，就有意考考他："听说你爱读书，那么书里写的都是哪些内容呀？"

于仲文从容地回答："奉养父母，服务君王，千言万语，只'忠孝'二字而已。"

皇帝听了连连称赞："说得好，说得好！真是一个聪明的孩子！"

从此于仲文的名声就传扬开来了。

有一回，村里的任家和杜家都丢失了一头牛，两家都倾巢出动，分头寻找，但是后来只找到一头牛，两家都抢着说牛是自己家的，争执不下，就把官司打到了州里，州官接到这个案子也难以判断，愁眉不展。

这时候，手下的一个官员向州官出主意："于仲文聪颖过人，连皇上都夸奖他，何不让他来试试断这个案子呢？"

州官摇摇头说："嘴上无毛，办事不牢，于仲文只是一个乳臭未干的毛孩子，凭借一句巧话，赢得皇上开心，徒有虚名而已，未必有什么真才实学。"

官员说："大人这样说就不对了，自古英雄出少年，我觉得于仲文还是有过人之处的，反正有益无弊，就让他试试吧。"

州官觉得有理，就派人请来了于仲文。

于仲文来到州府，问明了情况，就笑着说："这个案子不难断。"说着，他就让任家和杜家都把自家的牛群赶到大操场上，分别圈在操场的两边，然后叫人牵来那头有争议的牛。州官和围观的群众都不知道他葫芦里卖的是什么药。

你能猜到于仲文这么做的目的吗？

山鸡舞镜

山鸡是南方珍贵的飞禽，它爱站在河边，看着河里自己的影子翩翩起舞。有一回，南方派人给曹操送来了一只山鸡。

曹操非常想看山鸡跳舞，但是宫殿里没有河流，山鸡不肯跳舞。曹操就让身边的大臣们，想个办法让山鸡跳舞。大臣们挖空了心思，也没有想到好办法。曹操见了，长叹一声说："我是没有缘分看到山鸡跳舞了。"

曹操六岁的小儿子曹冲看到父亲不高兴，他想了想，就跑到曹操面前说："父亲，你不要苦恼，孩儿有办法让山鸡起舞。"

曹操知道曹冲是个机灵鬼，但是满朝文武都没有什么好办法，他不太相信曹冲能想到好办法，就将信将疑地问："哦，你有什么办法？"

曹冲调皮地说："其实办法很简单，父亲只管观看山鸡起舞就是了。"

曹冲想出了什么办法？

假狮斗真象

汉朝日南郡有一个林邑县。东汉末年，天下大乱，林邑县的功曹趁机杀了县令，自立为王，改林邑县为林邑国。魏晋时期，依然内战不断，朝廷就一直没有派兵去征讨。这样又过了200年，林邑国已经发展起来，国力比较强盛了。

南北朝时期，宋文帝封宗悫为"振武将军"，命令他带领5000人马，去征讨林邑国。宗悫率领大军辞别了宋文帝，就浩浩荡荡地来到了林邑国。

宗悫刚指挥军队排成阵势，准备战斗。林邑国的国王就亲自擂鼓，他手下的将士们拼命地摇旗呐喊，气势非常惊人。宋军以为他们要冲过来了，都全神戒备。忽然，从林邑军后面的树林里跑出1000多头大象，发疯似的向宋军冲过来。大象的皮厚力大，宋军的刀枪根本伤不了它，它们在宋军阵营里左冲右突，如入无人之境。宋兵死伤无数，宗悫赶紧收拾残兵退回大营，一边挂出免战牌，拒不出战，一边召集谋士商量对策。

一个谋士说："一物降一物，只有狮子能对付得了大象，如果我们能弄到几百只狮子，就能破了对方的大象阵。"

另一个谋士说："这倒是，不过我们到哪里去找这么多狮子呀，就算找到了，还得花时间训练，否则它连自己人都吃了。"

宗悫听了谋士的议论，忽然眼睛一亮，大声说："我有办法了！"

宗悫的办法是什么？

鲁班造锯

鲁班是春秋时期本领最高超的木匠，有一个成语"班门弄斧"，意思就是说，谁要敢在鲁班面前卖弄木工手艺，那就是自不量力！鲁班不仅是一个技艺高超的木匠，还是个发明家，相传锯子就是他发明的。

有一回，鲁国的国君命令鲁班建造一座宫殿，必须按时完成，否则就要严厉处罚鲁班。接到任务后，鲁班立即着手准备原材料，其中需要最多的，当然是木材了。鲁班就叫徒弟们上山砍树。

不过现实就好像和鲁班作对似的，山上的树特别难砍，徒弟们一天从早忙到晚，累得腰酸背痛，还是砍不了几棵树。鲁班见了非常着急。他想：照着这样的速度进行下去，肯定会延误工期的，不行，我得想个办法提高速度。

一天，鲁班又忧心忡忡地到山上去察看。为了节省时间，他抄近路从一个很陡的土坡上往山上爬。树木茂盛，杂草丛生，鲁班就抓着树根和杂草，一步一步奋力向山上爬去。忽然鲁班感到长满茧子的手上一阵轻微的疼痛，低头一看，原来手掌已经被草划伤了，冒出血来。"什么草这么厉害？"鲁班一面小声嘀咕着，一面好奇地拔起那棵划伤他的小草，他发现小草的叶子是锯齿状的，刚才划伤他厚厚的茧皮的就是这些锯齿。鲁班若有所悟，他又把草在手上拉了拉，手上就又添了几道细小的划痕。

"没想到这些细小的锯齿，竟然有这么大的力量，如果我照着草叶子的样子，做成一把铁的工具，那么伐树不就又快又省力了吗？"鲁班自言自语着，于是他决定立即回去试制一下。

鲁班发明了什么工具？

小小智胜国王

一年夏天，热爱冒险的三兄弟，来到了 X 王国，看到城墙上贴着一张布告，上面写着：凡是能完成国王三道难题的，国王将奖赏他 500 两黄金，但如果做不到，他将面临终身监禁的惩罚。

大哥大大看到奖赏 500 两黄金，就美滋滋地跑进宫去了。结果，X 国王的三道难题，大大连一道也没做出来，被关进了监牢。

二哥中中决心救回大大，就坚定地走进皇宫，可是他也失败了，和大大关在了一起。

最小的弟弟小小，在家等了三天三夜，也没等到二哥回来，他知道二哥也被抓起来了，就怀着悲愤的心情，走进皇宫，对 X 国王说："尊敬的陛下，如果我能做出您的三道难题，我不要您的 500 两黄金赏赐，我只要求您能放了我的两个哥哥。"

国王听了，就说道："好，如果你能做出三个难题，我就放了两个哥哥，还会给你 500 两黄金，但是做不出来，我就不客气了。"说完，就让小小开始做题。

只见侍卫拿过来一个装满水的玻璃杯，一个空盆子和一个铁丝编成的筛子。第一道题是用筛子盛水，只要把玻璃杯里的水倒进筛子，而不漏出来，就算完成了；第二道题目是把鸡蛋放在纸上煮熟；最后一道题目是：从一个盛满水的大盘子里，取绿色的玉片，前提是不能沾湿了手。

……

结果，小小出色地完成了三道题目，连国王都暗暗佩服，他立即放了大大和中中，还送给他们 500 两黄金。兄弟三人高兴地拿走黄金，又到别的地方冒险去了。

小小如何做对这三个题的你知道吗？

忒修斯进迷宫

海神波塞冬为了惩罚雅典国王的不忠诚，就在雅典城降下了一个牛头人身的怪兽。怪兽名叫弥诺陶洛斯，它凶残成性，每顿都吃童男童女的肉。

国王不能奈何它，只好叫一个技艺高超的工匠建了一个迷宫，把怪兽关在迷宫里。据说迷宫造得非常精巧，当初那位工匠建好迷宫后，自己都找不到出来的路了，只好又做了一对翅膀才飞出来。但是，因为惧怕海神，国王还是命令雅典臣民每九年给怪兽弥诺陶洛斯进贡七对童男童女，一时间，人心惶惶，有儿女的人家纷纷背井离乡。

转眼又过了九年，又该给怪兽弥诺陶洛斯进贡了。这时候出现了一个英雄——忒修斯，他决心救雅典人民于水火。于是，他就装扮成一个童男，身上藏着锋利的宝剑，打算混进迷宫去，趁弥诺陶洛斯不备，一举杀了它。

美丽的公主阿里阿德涅看出了忒修斯的意图，非常欣赏忒修斯的勇气，她已经暗暗地喜欢上了眼前这个英俊的年轻人了。就关切地问："弥诺陶洛斯凶猛无比，一般人根本伤不了它，你打算怎么对付它？"

忒修斯胸有成竹地说："怪兽来吞吃童子的时候，是最没有防备的，我会趁机用锋利无比的宝剑，刺穿它的心脏，这对于我来说，不是什么难事，我所担心的是迷宫，只怕进去后就出不来了。"

聪明的阿里阿德涅低头想了想，就有了一个好主意……

除雪

20世纪70年代，加拿大北部地区因为地处高纬度，又是山地地形，气候寒冷多雪，电话线经常会被厚重的积雪压断，给人们的生活带来很大的不便，而电信公司不得不频繁地修复断掉的电话线。后来，为了防止这种情况，电信公司经常要在大雪过后乃至是下雪期间派人清扫电线上的积雪，而这样的事做起来烦琐而缓慢，需要投入巨大的人力，十分麻烦。一次，一场罕见的大雪过后，两个电信公司的员工又赶往现场清扫电话线上的积雪，当看到电话线上十分厚重的积雪后，其中一个人无奈地感慨道："哎，这么厚重的积雪，恐怕只有上帝才能尽快将其清扫完毕了！"说完便开始干自己的活了。

但是，说者无心，听者有意，另一个一向爱动脑筋的同事在听了同伴的这句话后开始动起了脑子：是啊，如果上帝肯帮忙清扫的话，那就快多了！如果上帝清扫的话，他会怎么清扫呢？对他来说，他肯定不用拿着扫把一点一点地清扫，而是在空中……顿时，他想到了一个主意，于是将这个主意上报给了其上司。最后，经过层层认真研究之后，电信公司果然采用了他的这个办法，使得清扫积雪的工作变得简单而高效。

你能猜出这个电信公司的员工想出的办法是什么吗？

泰勒的特殊兴趣

马克斯韦尔·泰勒上尉是在1937年底被美国派往中国的驻华武官。当时，由日本挑起的"七七卢沟桥事变"，刚刚爆发，于是美国也加紧了对于日本的情报收集。因此就在泰勒上尉前往中国前夕，他受到了美国中央情报局的召见，并被赋予了一项特殊使命，就是秘密调查侵华日军的编制及其番号。

泰勒之所以被授予这项任务，是因为他其实是个日本通，早年他曾在日本帝国大学留学多年，对日本的文化和各种习俗都十分熟悉。正因为此，他在读书期间以及之后都结识了许多日本朋友，但是由于中日战争爆发之后，美国一直是站在中国一方的，因此他和他的朋友不得不选择站在自己的阵营里。来到中国后，泰勒一边以驻华武官身份做掩护，一边秘密搜集情报，但经过一番苦思冥想，很难有机会接触到日军的他也未能找到一个完成任务的锦囊妙计。

这天，泰勒又一个人在房间里苦苦思考该如何完成自己的任务，他一边想，一边开始回忆自己在日本的生涯，试图从中得到一些启发。在经过一番思索之后，他的目光被挂在墙上的一幅贴在镜框里的相片所吸引。照片上是全副戎装的三个青年，风华正茂，左右两个是日本人，中间的那个则是泰勒自己。泰勒回忆起，这是自己留学东京时与大学里最要好的两位朋友田木与竹浦利用休假日一起到名古屋游览时，在名古屋最大的一座寺庙里照的。

于是，泰勒不禁又回想起了当时的情景。泰勒记得，当时，两个朋友还带着自己到寺庙中签名留念，自己刚开始并没有当作一回事，只是草草签上了自己的名字。但是，竹浦和田木还专门提醒泰勒，不仅写名字，而且要注明自己的身份，并十分严肃地对他说："泰勒君，在我们日本，签名留念是一桩十分虔诚严肃的事。"而后来在世界各地的许多名胜古迹，泰勒都发现有日本人的签名留念，的确如两位朋友所说，日本人有这个癖好，并且他们也往往会注明自己的身份，以显示自己的诚意。

想到这里，一个奇妙的主意在泰勒头脑里产生了，他觉得自己找到了完成任务的一个绝佳的方法……

你能猜出他的方法是什么吗？

"钓鱼"的启发

1943年，在苏联的德温伯河畔，苏联最高统帅部发动了对德国的战略反攻性的德温伯河会战。本来，苏联方面希望靠此次会战扭转大战形势，但是，没想到的是德军进行了疯狂的反扑，摆开了和苏军决一死战的架势。针对疯狂的德军，苏军统帅部下令避实就虚，实行战略转移。负责此次转移任务的是苏联红军沃罗温什方面军司令瓦杜丁大将。

这是一支庞大的机械化部队，要从敌人鼻子底下神不知鬼不觉地转移，这怎么才能办到呢？瓦杜丁大将一直在思考着这个问题，却始终找不到好的办法。这天，瓦杜丁大将在屋子里又琢磨了半天，还是不得其计，于是便带着警卫员到外面透风。"将军，有人在钓鱼！"警卫员突然对将军说道。瓦杜丁大将顺着警卫员的手指的方向看去，果然看到一个人正在钓鱼。是谁这么有闲情逸致，此时还在钓鱼，瓦杜丁大将走了上去。此人倒是会就地取材，只见他正在用被大炮炸死了的小鸟的脑袋做诱饵，那些大鱼则争相逐食着这奇怪的诱饵。

看到这里，瓦杜丁大将突然想到了一个主意，他立即命令警卫员去弄一具刚断气的无名尸体来。

你能猜出瓦杜丁的主意是什么吗？

井中捞手表

有个名叫柯岩的七八岁的小孩，一天，他在课本上学了《司马光砸缸》的故事。之后，他便也决心做个像司马光那样的爱动脑筋的小孩，遇事积极去想办法。

一天，柯岩到乡下的姑妈家去玩耍。姑妈给他拿出了一些好吃的之后，便让他在屋里看电视，然后自己到井边洗衣服。柯岩正在看电视，突然听到姑妈"哎呀"一声，他于是赶忙出去问是怎么回事，原来姑妈因为洗衣服时不方便，要将自己的一块手表摘下来，没想到不小心失手就掉进了井里。柯岩一想，手表掉进水里，不就坏了吗？但是姑妈告诉他那是块防水表，捞上来还可以用的。因为井并不是很深，姑妈找了一根竹竿，并在竹竿上安了一个铁钩，想将手表勾上来。但是，虽然竹竿的长度够得着，但是因为井下面黑咕隆咚的，看不到手表的位置。因此姑妈勾了一通之后，并没能捞出手表，因为那是在外地读大学的儿子送给自己的表，姑妈十分珍惜。费了一番劲勾不出来后，姑妈因为担心防水表在水里久了也会损坏，开始有些着急了。

在一旁柯岩一看姑妈急成这样，心想，这不正是需要自己发挥聪明才智的时机吗？于是脑袋便开始转动起来。他想，现在的问题是光的问题，该怎么解决呢？他一边想，一边抬头看天上光芒刺眼的太阳。于是，他眼睛一亮，便赶紧跑进屋里，从屋里拿出一面镜子来。他一边走一边说："姑妈，您别着急了，我有办法了！"他于是拿着镜子试图将太阳光反射到井里去，但是，因为太阳在上面，不论他怎样调整角度，都无法将太阳光反射到井内。

最后，姑妈慈爱地抚摸着柯岩的手说："行了，太阳在上面，镜子怎么摆，光线也只会反照在上面啊，姑妈再捞捞看吧！"

柯岩于是挠挠头败下阵来，但是，突然，他眼睛又一亮，想到了进一步的办法。最后，他成功地将光线反射到了井里，帮姑妈捞出了手表，并且手表还好好的。于是，姑妈十分高兴，直夸柯岩是个爱动脑筋的好孩子。

想一下，柯岩是如何使得光线成功地反射到井里的？

绚丽的彩纸

1901 年，荷兰轮船"塔姆波拉"号因为雾大，在东印度群岛触礁沉没。附近小岛上的土著居民纷纷划船出海打捞东西，其中有一个人因为来得晚，看好东西都被别人捞完了，只好捞了别人不要的一大捆花花绿绿的纸。他觉得这些纸挺绚丽的，可以用来当壁纸装饰他的小屋子。

几个月后，有个外国商人带了许多商品来到岛上做生意。这个打捞了彩纸的人告诉外国商人，他想从他那里得到一些针线，但是他没有钱，想用一些鱼骨交换。商人于是跟着他来到了他的小屋里，一看到小屋墙上的彩纸，商人立刻表示自己不要他的鱼骨了，他只要墙上的这些彩纸就行了。

猜一下，商人为何对这些没用的彩纸感兴趣？

甲乙堂

古时候，四川地区有个皮匠，通过自己的勤劳节约，盖起了一座气派的新房子。新房将要落成之际，皮匠因为高兴，便想附庸风雅一下，请同村的一个读书人为自己的房子起个名字。读书人于是想了一下，提笔给他写了"甲乙堂"三个字。

皮匠也不识字，并不知道这三个字的意思，只是高高兴兴地带着三个字去做了一块匾，将它高高地挂在厅堂的正中。

新屋落成后，亲戚朋友们都前来为皮匠暖房，大家济济一堂，好不热闹。其中也有些识字的，看了这个匾后，感到莫名其妙。一问之下，才知道是那个读书人题的，宾客中也有和读书人相熟的，前去请教他"甲乙堂"的含义。读书人于是解释了一番，宾客一听，恍然大悟，觉得这匾题得朴素而恰切。

你能猜出这"甲乙堂"三个字的意思吗？

加一字

南宋末年，蒙古铁骑在扫除了南宋外围的一系列障碍之后，开始南下灭宋。公元 1271 年，蒙古建国，国号为元。

1276 年，元朝军队攻占南宋都城临安（今杭州），俘虏 5 岁的宋恭宗，灭南宋。后来，南宋光复势力陆秀夫、文天祥、张世杰等人连续拥立了两个幼小的皇帝（宋端宗、幼主），在广东崖山建立南宋流亡朝廷。元军对这个流亡朝廷穷追不舍。1279 年，在崖山海战中，陆秀夫保护着 9 岁的小皇帝赵昺拼死与元朝军队战斗，终因寡不敌众而失败。陆秀夫宁死不屈，抱着小皇帝投入大海，在历史上留下了可歌可泣的一页。

可恨的是，当时追杀陆秀夫和小皇帝的正是南宋降将张弘范。这个败类逼死小皇帝，不仅没有感到惭愧，反而恬不知耻地在当地竖起了一块石碑，上刻"张弘范灭宋于此"，意思是以元朝开国功臣留名后世。

崖山的百姓看到这块碑后怒火中烧，要将石碑推倒。但是一位当地的书生却说，不用推倒石碑，只要加上一个字就可以了。

于是，乡民们便按照读书人的意见加刻上了一个字，一下子，这个记功碑便成了张弘范的耻辱柱。

你能猜出这个字是如何加的吗？

警察与盗墓者

一个被警察追踪多年的盗墓者突然有一天前来自首。他声称他偷来的100块法老壁画被他的25个手下偷走了。这些人中最少的偷走1块，最多的偷了9块。而这25人各自偷了多少块壁画，他说他也记不清了，但可以肯定的是，他们都偷走了单数块壁画，没人偷走双数块的。他为警方提供了25个人的名字，条件是不能判他的刑，警察答应了。但当天下午，警长就下令将自首的盗墓者抓获。猜猜为什么？

残留的页码

图书馆的书经常因为一些品行不端的人的破坏，而出现缺页现象。这次，新进的书中有一本关于世界名胜的书，共200页。在经过几次借阅后，管理员发现第11页到第20页被人撕去了，现在的书剩下190页。又过了一段时间，这个管理员发现，第44页到第63页又被人撕去了。那么现在这本书还剩下多少页？

苛刻的合同

一个公司与工人签订了这样的合同：每劳动一天，得 48 元；不劳动的日子，每一天必须退给公司 12 元。30 天以后，工人们全部没有得到一分钱。那么，这 30 天中，他们劳动了几天？

四对亲兄弟

一个楼里住着四户人家，每家各有两个男孩。这四对亲兄弟中，哥哥分别是甲、乙、丙和丁，弟弟是 A、B、C 和 D。

一次，有个人问："你们究竟谁和谁是亲兄弟啊？"

乙回答说："丙的弟弟是 D。"

丙说："丁的弟弟不是 C。"

甲说："乙的弟弟不是 A。"

丁说："他们三个人中，只有 D 的哥哥说了实话。"

丁的话是可信的，那么请问到底谁和谁才是亲兄弟呢？

失误的窃贼

摩西宾馆位于海边，是一座四层楼高的房子，一、二层是双人套间，三、四层是单人间。每年夏天住在这里观海的游客都络绎不绝。

戴尔警长今年也来这里度假，住在 402 房。

这天，戴尔警长正要走进浴室洗澡，听到了两声"笃笃"的敲门声，开始他以为是敲别人的房门，没有理会。但是，没过一会儿，敲门声停止了，一个陌生的小伙子悄悄推开房门走了进来。原来戴尔警长没有把房门锁好。

小伙子看到戴尔后有些惊慌，但很快反应了过来，彬彬有礼地说："对不起！我走错房间了，我住 302。"说着他摊开手中的钥匙让戴尔看，以证明他没有说谎。戴尔笑了笑说："没关系，这是常有的事儿。"

小伙子走后，戴尔马上给宾馆保安部打电话："请立即搜查 302 房的客人，他正在四楼作案。"保安人员迅速赶到四楼，抓到了正在行窃的那个小伙子，并从他身上和房间里搜出了首饰、皮包、证件、大批现钞和他自己配制的钥匙。

保安人员不解地问戴尔："警长先生，您怎么知道他是窃贼的？"

你知道这是怎么回事吗？

复杂的聚会

三个好朋友 A、B、C 住在同一个城市，他们约定每个月都要聚会一次。

第一次聚会的日子就要到了，可是还有一个问题很麻烦。现在正是夏天，A 在雨天不出门，阴天或晴天倒还好说；B 性格古怪，阴天或雨天还可以，天一晴就不愿离开家；C 喜欢干脆，讨厌阴天，只有晴天或雨天出门。

请问，他们最终能不能聚会呢？如果可以的话，应该怎么聚会呢？

精灵与财宝

5 个国家分别住着不同的生物，每种生物都有各自特殊的习性和财富。

1. 妖精是淘气的

2. 红宝石是瑞典才有的

3. 小鬼有银子

4. 侏儒来自芬兰

5. 瑞典有巨人

6. 小精灵有黄金

7. 矮人心肠很坏

8. 瑞典有讨厌的动物

9. 小精灵都有排外性

10. 小鬼们来自苏格兰

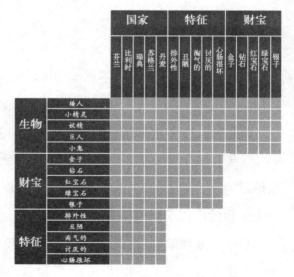

11. 小精灵都不丑

12. 丹麦没有淘气的动物

14. 比利时没有钻石

根据上述描述，你能推断出每个国家住着的生物、它们的性格特征以及所拥有的财富吗？

猫和鸽子

赵、钱、孙、李、王 5 个单身男孩每个人都养着一只心爱的鸽子，另外还有 5 个单身女孩，每个人都养着一只宠物猫。猫对鸽子是严重的威胁。后来，这 5 个单身男孩分别和这 5 个单身女孩结了婚，控制猫和保护鸽子的任务自然就落到了男孩的头上。然而，最终的结果是，虽然他们之中每对夫妻自己的猫和鸽子之间都相安无事，但最终每只猫都吃掉了一只鸽子，每个男孩都失去了自己心爱的鸽子。事实上，赵太太的猫吃了某个男孩的鸽子，正是这个男孩和吃了小陈鸽子的猫的主人结了婚；小赵的鸽子是被钱太太的猫吃掉的；小李的鸽子是被某位太太的猫吃掉的，正是这位太太和被孙太太的猫吃掉的鸽子的主人结了婚。

请问，李太太的猫吃的是谁的鸽子？

失窃的名画

侦探彼得正在书房里翻阅案卷，他的助手拿着一张纸条走进来。只见上面写着："蒙特博物馆有幅世界名画被盗，请速来侦破。"彼得站起身来，看了看表说："现在是晚上 11 点，不管是真是假，我们去看看！"说完就出门驾车而去。博物馆展厅里站着一男一女两个管理员。彼得说："我是彼得探长，刚才接到通知，说贵馆有幅世界名画被盗了，请带我去查看一下现场。"经过一番检查，彼得觉得不像是外部偷盗，就让那两名管理员讲讲失窃前后的情况。女管理员说："7 点钟下班时，我们一起锁上大门，然后就各自回家了。几分钟前，他通知我说有幅名画被盗，我就赶来了。"男管理员接着说："我回家后想起有本书遗忘在展厅里，就回来取书，结果发现名画不见了。我马上给她打电话。"

彼得问："你们7点钟关门时画还在吗？""还在，关门前我还给画掸过灰呢！"男管理员答道。彼得请女管理员讲讲自己的看法，她说："我对发生的这一切都不知道。依我看，肯定是偷画人给你写的纸条，想故意把水搅浑，这种贼喊捉贼的把戏在众多案件中屡见不鲜。""你说得对极了，那幅名画就是你偷的！"彼得探长说完，让助手给女管理员戴上了手铐。你知道这是为什么吗？

为难的年轻人

某个小镇只有一家便利店、一家打折商场和一家邮局，每星期中只有一天全部开门营业。

1.每星期这三家单位各开门营业4天。2.三家单位没有一家连续3天开门营业。3.星期天这三家单位都停止营业。4.在连续的6天中：第一天，打折商场停止营业；第二天，便利店停止营业；第三天，邮局停止营业；第四天，便利店停止营业；第五天，打折商场停止营业；第六天，邮局停止营业。

一个年轻人初次来到这个城镇，他想在一天之内去便利店买东西，又要去打折商场买衣服，还要去邮局寄信。

请问：他该选择星期几出门呢？

看看你的 IQ 有多高

IQ 是 Intelligence Quotient（智商）的缩写，是一种用来测量智力的"心理测量学"测试方法。它主要是通过各种试题来评估测试者的语言、数学、空间、记忆与逻辑推理能力。IQ 测试将普通人的正常智商水平定在 90 ~ 110 之间，分值高出这个范围的人被认为具有特殊才能，甚至是天才。下面是欧洲最流行的智商测试题，共 33 题，测试时间为 25 分钟，最大 IQ 为 174 分。

第 1 ~ 8 题，请从理论上或逻辑的角度在后面的空格中填入后续字母或数字。

1. A, D, G, J, _

2. 1, 3, 6, 10, _

3. 1, 1, 2, 3, 5, _

4. 21, 20, 18, 15, 11, _

5. 8, 6, 7, 5, 6, 4, _

6. 65536, 256, 16, _

7. 1, 0, −1, 0, _

8. 3968, 63, 8, 3, _

第 9 ~ 15 题：请从备选的图形（a、b、c、d）中选择一个正确的填入空白方格中。

9.

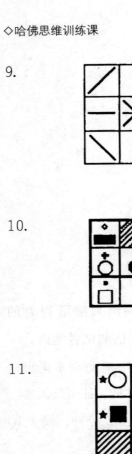

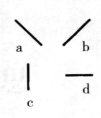

10.

11.

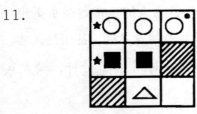

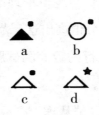

12.

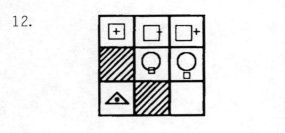

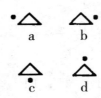

13.

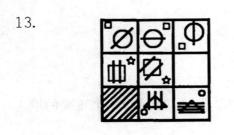

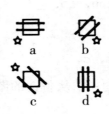

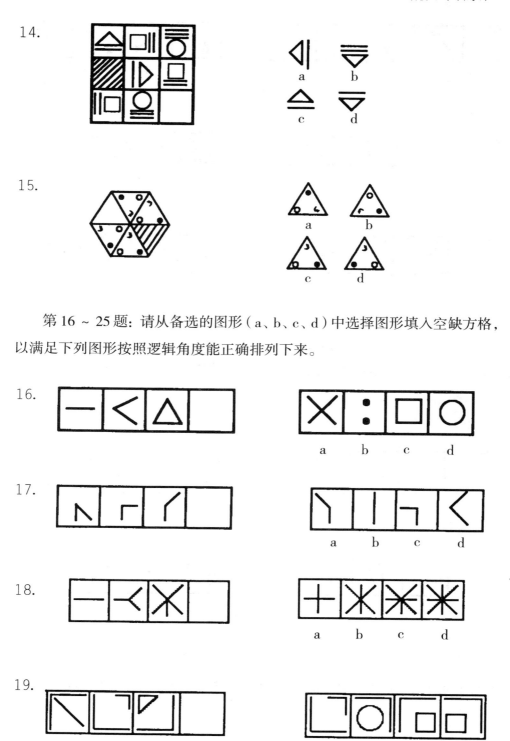

14.

15.

第 16 ~ 25 题：请从备选的图形（a、b、c、d）中选择图形填入空缺方格，以满足下列图形按照逻辑角度能正确排列下来。

16.

17.

18.

19.

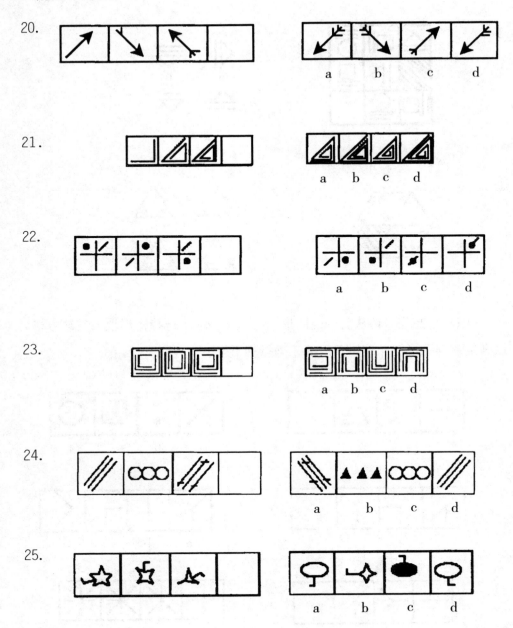

第 26 ~ 29 题：四个图形中缺少两个图形，请在右边一组图形（a、b、c、d、e）中选择两个插入空缺方格中，以使左边的图形从逻辑角度上能成双配对。

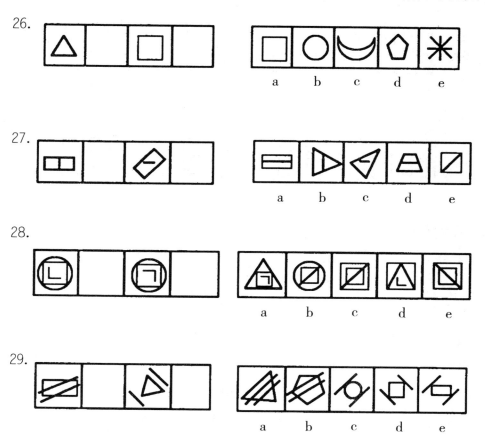

26.

27.

28.

29.

第 30 ~ 33 题：在下列题目中每一行都缺少一个图，请在右边一组图形（a、b、c、d）中选择一个插入空缺方格中，以使左边的图形从逻辑角度上能成双配对。

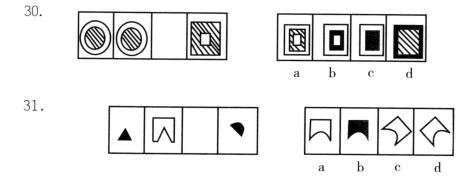

30.

31.

32.

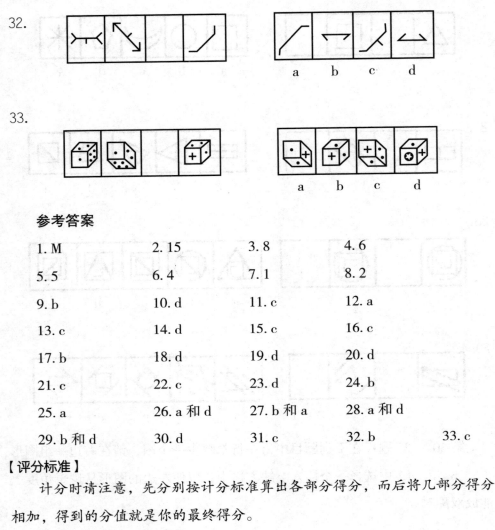

33.

参考答案

1. M	2. 15	3. 8	4. 6
5. 5	6. 4	7. 1	8. 2
9. b	10. d	11. c	12. a
13. c	14. d	15. c	16. c
17. b	18. d	19. d	20. d
21. c	22. c	23. d	24. b
25. a	26. a 和 d	27. b 和 a	28. a 和 d
29. b 和 d	30. d	31. c	32. b 33. c

【评分标准】

计分时请注意，先分别按计分标准算出各部分得分，而后将几部分得分相加，得到的分值就是你的最终得分。

第 1～8 题，每题 6 分，计＿分。

第 9 题 6 分，第 10～15 题，每题 5 分，计＿分。

第 16～25 题，每题 5 分，计＿分。

第 26～29 题，每题 5 分，计＿分。

第 30～33 题，每题 5 分，计＿分。

总计为＿分。

【测试结果】

70 分以下：你的智力存在严重的问题。

70～89 分：你的智力低下，在这范围之内的人，在社会生活中成功的机会很小。

90～99 分：你的智力中等，潜在的事业机会是一些简单的装配、服务及辅助工作。

100～119 分：你的智力中上，而要想成功，不能懈怠。

120～129 分：你的智力非常优秀，成功的机会唾手可得，但不能因此而骄傲。

130～139 分：你的智力非常优秀，成功对于你来说并非难事，但贵在坚持。

140 分以上：你就是独一无二的天才！

上述这套智力测试题在近几年非常流行，被许多专家、学者认可，而且被百事公司、麦当劳公司、宝洁公司、雀巢食品公司等世界 500 强诸多企业认同，作为员工招聘、员工素质调查的基本试题。如果你具有超凡的智商，那么恭喜你；如果你的智商只是一般或偏低，你也无须伤心，因为影响智商的因素较多，智商测试不理想，并不代表你一无是处，或许在某一方面你就是强者。

你的记忆能力如何

在日常工作中，你常要记忆一些任务、指示、工作术语等。记忆能力也是反映一个人智商高低的重要因素之一，而且有些工作，如秘书、助理、书记员等，对记忆能力有着特殊的要求，那你的记忆能力如何呢？下面的测试可以帮助了解你的记忆能力，要求在 10 分钟之内完成试题，请根据实际情况选择。

1. 从以下 4 个选项中选择一个与你相符的：

A. 你很轻易地就能把以前看到的东西清晰地回忆起来

B. 你需要一些提示，但是还能比较清晰地辨别出以前看过的东西

C. 即使有一些零碎的片段，也已经把东西都忘光了

D. 你经常把以前的记忆与其他记忆混淆，把东西记错

2. 平常用什么方式记东西？

A. 用整体来记忆，也就是把要记的东西综合归纳

B. 以部分来记忆，也就是把对象分开，然后逐一记忆

3. 在记忆一件东西后，你是否会很快再重温一遍，以便记得更牢？

A. 是

B. 否

4. 你能在记忆时仔细观察对象，并考察与其相关联的事物，以便记忆得更清楚吗？

A. 是

B. 否

5. 你能不能在面对大量信息时，把最重要的部分找出来并单独记忆？

A. 是

B. 否

6. 你会借助一些其他的方式，如听、说、写或亲身的经历，来加深你对记忆对象的印象，使你记得更牢吗？

A. 是

B. 否

7. 当你所碰到的只是日常琐事或无关紧要的事时，你是否很快会忘记？

A. 是

B. 否

8. 当你面对一些比较枯燥的东西，比如字母和数字，你是否用理解或关联的方法记下来？

A. 是

B. 否

9. 你平时习惯用阅读，尤其是精读的方式来搜寻并储存信息到大脑中吗？

A. 是

B. 否

10. 当碰到难题时，你是否能够不求助他人，单独解决？

A. 是

B. 否

11. 你在面对一件比较重要的事时，是否能集中自己的注意力，告诉自己一定要记住？

A. 是

B. 否

12. 你对所要记住的东西有兴趣，很想一探究竟吗？

A. 是

B. 否

13. 你是否在面对众多信息时，也能把对自己有用的东西很快找到？

A. 是

B. 否

14. 当你面对一个较为复杂的事物时，你能够找出其中的联系以及各个部分的相同点和不同点吗？

A. 是

B. 否

15. 在大脑比较疲劳的时候，你会不会把要记忆的东西撤换成另一种东西？

A. 是

B. 否

16. 你是不是习惯将有关联或有相似点的事物归纳到一起记忆？

A. 是

B. 否

17. 你能利用其他辅助的方法，如表格、图样或总结等来帮助你记忆吗？

A. 是

B. 否

18. 你平时是否会随身携带笔记本以便随时记录信息，你是否有写日记或记感想的习惯？

A. 是

B. 否

19. 你是不是一定要先理解了才能记住某件东西？

A. 是

B. 否

20. 在记忆的过程中，你是否会用将对象与其他事物相关联的方法，以此来更好地记忆？

A. 是

B. 否

【测试结果】

在第1题中：选 A 的人记忆力较强；选 B 的人记忆力一般；选 C 的人记忆力不够好；选 D 的人记忆力非常差。

在第2题中：调查表明，选择前一种记忆方式的人拥有较强的记忆力。

第3～20题中：答"是"表示你懂得记忆的正确方法，记忆力较强。答"否"的人记忆方法欠妥，记忆力需要提高。

记忆能力很重要，在很大程度上决定了其是否能够胜任自己的本职工作，如果你的记忆能力欠佳，甚至有严重的健忘症，就需要在平时的生活、工作中注意调节自己的情绪、缓解压力、放松心情，还要调节自己的生物钟，从饮食、睡眠等调节下功夫，相信你的记忆力会有所提高。

第五篇

哈佛逆向思维训练课
——逆潮而动

思维热身

孙膑智胜魏惠王

孙膑是中国战国时期著名的军事家，在他进入仕途之前，来到魏国，拜见魏惠王，希望能够得到重用。

魏惠王和孙膑谈论国家大事、社稷民生之后决定考验一下他的智慧，于是对孙膑说："你的才智举世无双，我想考验一下你，如果你能使我从座位上走下来，就任用你为将军。"魏惠王是这么想的：我就是不起来，你又奈我何？孙膑一听此言，知道这是一个两难的处境：魏惠王如果赖在座位上，我不能强行把他拉下来，把皇帝拉下来是死罪。怎么办呢？只有用不同寻常的办法，让他自动走下来。

于是，孙膑对魏惠王说："在下才疏学浅，我确实没有办法使大王从宝座上走下来，但是我却有办法使您坐到宝座上。"魏惠王心想：这还不是一回事，我就是不坐下，你又奈我何？他便乐呵呵地从座位上走下来。孙膑马上说："我现在虽然没有办法使您坐回去，但我已经使您从座位上走下来了。"魏惠王方知上当，对孙膑的计谋不由地佩服，于是任用他为将军。

骆驼香烟自曝其短

美国的骆驼牌香烟有段时间销售很不好，销售老总威尔逊很是着急，然而香烟市场厮杀特别激烈，没有出奇制胜的险招，完全没有扩大份额的可能。

没过多久，骆驼牌香烟打出了一则广告："请不要购买本品牌的香烟，据有关部门检测，本品牌香烟的尼古丁、焦油含量比其他同类产品高1%"。

居然还有这样宣传自己短处的？很快这个广告引起了不少人的注意，有些人故意买这种品牌的香烟，说"买一包抽抽，看和别的烟有什么不同，"还有的人故意抽这个烟表现自己的男子汉气魄，来表现自己不怕死的精神。

很快，香烟的销售就上来了，这个暴露自己短处的险招，反而增加了骆驼牌香烟的销售和名气。

易卜生机智脱险

挪威著名剧作家易卜生，在他年轻时候曾经参加过工人运动。有一天，他在家里正在写一些秘密的联络信函，忽然一群警察包围了他的住宅。

只听见嘈杂的呐喊声和敲门声，眼看警察就要破门而入了，易卜生看着自己写的机密文件，犯起了愁，该怎么藏呢？他强作镇定，想了一下警察会如何搜查后，心生一计，他把他所有的重要机密文件，都一一揉搓成纸团，扔得满地都是。然后他将一大堆没用的文件藏在床底下的一个小柜子中。

警察很快就冲了进来，四处翻箱倒柜，易卜生假装很紧张地瞄了瞄床底，警察很快如愿以偿地在床底搜到了这些"罪证"，然后把易卜生带回了警局。

在警局，警察很失望地发现这些都是一些无用的资料，只好让易卜生回家。

思维新天地

逆潮流而动，反其道而思之

逆向思维是一个大的概念，有广义、狭义之分。从广义上来说，凡是对人或者对待事物不是以通常顺序去思考，而是按照相反的方向去思考的形式都叫逆向思维，从狭义上来说，逆向思维是指对司空见惯的，似乎已成定论的事物或观点反过来思考的一种思维方式。敢于"反其道而思之"，让思维向对立面的方向发展，从问题的相反面深入地进行探索，树立新思想，创立新形象。

逆向思维是反过来思考问题，是用绝大多数人没有想到的思维方式去思考问题。运用逆向思维去思考和处理问题，实际上就是以"出奇"去达到"制胜"。因此，逆向思维的结果常常会令人大吃一惊，喜出望外，别有所得。逆向思维在我们的生活中有很重要的作用：

逆向思维告诉我们，从改变社会习惯看法入手，不按常理出牌，常常能找到很好的成功机会。

几乎全世界出售的儿童玩具都以漂亮、美丽、天真、可爱为设计制作标准。是啊，玩具，肯定要让人赏心悦目，有人会玩面目可憎的玩具吗？

然而在美国，有一个玩具商却打破这一规则，生产出一些丑陋的玩具，结果大获成功。原来，有一次，这位玩具商看到有几个小孩正在津津有味地玩一只奇丑无比的昆虫，"原来小孩并不是只喜欢漂亮的玩意儿"，他喃喃地说。经过专门设计，他的丑陋玩具一经推出，立刻在市场上独领风骚。

逆向思维还告诉我们，当市场出现了众人一致看好或者看坏，舆论一边倒的情况时，危险就会不期而至，如果我们这个时候"逆潮流而动"，说不定能避开风险，并取得意想不到的收获。

在股市中，逆向思维是行之有效的一种操作思路，比如在股市从牛市转入熊市前夕，此时已经危机四伏，但是狂热的股民在上涨预期下，都会觉得指数或股价还会继续上升，包括媒体此时也会大肆鼓吹，股指会继续上涨到什么目标。由于强劲的升势会造成股价上扬，进而造成买家的购买力不足，后续资金无以为继，这样，市势就会在一片看好中忽然反转向下，如果投资者能先走一步，就可以赚得钵满盆满，还避免了风险。

同样，当股市从熊市即将转入牛市前夕，每个股民都会看空，"墙倒众人推"，觉得指数或者股价还会继续下跌，悲观气息笼罩了整个市场，而传媒又会起到推波助澜的作用，预言股市会继续下跌。这个时候正是黎明前的黑暗，市势往往在众人一片看空声中上扬，此时，如果投资者能抢先一步，先行一步买入，就会获得丰厚的投资回报。

总的来说，逆向思维有以下几个特征：

1. 普遍性

逆向性思维在各种领域、各种活动中都有它的应用，万物之间都存在矛盾，而矛盾存在对立和统一，对立统一的形式又是多种多样的。有一种对立统一的形式，必然相应地就有一种逆向思维的角度。所以，逆向思维也有无限多种形式。如性质上对立两极的转换：冷与热、软与硬等；结构、位置上的互换、颠倒：高与低、上与下、左与右等；过程上的逆转：液化与气化、电转为磁或磁转为电等。不论哪种方式，只要从一个方面想到与之对立的另一方面，都是逆向思维。

2. 批判性

逆向思维意味着和大众思维的决裂，带有革命性和创新性。这种思维是与正向相对而言的，正向是指常规的、常识的、公认的或习惯的想法与做法。逆向思维则恰恰相反，是对传统、惯例、常识的反叛，是对常规的挑战。它能够克服思维定式，破除由经验和习惯造成的僵化的认识模式。

3. 新颖性

上海自来水来自海上

黄山叶落松落叶山黄

京北输油管油输北京

这几句话可以顺着读，也可以倒着读，而且内容一模一样，是不是很有意思？

逆向思维可以让我们的生活变得更加有趣。循规蹈矩的思维和按传统方式解决问题虽然简单，但容易使思路僵化、刻板，摆脱不掉习惯的束缚，得到的往往是一些司空见惯的答案，了无生趣。事物都具有多方面属性。由于受过去经验的影响，人们容易看到熟悉的一面，而对另一面却视而不见。逆向思维能克服这一障碍，往往是出人意料，给人以耳目一新的感觉。

我们首先看一个小故事：

"二战"前夕，战争一触即发，在一列火车上，坐着一位德国军官、一位法国军官、一位年轻漂亮的淑女，还有一位白发苍苍、满脸皱纹的老太太。法国军官早就看这位德国军官不爽了，一直想找个机会教训一下他。

刚好，火车驶进了一段长长的隧道，整个车厢一片漆黑，只听一声响亮的亲吻声，然后就是一声清脆的耳光声。车厢里的 4 个人立刻浮想联翩：老太太钦佩这位漂亮姑娘有节操，不让人占便宜；德国军官觉得委屈到极点，自己什么都没干，还挨了一个耳光，一定是这个法国人浪漫主义爆发，去亲人家，害得自己替他被打。

漂亮小姐更纳闷了：居然还有人去亲老太太了！只有法国军官得意扬扬，原来他刚才自己亲了一下自己的手背，然后抢了德国军官一耳光！这一切都在他的计划中，因为其他 3 个人的想法都是最正常不过，符合逻辑的。

人们常常习惯顺向思考，因为这最符合我们的习惯，而拥有逆向思维的人就可以先行一步，掌握普通人的行为规律，做出出人意料的创新。

培养逆向思维，首先要学会观察。

所谓观察相同，构想不同，拥有逆向思维的人往往拥有独特的观察力。我们自己也会发现，不同的人他们的观察视角是不一样的。你和你的女性朋友参加一个宴会，你和她的视角肯定会截然不同。你也许醉心于宴会的美味或者组织者慷慨激昂的演讲，或者是穿着华丽的美丽姑娘。而你这位女性朋友的眼里却是张太太漂亮的发型、时髦的腰带、别致的耳环，或者是穿着英俊潇洒的小伙子。

不同的人在面对同样一个情景时的观察结果也不一样。有一位心理学家找了不同出身的两个 7 岁的孩子进行了一项心理学测验。

心理医生画了一幅画，里面是兔子一家的故事。画里的小兔子坐在餐桌旁边哭，兔子妈妈则黑着一张脸，站在小兔子旁边。心理学家让这两个家境迥异的小朋友开始描述这幅画里讲述了什么。

家境贫寒的小孩说："小兔子为什么哭，是因为它没吃饱，还想要东西吃，但是家里揭不开锅了，兔妈妈也觉得很难过，也在伤心。"

这个时候衣食无忧的那位孩子抢白道："不是这样的，因为妈妈总要小兔子吃太多它不想吃的东西，小兔子才会哭的，而妈妈也在发脾气。"

要想能够常常想到别人想不到的思路，就必须首先学会观察，学会用不同的眼光来看待一个问题。了解到大众如何观察、如何思考，你才能另辟新路，开拓创新。

除了学会观察，我们还要了解事物的矛盾辩证关系。事物本身就存在于庞大、错综复杂的关系网中，事物之间互相依存，互为因果。"福兮祸之所伏，祸兮福之所倚。"世界是在发展中，事物也在不断变化中。比如按高矮次序排列的一个队列，你从左到右和从右到左，看到的就是截然不同的两种正反关系。

传说在日本江户时代，幕府有一位将军要到一个城市去视察，这个城市的城主为了接待将军，做了充分的准备。可是，就在将军抵达这个城市的前一天，天有不测风云，突然狂风暴雨，城墙塌了下来，大石头把城门的路给堵死了。这可怎么得了？为了除去这些大石头，城主率领着大队人马当晚赶到现场。

大家用尽了所有的办法，都没能将那些大石头移走。此时的城主如同热锅上的蚂蚁，急得浑身冒出了汗，如果这种情形持续下去，第二天来访将军的车队是无法顺利通过的，按照当时日本的法律，城主将获死罪。这时，有个叫伊豆守的人向城主献了一计："现在正是暴雨倾盆，石头是断然搬不动的，我们可以让工人在这些巨石周围挖上一个坑，然后把大石头埋上就行了。"城主依计而行。

第二天，将军率领车队来了，车队进城的时候完全没受到影响，城主按照预期准备接待了将军，将军非常高兴，还褒奖了城主。

既然不能把石头搬走，那么我们就把它埋下。把堵住道路的"因"变成铺平道路的"果"，这些难以解决的问题，我们从它们的反面入手，很快就得以解决。

出售贫穷

按正常的观念来看，一个贫穷的地方，一群贫穷的人，要脱贫致富会非常之难，因为致富需要大量的资金、技术和人才，需要长时间的积累，厚积才能薄发，于是谁都不愿意待在贫困的地方，谁也不喜欢与贫穷的人在一起。可是你也许不知道，贫穷与财富近在咫尺。

在日本的兵库县，有一个叫丹波的小村庄。当整个日本普遍富裕起来的时候，这里依然贫穷落后，因为这里土地贫瘠、物产贫乏、交通不便、信息闭塞。没有人愿意永远受穷，可又苦于脱贫乏术。于是，向全社会征集致富良方。

按照大多数脱贫致富的村庄的经验，他们应该出售物产和资源换回生活所需。但是这个村子穷山恶水，缺少宝贵的自然财富，可以说除了贫穷和落后一无所有。最后，一位专家运用逆向思维：既然只剩下贫穷落后，那么我们何不出售贫穷和落后？如何出售贫穷呢？那就贫穷得更加彻底一点吧！

他向村民建议：村民们立刻搬出现在的房子里，住到树上或者山洞里面去；不要再穿布做的衣服，穿树皮、兽皮，总之越原始越好，最好像几千年前尚处于蒙昧时代的老祖宗那样生活，用"原生态"作为卖点，吸引城里人来观光、旅游，从而给村民带来丰厚的旅游收入。

村民们听从了专家的建议，不少城市里的人专门来到这个村子看"原始人"的生活，一时间，游人如织，不到一年，丹波村的村民们都富裕起来了。

优势变劣势，地堡变死牢

第二次世界大战期间，美军和日军在太平洋战场上展开激烈的战斗，在进攻琉球群岛的时候，出现了很大的伤亡。原来，狡猾的日本人早有防备——琉球群岛的绝大多数岛屿都是由火山岩构成的，十几年来，日本人在熔岩下建立起来的地堡相当坚固。这些紧密排列的地堡，犬牙交错，形成了极强的火力优势，使得美军的登陆部队成为活靶子，伤亡很大，而美军惯用的炮火打击，却在这里哑了火。坚固的火山岩表面保护了这些地堡，使得美军的炮火如同隔靴搔痒。

遭受重大伤亡以后，美军的指挥官开始思考如何击毁日军的铁桶阵，现在的局势很明显：地形是敌人的天然屏障，密集分布的地堡，交叉的火力，堪称完美，而我们的重武器却无计可施。

那么如何转化优劣势，把敌人的优势变成劣势呢？指挥部巧妙地利用了逆向思维，想出了一个作战方案：将一批重型坦克改造成为坦克式推土机，然后用推土机把大量拌好的水泥堆到敌人的暗堡面前，让日本人成为瓮中之鳖。原来地堡空间狭小，不可能有大型的重武器囤积在里面，而常规武器是对付不了重型坦克改造的推土机的。就这样，地堡里的日军只能眼看着一堆堆水泥堆向洞口，活活地被闷死了。

新玉米的推广

墨西哥生产玉米，有"玉米的故乡"的美称。当年，一种高产量的玉米传到墨西哥时，墨西哥农民并不感兴趣。为了提倡种植这种玉米，墨西哥政府花了大气力搞宣传，但效果甚微。优良玉米被冷落一旁，当地农民更愿意种植自己了解的玉米种子。

农业部门于是召集专家，集思广益来推广这种花重金引进的新品种，很快有人出了一个"怪招"。

不多久，田间耕作的农民突然发现，在各地种植玉米的试验田边，都有全副武装的哨兵日夜把守。

一块庄稼地怎么会有哨兵把守呢？周围的农民觉得奇怪，他们判断道：这里种植的东西一定非常金贵。于是，他们经常趁着士兵"疏忽"时溜进试验田，去偷玉米，然后小心翼翼地把偷来的玉米拿回家去种在自家的地里，用心侍弄。

一个季节下来，这种玉米的优点广为人知。新玉米就这样被推广到墨西哥各地，成为最受墨西哥农民欢迎的农作物之一。

王教授的奖励递减策略

王教授是一位著名大学的心理学教师，退休后，乐享清福的他，住进了学校附近的一所小房子里。遛鸟，唱戏，晚年的生活惬意无比。可好景不长，中午的时候，小区里总有噪声产生，原来有3个年轻人开始在附近踢垃圾桶闹着玩。

只听小区里不时发出"哐哐"的噪声，正在睡午觉的王教授哪受得了这个折腾？于是准备出去跟年轻人谈判，但是这些年轻人都是住在这个小区的，撕破脸皮又不太好。想了想，王教授径直走向了这些年轻人。

"你们玩得真开心。"他说，"我一个人也没什么事情做，就是喜欢热闹。我喜欢看你们玩得这样高兴。如果你们每天都来踢垃圾桶，我将每天给你们每人一块钱。"3个年轻人很高兴，更加卖力地表演他们的球技。而王教授则喜笑颜开地给他们发着工资。

不料三天后，王教授忧愁地说："单位克扣了我的工资，从明天起，只能给你们每人五毛钱了。"年轻人显得不大开心，但还是接受了王教授的条件。他们每天继续去踢垃圾桶。一周后，王教授又对他们说："最近单位延误我的工资发送了，对不起，每天只能给两毛了。""两毛钱？"一个年轻人脸色发青，"我们才不会为了区区两毛钱浪费宝贵的时间在这里表演呢，不干了！"从此以后，王教授又过上了安静的日子。

只借一美元的犹太富翁

一天，一个犹太人富翁走进纽约花旗银行的贷款部。看到这位绅士气宇轩昂，打扮得又非常富贵，贷款部的经理不敢怠慢，亲自出来接待：

"这位先生有什么事情需要我帮忙的吗？"

"哦，我想借些钱。"

"好啊，你要借多少？"

"1 美元。"

"只需要 1 美元？"

"不错，只借 1 美元，可以吗？"

"当然可以，像您这样的绅士，只要有担保多借点也可以。"

"那这些担保可以吗？"

这位富翁说着，然后从豪华的皮包里取出一大堆珠宝堆在写字台上："喏，这是价值 50 万美元的珠宝，够吗？"

"当然，当然！不过，你只要借 1 美元？"

"是的。"那个犹太人接过了 1 美元，就准备离开银行。

在旁边观看的分行行长此时有点摸不着头脑了，他怎么也弄不明白这个犹太人为何抵押 50 万美元就借 1 美元，这太违背常理了。他急忙追上前去，对犹太人说："这位先生，请等一下，你有价值 50 万美元的珠宝，为什么只借 1 美元呢？假如您想借 30 万、40 万美元的话，我们也会考虑的。"

"啊，是这样的，我只是想存 50 万美元而已。我来贵行之前，问过好几家金库，他们保险箱的租金都很昂贵。而您这里的租金很便宜，一年才花 6 美分。"

思维训练营

思维情景再现一

一群游客在向导的带领下，在美洲草原上旅游和观光。不料，草原忽然失火，大火蔓延开来，游客身边也没有什么灭火的器材，难道就要这么坐以待毙？这个时候，向导大喊："大家现在听我的，不要慌！"

只见向导首先要大家拔掉自己面前的干草，清出一块空地来，随着大火越来越逼近，向导让大家站在空地那边，自己去迎向大火，只见向导观察了一会儿，立刻掏出点火器材，自己在脚下点起了火。向导身边立刻升起了一道火墙，这道火墙同时向三个方向蔓延开来。奇怪的是，向导点燃的火墙并没有顺着风势烧过来，而是迎着扑过来的火苗烧了过去，当这两个火墙碰到一块儿的时候，火势骤然减弱，然后渐渐熄灭了。

逆向思考术

以水灭火是我们最常用的经验，但是以火灭火，就是彻彻底底的创新了。经验丰富的向导明白，草原失火，风虽然向着我们吹来，但是靠近火的地方，气流还是会向火焰那边吹去的。向导放的这把火就是抓准时机借着气流向相反的方向烧过去，而且这把火把附近的草木已经烧干净，这样那边的火也就再也烧不过来了，于是火势渐渐减弱，游客的安全也得到了保障。

思维情景再现二

有两个国家，互相敌对，以河为界。河上有一座桥，桥中间的岗楼上有一个哨兵看守，他的任务是防止行人过桥。如果有人从南往北走，哨兵就命令他回南岸；如果发现有人由北向南走，哨兵就命令他回到北岸。哨兵每隔7分钟出来巡视一次，而要想过桥，最快也要10分钟。许多人想过桥也过不去，但是有一位聪明人却想出了解决办法，你知道他是怎么办到的吗？

逆向思考术

原来这个聪明人想出了一个改变行走过程的办法：假设他想从南向北过桥，他就趁哨兵返回的时候先从南向北走5分钟，然后改变方向再折返向南走，等 7 分钟后哨兵出来巡视发现他，就会命令他往回走，于是他便顺利地过了桥。这个办法就是利用了哨兵的固定心理，反其道而行之，巧妙地达成了目的。

思维情景再现三

老陈经营着一家大旅馆，旅馆处在闹市，生意自然还不错。可是他一直烦心一个事情：来住这个宾馆的旅客照说都是有头有脸的人，可是都喜欢从宾馆里顺手牵羊拿走一些东西，虽然不值多少钱，但是这么累积下来，也是一大笔支出。

于是他嘱咐客房服务人员在客人要求退房以后，就迅速地去房内查看是否有东西不见了，然而却遇到很大的困难：首先，一些小玩意儿顾客就算没带走，也被乱扔一气，很难寻找，而且顾客在柜台等待结账，还觉得被当贼了，面子上挂不住，容易发生争执。

老陈很苦恼，你有什么建议可以给他吗？

逆向思考术

大部分顾客喜欢顺手牵羊，其实并不是故意要偷窃，完全是贪便宜的思想在作祟。酒店里的商品大部分比较精致，顾客又觉得自己既然已经付了不菲的房租，为什么就不能装糊涂拿一些商品回家呢，于是就故意装不明白拿走一些小东西。

解决这个问题最好的办法就是成全顾客的这种想法。在宾馆的每样东西上面都标上价格，并放在一起，便于清点，既然要满足顾客的"购物欲望"，那么就干脆多放一些东西，比如小挂饰、手工艺品等。也解决了一些顾客懒得自己出去购物的难题。然后再将一些便宜的小物件比如洗漱用品、纸质拖鞋等免费赠送，让顾客有一种占了便宜的感觉。

就像治水一样，最好的办法不是堵，而是疏，利用逆向思维，满足顾客"占便宜"的心理，不仅解决了旅馆的这一历史问题，还利用卖小礼物取得了一些盈利。

思维名题

公仪休拒鱼

春秋时期，鲁国的宰相公仪休非常喜欢吃鱼，几乎达到了无鱼不食、无鱼不欢的地步。

得知当朝宰相的这一嗜好，许多前来求见的人纷纷奉上花尽心思得来的好鱼、奇鱼，希望以此来打动他，让他替自己办一些难办的事。可是奇怪的是，不管他们进献的是什么鱼，宰相都会婉言拒绝。

一天，当公仪休再次拒绝管家送来的一条奇大无比的金色鲤鱼时，他的学生终于忍不住好奇地问道："老师，您这么喜欢吃鱼，仆人每天都得到市场上给您买鱼，为什么别人把鱼送上门来，您却不要呢？"

公仪休笑道："因为我是真的喜欢吃鱼啊。"学生一听，感到十分不解。于是，公仪休对学生解释了一番，学生一听，便点了点头。

公仪休的这句话乍一听，是有些令人感到莫名其妙，但其实却是合乎逻辑的。那么，你能分析一下这句话背后的逻辑吗？

"倒悬之屋"

大石先生在本州岛库罗萨基市盖了一座旅馆，但是由于本州岛气候不好而且经常地震，到那里旅游的顾客并不多。大石在濒临破产的时候找到一位心理学家请教解决问题的办法。

你知道心理学家给了什么建议吗？

防影印纸的发明

格德约本来是一家公司的普通职员，有一天他不小心把一瓶液体洒在需要复印的重要文件上。他发现被污染的文字还很清楚，心想应该还能复印。结果复印出来的文件根本不能用，被污染的地方变成了黑斑，看不清字。但是，他并没有沉溺在沮丧情绪中。

他到底采取了什么行动呢？

聪明的教授

在牛津有条查瓦河，附近的人们喜欢在那条河里裸泳。一天，一位年老的教授正拿着毛巾在河里洗澡的时候，恰巧他的一群女学生撑船在不远处经过，那群女学生当时并没有注意到这就是她们的教授。教授并不喜欢一丝不挂地出现在他的女学生面前，即使在这个开放的地方。于是，他用毛巾把自己的某个部位捂了起来。

你知道他捂的是什么部位吗？

雷少云的发明

运用条件倒转，我们可以把困难的条件转化为发明创新的契机。业余发明家雷少云就是运用倒转的思维方式从困难的条件中寻找解决问题的方法，从而获得了很多发明创造。

业余发明家雷少云在工作和生活中专门"听难声、找难事、想难题"。他认真听取周围人们的唠叨和不满，寻找人们难于解决的问题。有一次，他听到油漆工人抱怨用直毛刷刷深圆管的时候，很难刷，而且费料。雷少云把这个困难的条件当作发明的机会，经过反复琢磨，不断试验，终于发明了一种圆弧形的漆刷。这种新型的漆刷松紧可调，使用方便，大大提高了油漆工人的工作效率。后来，他又加上了一种自动供漆系统，操作更加方便。

有一次，雷少云乘坐一辆卡车去拉货，半路上卡车出了毛病。他看到司机师傅爬到车下面去维修，结果弄了一身泥。他把这个难题作为一个激发点，想到如果发明一种可以灵活进退的平板车，人躺在上面修车就不会弄脏衣服了，还方便进出。于是他发明了一种装有万向轮的修理车。这种修理车不但进出方便，而且装有升降装置、应急灯、伸缩弹簧挂，能够满足修车者的各种需要，很受司机师傅欢迎。后来，还应用在医院里，供卧床病人和行动不便的老人使用。

雷少云又发现司机师傅在开车的时候不能随意地喝水，只有在停车或者车辆较少的路段才能痛快地喝口水。由此，他想到什么了呢？

汽车大盗的转变

警察局终于抓获了一个专门偷汽车的大盗。这个汽车大盗的偷车技术非常高，一分钟之内就能偷走一辆高级轿车，他偷走的汽车总价值已经超过 5 亿元了。以往警察抓到他之后，就判他坐牢，他已经为此坐过 11 年的牢了。这次，警察局长没这样做，而是换了个方法，你知道是什么吗？

氢氟酸的妙用

很多化学试剂具有腐蚀性，不同的化学试剂要用不同质地的容器来盛放。有些化学试剂对玻璃的腐蚀性很强，比如氢氟酸，当氢氟酸与玻璃制品接触的时候，很快就把玻璃腐蚀掉。因此，氢氟酸不能用玻璃容器盛放，必须放在塑料或铅制的容器中。

氢氟酸腐蚀玻璃，这是不利的作用，按照正常的思路，人们想的是尽量避免让氢氟酸和玻璃接触，但是，玻璃工匠运用逆向思维却让氢氟酸腐蚀玻璃这一特性发生了正面作用。

你知道这是怎么回事吗？

上司的回答

一位顾客投诉超市里某位做烧卖的师傅，说是吃坏了肚子。按规定，这位师傅应该上门道歉。结果，师傅到了顾客家里发现是一条狗吃烧卖出了问题，他很生气地说："我做的烧卖是给人吃的，不是给狗吃的。"顾客对他的态度很不满意，投诉到更高一层。

上司责问这个师傅的时候，他说："把我做的烧卖喂狗吃，是对我的不尊重。"

你知道上司是怎么回答的吗？

微型"潜水艇"机器人

1966 年，好莱坞制作了一部科幻电影《神奇旅行》，片中几名美国医生为了拯救一名苏联科学家，被缩小成了几百万分之一。他们乘坐微型潜水艇驶进了科学家体内进行血管手术。也许你会说这只能在科幻片中存在，但是你错了。

你知道吗？有科学家就真的让科幻电影中的那一幕变成了现实。

电晶体现象的发现

为了研制高灵敏度的电子管，需要最大限度地提高锗的纯度。当时锗的纯度已经达到了 99.99999999%，要想达到 100% 的纯度非常困难。索尼公司为了成为同行业霸主，一直致力于这项研究。江崎玲于奈博士组织了一个研究小组，投入到这个科研攻关项目中。

大学刚毕业的黑田小姐是小组的成员之一，由于经验不足，她经常在做实验的时候出错，屡次受到江崎博士的批评。黑田开玩笑说："我才疏学浅，很难胜任提纯锗这种高难度的工作。如果让我做往锗里掺杂的事，我会干得很好。"这句话引起了江崎博士的兴趣，他由此想到如果往锗里掺入别的物质会产生什么效果呢？

青蒿素提取

人们习惯性地认为从中药中提取有效成分，必须采用热提取工艺的方法。但是，当研究人员用这种方法提取抗疟中药青蒿素的时候，总是得不到期望的效果。他们想尽了多种办法改良热提取工艺，还是起不到任何作用。后来，中医研究院的一位研究员经过反复思考之后，提出了一个大胆设想。

你知道是什么设想吗？

吸尘器的发明

大家都知道吸尘器的工作原理是把尘土吸到机器里面。但是，你知道吗？为了有效地把让人讨厌的尘土清除掉，人们最早想到的除尘机器是"吹尘器"，即用鼓风机把尘土吹跑。

1901 年，在英国伦敦火车站举行了一场用吹尘器除尘的公开表演。但是当吹尘器启动之后，尘土到处飞扬，效果并不怎么样。一个名叫郝伯·布斯的技师看到表演之后运用方式倒转的思考法想道：既然吹的方式不行，那么如果用吸的方式会怎么样呢？

奇特的教子

小明的爸爸有着独特的教育理念和教育方式。小明小学毕业后就在家接受父亲的教育。小明的爸爸自己给儿子编教材。按照常规的思路，要想检测教学效果就要通过考试，考试当然是老师出题，学生做题了。但是小明的爸爸却不这样。

他是怎样做的呢？

小八路过桥

抗日战争时期，敌人把一个小村庄包围了，不让村里的任何人出去。一座小桥是由村子通向外界的唯一通道，有伪军在桥上把守。村里的人为了把情况向外界透露，想尽办法也找不到出路。

后来，村里的一个小八路说："让我试试。"

他想到什么好办法过桥了吗？

变短的木棒

一位财主家里失窃了一枚价值连城的夜明珠，种种迹象表明是家贼偷的，但是经过一番调查之后，还是查不出是谁偷的。经过一番思考，财主有了主意。他请来一位算命先生，然后把家里所有人召集起来，对他们说："这位大师神功莫测、法力无边，他有办法帮我把贼抓出来。"只见算命先生手中拿着很多小木棍，口中念念有词，施了一番法术。财主告诉众人："大师已经作法了，现在把这些长短一样的木棍发给大家每人一个。明天自有分晓，偷珠贼的木棍会变长一寸。"

真的会这样吗？

晋文公不守承诺

公元前 633 年，楚国攻打宋国。宋向晋求救，晋文公派兵攻占楚国的盟国曹国和卫国，于是楚国放弃对宋国的包围，转而与晋国交战，两军在城濮对阵。晋文公重耳做公子时，曾到楚国避难，受到楚成王的款待。楚成王曾问他，将来如何报答。重耳说："美女金银您都不缺，如果我有幸能执掌国政，万一晋楚交战，我将率兵退避三舍，如果楚国不能谅解，双方再动干戈。"

为了实践当年的诺言，晋文公真的下令撤退九十里（一舍为三十里）。楚国大将子玉紧追不舍，再加上敌强我弱，晋文公有点不知所措了。

接下来，晋文公该怎么做呢？

移动三角

用 18 根火柴组成了右面这幅图形，其中共包括 8 个三角形。现在如果移走其中的 2 根火柴，可以使三角形的数量减为 6 个；移动其中的 2 根火柴也可以使图中的三角形变成 6 个。想想看，都该怎么移？

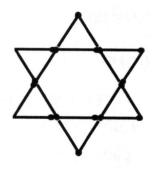

一句话答全

一位善辩的哲学家来到某市，他问道："你们这里学识最渊博的人是哪位？"人们告诉他："是艾丁。"于是，他去访问艾丁："艾丁阁下，我有40 个问题，你能否用一句话给我回答全？"艾丁不假思索地对他说："让我瞧瞧你的那些问题。"于是，这位哲学家一一提出了他的 40 个问题。这些问题上至天文，下至地理，包罗万象，无奇不有。当哲学家把 40 个问题说完以后，就催着艾丁赶快用一句话回答。艾丁笑了笑，轻轻地说了一句，这句话的确答全了 40 个问题。你知道艾丁说的是一句什么话吗？

奇怪的家庭

一个家庭有 5 个孩子，其中一半是女孩，这是怎么回事？

不变的星星

有 7 颗星星，现在拿走 4 颗，然后又想加进 3 颗，凑成 7 颗，究竟要怎么样做才好呢？

巧挪硬币

把 8 枚硬币排放在桌子上，横的 5 枚，竖的 4 枚，如图所示。如果只允许移动一枚，怎样才能使横着和竖着的都是 5 枚？

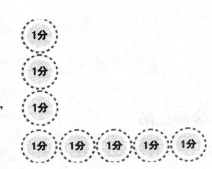

几只鸟

三棵树上共停了 36 只鸟，如果从第一棵树上飞 6 只到第二棵树上，然后从第二棵树上飞 4 只鸟到第三棵树上，那么三棵树上的鸟数相等。请问：原来每棵树上停了多少只鸟？

多少人

在公园里，有一群学生正围坐在一个圆桌旁准备就餐。从学生甲开始，按逆时针方向数，数到学生乙为第七个，学生甲与学生乙又正好面对面。这群学生一共有多少人？

真实的谎言

有一次，马克·吐温与一位夫人对坐聊天。马克·吐温对这位夫人说："你真漂亮。"夫人高傲地回答："可惜我实在无法同样地称赞你。"对于夫人的傲慢无礼，马克·吐温毫不介意地笑笑说："没关系，____。"

马克·吐温用一句话就委婉地否定了自己刚才的话。你知道他是怎么说的吗？

给蠢货让路

一次，德国著名文学家歌德在公园里散步，在一条仅能容一个人通行的小路上和一位批评家相遇了。"我从来不给蠢货让路。"批评家说。

"___"歌德说完，笑着退到了路边。

请问，歌德是怎样回敬这位批评家的？

书

你可以用这个思维游戏为难你的朋友们。把一根绳子在一本厚重的书（1000～1500克）上系一圈，然后将绳子的一端固定在门把手上，并使书悬挂在距地面30厘米的地方。你抓住书下面的绳子，然后对你的朋友们说，你可以随意把书上面或者下面的绳子拽断。这时，他们一定会大吃一惊的。那么，你知道这个神奇的变戏法是如何实现的吗？

古董

有一天，古董商加尔文·克莱克特伯尔买了一个铸铁的喷水龙头：上面是一支鳄鱼，嘴里吞着一条鱼。他为这件绝妙的艺术品支付了90%的"账面"价值。第二天，一个收藏家看见后，说愿意支付高出他25%的费用将其买下。加尔文毫不犹豫地答应了，这样，他就从这笔交易中赚了105元。那么，你能否根据这些实际情况推算出这件诱人的古玩的账面价值呢？

吹泡泡

爷爷以前经常说他年轻时最快乐的一件事就是参加吹泡泡派对。派对上，每个人都发一个管，谁吹的泡泡最大或者谁一次吹出来的泡泡最多谁就可以获得奖品。当我问爷爷一次最多吹出来多少个泡泡时，他是这么回答的：

"我要把这个数字放在一个思维游戏里，年轻人！

"如果在那个数字的基础上加上那个数，然后再加上那个数的一半，接着再加上 7，我就吹出来 32 个泡泡。"

那么，你能根据他所说的提示计算出他究竟一次吹出来多少个泡泡吗？

风铃

图中的风铃重 144 克（假设绳子和棒子的重量为 0）。

你能计算出每个装饰物的重量吗？

上下颠倒

由 10 个硬币排成一个三角形，你能否只移动其中的 3 个，就让三角形上下颠倒呢？

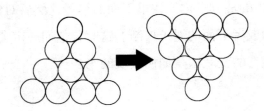

无赖和愚蠢

一次，谢里登访友归来时，在伦敦街上迎面碰上了两个皇家公爵，这两个人平时总爱讽刺这位作家出身的议员。他俩假装很亲热地与谢里登打招呼，其中一个拍拍他的肩膀说："嗨，谢里登，我们正在讨论你这个人是更无赖些还是更愚蠢些呢。""哦，这样啊。"谢里登立即抓住他们两人，说道："____。"

谢里登的反击巧妙而又辛辣，使这两位公爵无地自容。你知道他是怎么说的吗？

面对逆境，你将如何选择

不可否认，人在前进的途中不可能总是一帆风顺，难免会经历不同的困难与考验，如何去战胜逆境是一个人必备的素质。面对逆境，你将如何面对？做完下面的测试，就知道了。

假如有一天你背着降落伞从天而降，你最希望自己在什么地方降落？

A. 青葱的草原平地

B. 柔软的湖畔湿地

C. 玉树临风的山顶

D. 高耸的大厦顶楼

【测试结果】

选择 A 的人：你期盼自己有一个平凡顺利的人生，即使遇到运气不佳的时候，你也会尽可能地使自己维持在正常的轨道中，重新寻找一个平衡的、规则的生活步调。所以基本上，你是个墨守成规的人，适合过着规律的生活。

选择 B 的人：你的个性虽然略为保守，但在面对人生的不如意时，是能够逆来顺受的。你会在运气不好的时候，寻找改变自己的方法，偶尔也会希望打破成规，重新调整生活步伐，但是改变的幅度还是不会太大。

选择 C 的人：你是个常常喜欢大刀阔斧，让自己改头换面的人。你认为人生就是要不断有新的体验，才能够进步，所以在每次遇到运气不好的时候，你都会将危机化为转机，可以说你拥有相当积极的人生观。

选择 D 的人：你追求的是功成名就。当你的人生处在逆境时，尽管你心中百般恐慌，但仍旧会凭着自己的机智与耐力，去渡过难关。千方百计地让自己更上一层楼的想法，正是你迈向成功的最佳原动力。

你处理困难的能力如何

在遭遇困难、灾害或工作上的危机时，你有克服它们的能力吗？回答下面的 7 个测验题，并对照解答的计分表算出你的得分，就知道了。

1.过节的时候，你拿着威士忌酒礼盒去看朋友，可是当到了他家门口时，你不小心把礼盒掉在地上，里面的酒瓶可能摔碎了。这时你会怎么做？

A. 拿回家确定一下

B. 就这么送给他

C. 在对方的面前打开来看

2.当你穿着睡衣刷牙时，门铃突然响了。而此时家中又只有你一人，你会怎么做？

A. 马上去开门

B. 换了衣服再开门

C. 假装不在家

3.晚上，你疲惫不堪地刚躺下来睡，不久，就听到不知是消防车还是警车的声音，也许是附近出事了。这时，你会怎样呢？

A. 虽然很累，仍会起床一探究竟

B. 不管它，照睡不误

C. 等一会儿再看

4.你请了两个朋友到家里吃饭。可是饭却煮得不多。如果两个都要添饭，那就不够了。而这时，你的饭也还未添。你会怎么做？

A. 偷偷地出去买

B. 跟比较好的那个朋友使眼色，请他不要再添

C. 随他去，到时再说

5. 看到下面的单字，把你马上联想到的词从 A、B、C 中选出一个来。

（1）火　A. 火柴　　　　B. 地狱　　　　C. 火灾

（2）黑　A. 夜晚　　　　B. 黑人　　　　C. 隧道

（3）白　A. 砂糖　　　　B. 珍珠　　　　C. 结婚礼服

6. 你已经有一个星期没有给庭院里的盆栽浇水，盆栽有点蔫儿了。而此时，天看起来似乎就快下雨了。你还会为盆栽浇水吗？

A. 会

B. 不会

C. 再等一天

7. 你把常吃的维生素丸放在桌上。但是，当你正要去拿来吃的时候停电了。在一片漆黑中，你还会伸手去拿维生素丸来吃吗？

A. 会伸出手来找药瓶，拿了就吃

B. 擦亮火柴确认了药瓶才吃

C. 不吃，等电来了再说

【评分标准】

题号 选项 得分	1	2	3	4	5（1）	5（2）	5（3）	6	7
A	1	5	3	1	5	3	5	3	5
B	3	1	1	3	1	1	1	5	3
C	5	3	5	5	3	5	3	1	1

【测试结果】

39～45分：积极且具有强烈精神力量的类型。平时，不管做什么事情，你都认为靠自己的力量就行，无须借助他人之力。你不会在小事情上钻牛角尖。你具有拼命向前的勇气。

在你眼中，99%的人是差劲、不行的，只有你才有拼命到底的坚韧精神。你的分析力不比他人强，也不比别人冷静，但是，你有旺盛的生命力，有好

好活下去的强烈信念。

在一片混乱之际，你有不怕困难、保护自己、保护家人的行动力。若遇到山崩路断时，就算要独自过好几天，你也有忍耐下去的精神力量。

29～38分：虽有克服危机的能力，却常常依赖他人的类型。在遇到麻烦或公司有危机时，你都会耐下心来去克服它。你很乐观，具有符合常识的判断力，能够斟酌众人的意见采取行动。在团体中，你颇有团队精神。

可是，在团体中，没有指挥官和领导者时，你会感到不安，甚而绝望，然后就放弃了求救的机会。

在事态紧急时，你不会依赖他人，而有勇气独立面对。但是，在非常紧急的状态之下，此团体的命运就得视领导者的好坏来决定了。

19～28分：易受周围影响，难做决断的类型。你常因听了周围人的意见，或被各种信息左右，而不知如何是好。事情仓促时，难做决断是你的致命伤。

这种类型的人，面对突发状况时，首先，会从手中所有信息或资料中找出解决方法。可是，你反而会受到信息的迷惑而无从判断。你常因错过做决断的时机，而受到很大伤害。

此类型的人，平常的时候对自己的想法还蛮有自信的，可是在发生突然事故时，为免除过于自信，最好还是听从领导者或指挥官的命令。

9～18分：急急忙忙做错误判断的类型。当公司有大的人事变动时，你反应敏感，甚至因而有干不下去的危机感。

出现紧急情况时，你会反应很快，但往往因太过急躁，而做出错误的判断，以致犯下想象不到的错误。例如，忽然间发生地震时，你会拼命地往外冲，结果，不慎跌伤。

因此，当有紧急事情发生时，你必须用3分钟的时间来环视周围的状况，想清楚后再做反应，不要随随便便地采取行动。

你会如何应对尴尬

请仔细阅读以下8道测试题，它们各有 A、B、C 三种答案，每题只能选择一个。如果题中所描述的情况对你来说尚未发生过，则按假设你遇到那些问题时可能的做法去选择。

1. 你独自一人被关在电梯内出不来，你会：

A. 脸色发白，恐慌不安

B. 耐心地等待救援

C. 想方设法自己出去

2. 假设你从国外回来，行李中携带了超过规定的烟酒数量，海关官员要求你打开提箱检查，这时你会：

A. 感到害怕，两手发抖

B. 泰然自若，听凭检查

C. 与海关官员争辩，拒绝检查

3. 有人像老朋友似的向你打招呼，但你一点也记不起他（她）是谁了，此时你会：

A. 装作没听见似的不搭理

B. 直率地承认自己记不起来了

C. 朝他（她）瞪眼，一言不发

4. 你在餐馆刚用过餐，服务员来结账，你忽然发现身上带的钱不够，此刻你会：

A. 感到很窘迫，脸发红

B. 自嘲一下，马上对服务员实话实说

C. 在身上东摸西摸，拖延时间

5. 你从超市里走出来，忽然意识到你拿着忘记付款的商品，此时一个很像保安人员的人朝你走过来，你会：

A. 心怦怦跳，惊慌失措

B. 诚实、友好地主动向他解释

C. 迅速转身回去补付款

6. 在朋友的婚礼上，你未料到会被邀发言，在毫无准备的情况下，你会：

A. 双手发抖，结结巴巴说不出话来

B. 感到很荣幸，简短地讲了几句

C. 很平淡地谢绝了

7. 你骑车闯红灯，被警察叫住。警察知道你急着要赶路，却故意拖延时间，这时你会：

A. 急得满头大汗，不知怎么办才好

B. 十分友好、平静地向警察道歉

C. 听之任之，不做任何解释

8. 假如你乘火车逃票，结果被人查到，你的反应是：

A. 冷静对待，不慌不忙，接受处理

B. 尴尬，觉得无地自容

C. 强作微笑，以表歉意

【评分标准】

选项\得分\题号	1	2	3	4	5	6	7	8
A	0	1	1	0	0	0	0	5
B	3	5	5	5	5	5	5	0
C	5	0	0	1	3	2	2	3

【测试结果】

0～15分：你心理素质比较差，面对尴尬很容易失去心理平衡，变得局促不安，甚至惊慌失措，情绪波动明显，面临问题往往不能冷静处理。你应该多向别人学习灵活应对复杂情况的能力。

16～30分：你性情还算比较沉稳，遇尴尬事一般不会十分惊慌，但有时往往采取消极应对的态度，有回避矛盾、逃避现实的倾向，同时不够果断和独立。

31～40分：你心理素质良好，几乎没有令你感到手足无措的事，尽管你偶尔也会处置失当，但总的来说，你的应变能力不错，是一个能经常保持镇静、从容不迫的人，善解人意，通情达理，总能从实际情况出发做出选择。

第六篇

哈佛质疑思维训练课
——答案不是唯一的

为什么推翻 "燃素说" 的是拉瓦锡

安托万·洛朗·拉瓦锡生于巴黎，在他的一生中所提出的新观念、新理论、新思想，为近代化学的发展奠定了重要的基础，因而后人称拉瓦锡为"近代化学之父"。

18 世纪中期，"燃素说"在化学领域仍处于支配地位。所谓燃素说是三百年前的化学家们对燃烧的解释，他们认为火是由无数细小而活泼的微粒构成的物质实体。这种火的微粒既能同其他元素结合而形成化合物，也能以游离方式存在。大量游离的火微粒聚集在一起就形成明显的火焰，它弥散于大气之中便给人以热的感觉，由这种火微粒构成的火的元素就是"燃素"。

1774 年，英国科学家普利斯物列分析出了一种气体，这种气体十分纯粹，完全不含燃素，他称之为无燃素气体。

本来，他可以趁机推翻"燃素说"，而提出氧元素的新概念，但是既有的"燃素说"已经盛行了很多年，他被这个观点所束缚，认为这不过是燃素说的一种新的表现形式，所以让跑到面前的真理又轻易地溜走了。后来，拉瓦锡重复了他的试验，摆脱了"燃素说"的束缚，明确提出了氧元素的概念，他于 1777 年向巴黎科学院提出了一篇报告《燃烧概论》，阐明了燃烧作用的氧化学说，要点为：燃烧时放出光和热；只有在氧存在时，物质才会燃烧；空气是由两种成分组成的，物质在空气中燃烧时，吸收了空气中的氧，因此重量增加，物质所增加的重量恰恰就是它所吸收氧的重量；一般的可燃物质（非金属）燃烧后通常变为酸，氧是酸的本原，一切酸中都含有氧。

金属煅烧后变为煅灰，它们是金属的氧化物。他还通过精确的定量实验，证明物质虽然在一系列化学反应中改变了状态，但参与反应的物质的总量在反应前后都是相同的。

于是拉瓦锡用实验证明了化学反应中的质量守恒定律。拉瓦锡的氧化学说彻底地推翻了燃素说，使化学开始蓬勃地发展起来。

子非鱼，子非我

曾经有两个哲学家互相问为什么，给我们留下了一段精彩的辩论：

庄子与惠子游于濠梁之上。庄子曰："鲦鱼出游从容，是鱼之乐也？"惠子曰："子非鱼，安（焉）知鱼之乐？"庄子曰："子非我，安（焉）知我不知鱼之乐？"惠子曰："我非子，固不知子矣；子固非鱼也，子之不知鱼之乐，全矣。"庄子曰："请循其本。子曰'汝安（焉）知鱼乐'云者，既已知吾知之而问我。我知之濠上也。"

翻译成白话文就是：

庄周和惠施在濠水岸边散步。庄子随口说道："河里那些鱼儿游动得从容自在，它们真是快乐啊！"一旁惠施问道："你不是鱼，怎么会知道鱼的快乐呢？"庄子回答说："你不是我，怎么知道我不了解鱼的快乐？"

惠施又问道："我不是你，自然不了解你；但你也不是鱼，一定也是不能了解鱼的快乐的！"庄子安闲地回答道："我请求回到谈话的开头，刚才你问我说：'你是怎么知道鱼是快乐的？'既然你问我鱼为什么是快乐的，这就说明你事先已经承认我是知道鱼是快乐的，而现在你问我怎么知道鱼是快乐的。那么我来告诉你，我是在濠水的岸边知道鱼是快乐的。"

偷盗是美德还是恶德

大哲学家苏格拉底貌不惊人，不修边幅，整日在市场上闲逛。

在古希腊的市场上，经常有人宣传他们自己的思想，所以常看见有人站在市场中面对观众发表演讲。有一天，苏格拉底遇到一位年轻人，正在宣讲美德，他宣称自己说的才是真理，是无比正确的。

于是苏格拉底装作无知的模样，向年轻人请教说："请问，什么是美德呢？"那位年轻人不屑地回答说："这么简单的问题你都不知道？告诉你吧，不偷盗、不欺骗之类的品行都是美德。"苏格拉底仍然装作不解地问："不偷盗就是美德吗？"年轻人肯定地回答道："那当然啦，偷盗肯定是一种恶德。"

苏格拉底不紧不慢地说："我记得在军队当士兵的时候，有一次接到我的长官的命令，让我深夜潜入敌人的营地，把他们的兵力部署图偷出来了，请问我这种行为是美德还是恶德呢？"年轻人犹豫了一下，辩解道："偷盗敌人的东西当然是美德。我刚才说不偷盗，是指不偷盗朋友的东西。偷盗朋友的东西肯定是恶德。"

苏格拉底依然不紧不慢地说："还有一次，我的一位好朋友遭到天灾人祸的双重打击，他对生活绝望了，于是买来一把尖刀放在枕头底下，准备夜深人静的时候用它结束自己的生命。我得知了这个消息，便在傍晚时分偷偷地溜进了他的卧室，把那把尖刀偷了出来，使他免于一死。请问我这种行为究竟是美德还是恶德呢？"

那位年轻人终于惶惶然，知道遇到了高人，于是承认自己无知，拱手向苏格拉底请教什么是美德。

敢于质疑的头脑是大财富

质疑思维是指用怀疑、批判的眼光，对现有的理论、经验、观点进行重新审视、重新评判，并试图从中找到它们的缺点弊端，然后加以改进或创新的一种思维方法。

"质疑是科学的生命""不满足是历史向前的车轮"，质疑就是一种"不满足"，不满足于对现有的认识、科学、文明的欣赏和享用，而是能重新审视，重新批判，指出其缺点、弊端。

我们知道要解决任何一件事情，首先就是要发现问题，然后分析问题，最后才能解决问题。但很多时候不是我们解决不了问题，而是发现不了问题，事实上，如果一件事情连问题出在哪儿都发现不了，又谈何解决呢？

质疑思维就是要常常提出"为什么"这三个字。事物的真实本质和改变创新的机遇，往往就隐藏于对寻常事物再问一个"为什么"的后面。

日本的池田菊苗博士在一次吃饭时，喝了一口汤，觉得异常鲜美，于是问夫人加了什么调料。夫人告诉他，汤里除了海带，没有加其他的调料。开始池田菊苗还以为是夫人在开玩笑，什么都不加，为什么这个汤这么鲜美？于是他开始想汤是不是因为海带才变鲜的？海带让汤变鲜的原因是什么？

是不是因为海带中含有某种成分？顺着这一思路，他开始分析化验海带的成分，终于提炼出了一种叫谷氨酸钠的物质，也就是味精的主要成分。后来，他申请了专利，开办了味精工厂，由此获得了巨大的利润。

有选择好，选择越多越好，这几乎成了人们生活中的常识。很多专家和学者也将这个理念作为解释人类行为的基础，他们认为人既然是理性的动物，面临选择时能够衡量每个抉择的利弊得失，从而做出最为有利的选择。

但是最近一项由美国哥伦比亚大学、哈佛大学共同进行的研究表明，选项越多反而越可能造成负面结果。

科学家们曾经做了一系列实验，其中有一个让一组被测试者在 8 种蛋糕中选择自己想买的，另外一组被测试者在 30 种蛋糕中选择。结果，后一组中有更多人感到所选的蛋糕不大好吃，对自己的选择有点后悔。

另一个实验是在哈佛大学附近的一个以食品种类繁多而闻名的夜市进行的。工作人员在夜市里设置了两个摊位，一个有 7 种口味，另一个有 24 种口味。结果显示有 24 种口味的摊位吸引的顾客较多：260 位经过的客人中，60% 会停下试吃；而 260 位经过 7 种口味的摊位的客人中，停下试吃的只有 40%。不过最终的结果却是出乎意料：在有 7 种口味的摊位前停下的顾客 30% 都至少买了一瓶果酱，而在有 24 种口味摊位前的试吃者中只有 3%的人购买东西。

太多的东西容易让人游移不定，拿不准主意，同理，对于管理者，太多的意见也会混淆视听。不要以为越多的人给出越多的意见就是好事，其实往往适得其反，由于每个人看问题的角度不同，给出意见的动机也不尽相同，所以太注重听取别人的意见很容易让自己拿不定主意。

这与我们的常识似乎相悖，但是很多制造商已经注意到了这个问题，选项过多，反而会给消费者带来困扰，把产品种类消减一部分，市场占有率反而升高了，同样在社会生活中，我们也存在同样的困境：网络社会带给我们的信息量太多，我们反而无法攫取有用的知识；现代社会中过多的自由选择往往反而成了负担，让人们拿着"选票"陷入游移不定、自责后悔的怪圈，反而产生了不良影响。

爱因斯坦曾经交给大学生一个方法来训练自己的思维："每天花一点时间专门看权威的书籍，找出他们的观点，然后动动自己的脑筋来进行批驳，尝试质疑他们的观点。"天天如此，独立、自主、怀疑、不盲从、不符合的质疑精神就训练出来了。

质疑思维在于平时的思维态度。美国著名企业家威廉·伍德曾经说："得到真正教育的唯一方法便是发问。你要记住，一个时时产生问号的头脑是一笔很大的财富。"

多米诺骨牌是一种用木制、骨制或塑料制成的长方形骨牌。玩时将骨牌按一定间距排列成行，轻轻碰倒第一枚骨牌，其余的骨牌就会产生连锁反应，依次倒下。其实质疑思维就和这个骨牌游戏一样，当我们勇于质疑，提出第一个问题开始，其他问题也就相应地产生了。随着我们研究和质疑的深入，就一定能把问题的根源挖掘出来。

1. 质疑是我们最基本的心理行为

《论语》中说："孔子进太庙每事问。"孔子进了太庙，对什么事情都问一个为什么，有人就批评他，说他不懂礼仪，而孔子理直气壮地回答："凡事问个为什么，这才符合礼仪啊！"

对于每个探寻知识的人来说，要想有所发明创造或者建立新的理论，不可能凭空创造，的确需要掌握前人的经验和知识。然而，在创造与发明的过程中，如果一味地相信现有的都是正确的，只能在原地踏步，质疑思维就是要能在习以为常的事物中发现不寻常的东西。

2. 敢于质疑

敢于提出为什么，敢于破除迷信是创造性思维的关键一步，我们要抱着科学的态度来看待权威：既要尊重名人和权威，虚心学习他们的丰富知识和经验，又要敢于超过他们，在他们已经进行的创造性劳动的基础上，再进行新的创造。只有这样，人类的文明程度才能不断提高，人类认识世界和改造世界的能力才能不断增强。

"追问到底"，索求本质

日本企业讲究严谨的管理和规范的制度。据说，在日本丰田汽车公司就有一种"追问到底"的管理方法。就是说，对公司新近发生的每一件事，都采用追问到底的态度，追根溯源，以便找出最终的原因。经过这个过程不仅对问题的产生原因了如指掌，也让当事人受到了教育。

比如，有一天，技术人员报告公司的某台机器突然停了，那么负责执行"追问到底"管理方法的工作人员就会沿着这条线索进行一系列的追问：

问："机器为什么不转了？"

答："因为保险丝断了。"

问："为什么保险丝会断？"

答："因为超负荷而造成通过机器的电流太大。"

问："为什么会超负荷？"

答："因为轴承枯涩不够润滑。"

问："为什么轴承枯涩不够润滑？"

答："因为油泵吸不上来润滑油。"

问："为什么油泵吸不上来润滑油？"

答："因为抽油泵产生了严重磨损。"

问："为什么油泵会产生严重磨损？"

答："因为油泵未装过滤器而使铁屑混入。"

通过一系列的追问，我们找到了最本质的原因。只要给油泵装上过滤器，再换上保险丝，机器就正常运行了。如果不进行这一番追问，只是简单地换上一根保险丝，机器照样会立即转动，但用不了多久，机器又会停下来，因为最终原因没有找到。

"滑翔能力"是基础而非全部能力

一提到学习，大多人首先想到的就是学校。我们接受的传统教育告诉我们，要学习，一定要去学校。

长久以来，大家都认为学习首先得有人教，而学校里有受过专业化训练的教师和编好的课本，所以去学校学习是最正统的方法。确实，接受过学校教育的人可以在某种程度上掌握社会生存所必需的知识，但是学校的学生都是在老师和书本的牵引下进行学习的，并不是自己独立获得知识的。

日本学者外山滋比古提出一个观点：学校是训练"滑翔机人"的地方，并不是培养"飞机人"，那么什么是"滑翔机人"什么是"飞机人"呢？

在学校里呆板接受填鸭式教育的学生，就是滑翔机人，滑翔机和飞机十分相似，同样是在天空中飞翔，而且滑翔机安静优雅的滑翔姿态甚至比飞机更优美动人，然而可悲的是，滑翔机永远不具备独立飞起来的能力。

被动地接受知识是"滑翔能力"，自己发明和发现是"飞行能力"，不可否认，如果完全没有"滑翔能力"的话，那么连最基本的知识都不可能学会，无知地去飞行，肯定会酿成事故。但"滑翔能力"仅仅是基础，而不应该是一个人拥有的全部能力。

质疑是伟大的力量

"你们习惯了培优的课堂，习惯了解题的技巧，习惯了考取名校的目标。

可是，你们质疑过吗？"在2010年9月9日举行的本科新生开学典礼上，华中科技大学校长李培根做了题为《质疑》的演讲，号召学生学会质疑，包括质疑学校和校长。

在华中科技大学2010届本科生毕业典礼上，李培根做了题为《记忆》的演讲，16分钟的演讲被掌声打断30余次，他的演讲词通过网络被广为转载，同时引发了社会各界对大学精神和中国需要什么样的大学校长等问题进行思考和讨论。而他也被学生亲切地称为根叔。

在9日的开学典礼上，面对全校8000多名新生，李培根说，质疑具有伟大的力量，是创造的基础，产生求新求异的欲望和敢于进行创新活动的源泉。他建议，首先需要质疑曾经的学习目的及方式。在中学，很多同学习惯了老师的灌输，致力于掌握解题的技巧，却忽略了思想与哲理的领悟和个人潜能的开发。他还建议学生要敢于质疑权威和先贤，有时候也需要质疑常识，甚至质疑自己的质疑。

最后，他也提醒学生，质疑不是怀疑一切，不要为质疑而质疑。把质疑变成怀疑一切，只会使自己陷入质疑的偏执，甚至使自己心理失衡。

李培根表示，在华中科技大学，学生可以质疑这所学校的某些做法，还可以质疑校长。当质疑的利剑高悬，华中科技大学和它的校长就永远不会忘记"以学生为本"，华中科大也会在质疑中前进，在批判中成长，在质疑与批判中步入一流。

思维训练营

思维情景再现一

有一天，一个11岁的小女孩去家里的养蜂场玩，发现许多蜜蜂聚集在蜂箱上，翅膀没有扇动，却仍然嗡嗡地叫个不停。想起教科书上和《十万个为什么》上关于蜜蜂等昆虫发声的原理，她不由得产生了怀疑：为什么书上说蜜蜂的嗡嗡声来自翅膀的振动，每秒达200次，如果翅膀停止振动，声音也就停止了。可现在蜜蜂的翅膀已经停止振动却仍然嗡嗡叫个不停，这声音到底是哪里来的呢？带着这个疑惑，她跑回了学校，去问老师，老师说书上说的怎么会错呢？

质疑思考术

于是她决心自己来研究这个问题，她首先把蜜蜂的双翅用胶水粘在木板上，蜜蜂仍然发出声音。她干脆用剪刀剪去它的双翅，蜜蜂仍然嗡嗡直叫。两种方法交替进行了42次，每次用去48只蜜蜂，结果和教科书的结论大相径庭。

为了继续探求蜜蜂发声的秘密，她把蜜蜂粘在木板上，用放大镜仔细查找，观察了一个月，终于在蜜蜂的双翅的根部发现了两粒比油菜籽还小的小黑点，蜜蜂鸣叫时，小黑点上下鼓动。她用大头针捅破小黑点，蜜蜂就不发声了。她又找来一些蜜蜂，不损伤双翅，只刺破小黑点，结果蜜蜂飞来飞去，居然没有一点儿声音。一年以后，这个12岁的小女孩撰写了一篇科学论文《蜜蜂不是靠翅膀振动发声》，并在第十八届全国青少年科技创新大赛上荣获优秀科技项目银奖和高士其科普专项奖。她就是湖北省监利市黄歇口镇中心小学6年级的学生聂利。

思维情景再现二

阳光融融，暖风徐徐，深蓝色的海面上跃动着鳞片状耀眼的光斑。甲板上漫步的人群中，一对印度母子正站在甲板上看着无垠的大海。

"妈妈，这个大海叫什么名字？"

"地中海！"

"为什么叫地中海？"

"因为它夹在欧亚大陆和非洲大陆之间。"

"那它为什么是蓝色的？"

年轻的母亲一时语塞，求助的目光正好遇上了在一旁饶有兴味倾听他们谈话的一位学者。这位学者叫拉曼，他刚从英国皇家学会上做了声学与光学的研究报告，取道地中海乘船回国。于是拉曼告诉男孩："海水之所以呈蓝色，是因为它反射了天空的颜色。"

这个解释，在当时被认为是理所当然的，它出自以发现惰性气体而闻名于世的大科学家——英国物理学家瑞利勋爵。他曾用太阳光被大气分子散射的理论解释过天空的颜色，并由此推断，海水的蓝色是反射了天空的颜色所致。瑞利勋爵在科学界地位很高，再加上这个解释看起来合情合理，于是学术界都认可了这个说法。

故事如果到这里就结束了，相信读者你也不会满意。你想知道后面发生了什么吗？

质疑思考术

在告别了那一对母子之后，出于科学家的责任，拉曼总对自己的解释心存疑惑，那个充满好奇心的稚童，那双求知的大眼睛，那些源源不断涌现出来的"为什么"，使拉曼深感愧疚。作为一名科学工作者，他发现自己居然只接收权威的答案，而在不知不觉中丧失了男孩那种到所有的"已知"中去追求"未知"的好奇心，他决心仔细研究一下这个问题。

一回到加尔各答，他立即着手研究海水为什么是蓝的，很快他就发现瑞利的解释实验证据不足，令人难以信服，于是他决定重新开始研究这个课题。他从光线散射与水分子相互作用入手，运用爱因斯坦等人的涨落理论，获得了光线穿过净水、冰块及其他材料时散射现象的充分数据，证明出水分子对光线的散射使海水显出蓝色的机理，与大气分子散射太阳光而使天空呈现蓝色的机理完全相同。进而又在固体、液体和气体中，分别发现了一种普遍存在的光散射效应，被人们统称为"拉曼效应"，他的发现为20世纪初科学界最终接受光的粒子性学说提供了有利的证据。

正是由于地中海轮船上那个男孩的问号，最终把拉曼领上了诺贝尔物理学奖的奖台，成为印度也是亚洲历史上第一个获得此项殊荣的科学家。那个有着好奇心的男孩子与敢于质疑的拉曼的故事，在不断地提醒人们：永远不要放弃你对"已知"的好奇心，也许新的发现就在你"已知"的"未知"之中。

思维情景再现三

秦二世时，丞相赵高野心勃勃，日夜盘算着要篡夺皇位。可朝中大臣有多少人能听他摆布、有多少人反对他，他心中没底。于是，他想了一个办法，准备试一试自己的威信，同时也可以摸清敢于反对他的人。

一天上朝时，赵高让人牵来一只鹿，满脸堆笑地对秦二世说："陛下，我献给您一匹好马。"秦二世一看，心想：这哪里是马，这分明是一只鹿嘛！便笑着对赵高说："丞相搞错了，这明明是一只鹿，你怎么说是马呢？"赵高面不改色心不跳地说："请陛下看清楚，这的确是一匹千里马。"

秦二世又看了看那只鹿，将信将疑地说："马的头上怎么会长角呢？"赵高一转身，用手指着众大臣，大声说："陛下如果不信我的话，可以问问众位大臣。"大臣们都被赵高的一派胡言搞得不知所措，在心里嘀咕：这个赵高搞什么名堂？是鹿是马这不是明摆着吗！

当看到赵高脸上露出阴险的笑容，两只眼睛骨碌碌轮流地盯着每个人的时候，大臣们忽然明白了他的用意。一些胆小又没有正义感的人都低下头，不敢说话，因为说假话，对不起自己的良心，说真话又怕日后被赵高所害。有些正直的人，坚持认为是鹿而不是马。还有一些平时就紧跟赵高的奸佞之人立刻表示拥护赵高的说法，对皇上说："这的确是一匹千里马！"事后，赵高通过各种手段把那些不顺从自己的正直大臣纷纷治罪，甚至满门抄斩。

如果你也在现场，你该如何面对这个生死攸关的局面呢？

质疑思考术

"顺我者昌，逆我者亡"这句话被多少枭雄霸主视为真理，所以才有"枪打出头鸟""木秀于林风必摧之"的谚语，流传至今。敢于提出质疑、坚持真理的人，始终是少数，但是在大家都迷茫的时候，提出质疑，往往会给自己造成巨大的伤害，如何抉择？是选择质疑，还是和稀泥、糊涂了事？

每个人都有自己的人生哲学，不同的选择，也许就会带来不同的人生。希望每位读者都能好好思考一下。

思维名题

亚历山大解死结

传说，上帝在造就了世间万物之后，还在苍茫的大地上留下了一个巨大的绳结，并许诺：谁能解开这个绳结，谁就会成为亚洲之王。这个绳结是由无数条绳子纠缠在一起形成的，人们称它为"高尔丁死结"。

无上权力的诱惑，像磁石一样把四面八方的英雄豪杰吸引到"高尔丁死结"面前来。他们围着死结左拆右解，个个都使出了全身解数，可是令人沮丧的是，这个死结就像一个活物一样，刚扯松一点，马上又抱成死死的一团。不要说解开死结了，人们甚至连它的一个小小的结头都没有找到。

转眼千万年过去了，无数英雄无功而返，死结依然如故！渐渐地所有人都认为，"高尔丁死结"不过是上帝给人类开的一个玩笑，仅凭人力是无法解开死结的。虽然去尝试解开死结的人仍然络绎不绝，但是没有人会以为自己会解开它。

又过了无数年，一个名叫亚历山大的气宇轩昂的年轻人来到了"高尔丁死结"前，刚开始，他像前辈一样想尽了各种办法去解开它，结果还是意料之中的失望。屡次失败的这个年轻人忽然明白了什么，他拔出了自己无坚不摧的宝剑，大声说："我不能跟着别人亦步亦趋，就算错了也不知悔改，我要创立自己的解法！"

他是如何解开"高尔丁死结"的呢？

核桃难题

核桃好吃而富于营养，又不容易坏，因此人们在喜欢吃的同时，也喜欢拿它作为拜访亲友的礼品。而我们知道，核桃虽然好吃，但吃起来有些麻烦，需要先将外壳砸烂，然后慢慢掏出里面的仁来吃。鉴于此，一个食品企业便想找到一种事先将外壳去掉，使人们直接得到核仁的办法。当然，如果是碎掉的核仁，估计人们不会欢迎，因此必须是完整的核仁。并且，这去掉外壳的方法还要方便高效。这显然是个难题！

但是，一旦这个难题解决，该企业必将能一举占领广阔的市场。为此，该企业专门召开了一次集思广益的员工大会。在会上，员工们听到这个奇妙的想法后，也都热情地各抒己见。例如，有个员工提议做一个夹子，比有壳核桃小一点，比核仁大一点，将核桃壳给夹碎；有个员工提议将核桃放在笼里蒸10分钟，再取出来放入凉水中冷却，然后再砸开，就能得到完整的核仁；甚至还有人提议用高声波密封的机器震碎外壳，等等。厂长听了这些办法后，都摇摇头，觉得要么可操作性太差，要么效率太低。

就在将要散会之际，一个新来的年轻的员工提出了一个想法，即培育出一种核桃的新品种，让其在成熟之后，外壳自动裂开。厂长一听，觉得这个主意比较有创意，一旦成功，将完全符合自己的要求。不过，这显然具有相当的难度，因为要做成这件事需要请来顶尖的生物学家。最终这个主意因为太没有把握，还是被否决了。但是，这个主意虽然被否决，它却提出了一个崭新的思路，即打开核桃不一定要从核桃壳外面着手，也可以从内部着手。正是沿着这个思路，有人最终想到了一个核仁被完好无损取出的简单有效的好方法。

你能猜出这个办法是什么吗？

充满荒诞想法的爱迪生

我们知道，一旦说某人的想法比较荒诞，一般而言，便是说他的想法违背常理，乃至令人感到好笑，甚至会对持有这种想法的人进行嘲笑。但事实上，历史的进步很多时候都是由一些荒诞的想法推动的。比如牛顿刚提出"苹果为什么会落地"的问题时，在当时的人们看来，这便是一个傻问题；富尔顿在发明蒸汽机船的过程中，曾提出用钢材替换木材的想法，这也遭到了当时人们的嘲笑……但是，我们知道，最终事实证明，这些荒诞想法却是天才的想法。下面我们来讲一个著名的充满荒诞想法的人的故事，这人便是爱迪生。

爱迪生从小脑袋里就充满各种奇怪想法。5 岁那年，他问大人小鸡是如何产生的，在得知是母鸡用鸡蛋孵出来的之后，他竟然拿了许多鸡蛋，放在干草上，然后自己一动不动地蜷伏在上面，试图也孵出小鸡，只是最终没能成功。

后来，爱迪生 10 岁时，因为看到小鸟在天空中自由地飞翔，他就想：人能不能也像小鸟那样飞起来呢？经过一番想象和"研究"，他用柠檬酸加苏打制成了"沸腾散"，认为人喝了这个之后，便能够像鸟那样飞起来了。于是，他找了个小伙伴做试验，这个小伙伴以"为科学献身"的精神喝了大量的"沸腾散"，看能不能飞起来，当然，这也没有成功。

而到了爱迪生 15 岁那年，他则开始认真研究起"炼金术"来，他试图把一块铜熔化，然后再加点其他什么金属，使它变成金子，可惜又失败了。

但是，爱迪生的荒诞想法并非全部失败了，比如他试图把声音留下来的想法，把电码传到千里之外，把开水烧到 120℃，等等，他都成功了，并由此为人类提供了许多伟大的发明。

事实上，直到老了以后，他还一直琢磨着许多稀奇古怪的荒诞想法。比如有一次，他拿出一张宽 1 英寸（1 英寸 =2.54 厘米）、长 1 英寸的小纸，问他的小孙子："有什么巧妙的方法能够把这张纸剪出个洞，使你能够从中钻进钻出呢？"

这看上去似乎又是一个不合常理、不可实现的荒诞想法，但是，联想到爱迪生之前曾经使那么多的荒诞想法变成了现实，或许这也是可以实现的。现在你来想一下，爱迪生的想法有没有办法实现呢？

毛毛虫过河

在一个小学课堂上，一个年轻的女老师为了开发同学们的思维，给大家出了一道智力题。题目是这样的：在一条河边的草丛中，住着一条毛毛虫。一天，毛毛虫爬到一棵比较高大的草上后，发现河对岸的草十分丰茂，各种鲜花争奇斗艳，并且还有一片漂亮的小树林，风景十分诱人。于是，毛毛虫便想要到河对岸去定居。可是，大河却挡住了它的去路。问题是：你能帮毛毛虫想一个过河的好办法吗？

下面的小学生们于是开始议论纷纷，给出了各种各样的答案，有的说可以乘船过去，有的说可以爬在过河的大动物身上过去，有的说可以将一片树叶当作船划过去，还有的说干脆等河干了再过去。老师对于同学们的回答不住地点头。最后，等没有人再提出新的办法时，女老师提醒同学们道，其实毛毛虫还有一个好办法，这个办法不仅又快又安全，而且还不必借助外物，你们能想出来这是什么办法吗？同学们想了很长时间，最后都摇摇头，但是，其中一个聪明的小朋友突然想到了，并说了出来。女老师高兴地点了点头，并趁机教育同学们不要被惯性思维所束缚，要学会一种求异思维。那么，现在你来想一下，女老师所提示的这种办法是什么呢？

蛋卷冰激凌

哈姆威原本是西班牙的一个制作博蛋卷的小商贩。在 20 世纪初，随着美国经济的繁荣，世界各国的人掀起了一股移民美国的浪潮。哈姆威也怀着发财的心理移民到了美国，他原本想的是，自己的这种手艺在西班牙并不稀罕，而在美国则可以凭借物以稀为贵而受到欢迎。但是，到美国之后，他才发现，美国也并非如他所想象的那样轻易便能发财，他的博蛋卷在美国并不比在西班牙时多卖多少。

不过，哈姆威倒并没有因此而灰心，只是心态平和地依旧做着自己的博蛋卷生意。1904 年夏天，在得知美国即将举办世界博览会时，他认为这可能是个向大家推广他的博蛋卷的机会。于是，他将他的所有家什都搬到了举办会展的路易斯安那州。并且，经过一番努力后，他也被政府允许在会场外出售他的博蛋卷。

但是，他的博蛋卷生意又一次令他感到失望，并没有多少人对这种陌生的食品感兴趣。倒是和他相邻的一个卖冰激凌的商贩的生意非常好，甚至连他带来的用于装冰激凌的小碟子也都很快用完了。哈姆威在羡慕之余，灵机一动，突然想到了一个主意。正是凭借这个主意，他的博蛋卷也很快卖完，更重要的是，他的博蛋卷也从此找到了一个更好的销售途径。

猜想一下，哈姆威想到了什么主意呢？

图案设计

英国伦敦的一家广告公司面向全国招聘一名美术设计师。该公司开出了丰厚的薪酬。当然，他们的要求也比较高。在对应聘者的要求中，该公司不仅要求应聘者具有扎实的美术功底，而且要求其具有开阔的思路和别出心裁的创意。为检验应聘者的这几点，公司要求应聘者先寄来三幅自己满意的近作：一幅素描、一幅写生和一幅图案设计。

公司招聘广告登出后，很快收到了来自全国各地的许多应聘邮件，但招聘主管最终没有发现令他满意的。一天，公司又收到了一封应聘邮件。寄信人在信封中放了一幅素描和一幅写生，从这两幅作品来看，这个人的美术功底是比较扎实的。但是，令招聘主管感到奇怪的是，信封里却没有寄来图案设计作品。

最后，招聘主管在信封里又找到了一张小纸条，看了那张纸条上写的一行字之后，招聘主管立刻决定录用这个人。

你猜纸条上写的是什么？

百万年薪

两个年轻人一起开山，一个人把石头砸成石子运到路边，当作建筑材料卖给别人；另一个则直接把石块运到码头，卖给花鸟商人，因为他发现这里的石头形状比较奇怪，很适合卖造型。三年后，第二个青年成为村里第一个盖上瓦房的人。

后来，政策改变，政府严禁开山，鼓励种树，村子周围全都变成了果园。每年秋天，漫山遍野的各种水果吸引来了远近的客商，他们成筐成筐地将这些原生态的水果运往全国的各个大中城市，有的甚至直接运往了国外。村民们都为有了这么一个发财的机会欢呼雀跃，他们一个劲地栽种果树。但是此时那位第一个建瓦房的年轻人却卖掉了果树，在另外的荒地上栽柳树。因为他发现，村里不再缺少水果，而是缺少盛水果的筐子。六年以后，他成为村里第一个在城里买房子的人。

再后来，村里通了铁路，村民可以更加方便地往来于各大城市之间。由于对外开放政策的实施，乡镇企业开始流行，有了资金并长了见识的村民们纷纷积极准备建厂，发展水果加工产业。这个时候，那个做事与众不同的年轻人则在铁路旁建造了一面3米高、百米长的墙，这面墙面向铁路，背依翠柳，两边则是一望无际的万亩果园，来往的旅客在欣赏美景的同时，会看到忽然闪现的四个大字——"可口可乐"。据说这是铁路沿线百里之内唯一的广告，那个年轻人凭借这道墙每年可以获得4万元的收入。

20世纪90年代末，日本丰田公司亚洲区的代表山田信一来华考察，当无意中听到这个故事后，他立即决定要去找到这位罕见的商业奇才。

当山田信一找到这个人的时候，发现这个人正在自己的店门口与对面的店主争执，因为他的店里一件衣服标价600元的时候，对面的店里就将同样的衣服标价为550元，而等他标上550元的时候，对面就标价为500元，这样一个月下来，他仅仅卖出去5件服装，而对面的那家店却卖出了500套。看到这个情况后，山田信一感到非常失望，他以为自己被那些故事骗了。但是很快他就了解到了事情的真相，之后当即决定以每年百万的年薪聘请那个人。

你能猜出日本商人弄清的真相到底是什么吗？

聪明的小路易斯

父亲带小路易斯去郊外野餐。出发前，他们准备了各种要用的东西，父亲发现自家的油和醋都没了，就让小路易斯去打些油和醋回来。

小路易斯一听说要出去野餐，非常高兴。他拎着两个瓶子就往商店的方向飞奔。一不留神，他摔了一跤，把用来装醋的瓶子打碎了。这可怎么办呢？回家去取吧，又太远了。聪明的小路易斯想了想就带着一个瓶子去了商店。

到了商店，他对店主说："给我打半斤油和半斤醋。"说着就把一个瓶子给了店主。店主很奇怪，问道："你到底是要油啊还是要醋啊？"小路易斯说："都要半斤，打到一个瓶子里就行。"店主倒也没多想，照着小路易斯的说法做了。

小路易斯高高兴兴地回家去了。他把瓶子悄悄地放在了自己的包里。

父亲带着小路易斯去了郊外。郊外的景色很迷人，小路易斯在郊外玩得很开心。

到了中午饭的时间了，父亲问："小路易斯，你把油和醋放在哪里了？"小路易斯答道："在我的包里呢。"父亲拿到瓶子时，说："这是怎么回事，怎么都放在一个瓶子里了。"小路易斯说："您要什么，我给您倒出来就是了。"父亲心想肯定是小路易斯打游戏将钱玩掉了一半，并且将一个瓶子也忘在了游戏机房，所以才想出这个鬼主意来，心里有些生气，并想趁机教训一下他。于是，父亲不动声色地说道："好吧，我现在要油！"

小路易斯于是拿出瓶子来，因为油浮在上面，所以小路易斯很容易便将油倒了出来。

父亲于是又不动声色地接着说道："好吧，现在我要用醋，你也给倒出来吧！"父亲心想，看你这下怎么做！

没想到，小路易斯只是做了一个简单的举动，便将醋倒了出来。父亲一看，也觉得自己的儿子真是聪明，不仅不再生气，而且感到很高兴。

你猜小路易斯是如何倒出醋的？

聪明的马丁

美国科普作家马丁·加德纳在少年的时候就很聪明。一次，在数学课上，为了活跃气氛，老师带领同学们做起了游戏。游戏内容是这样的：桌子上摆好 10 只塑料杯，左边 5 只盛的是红色的水，右边 5 只是空的。要求只允许动 4 只杯子，形成 10 只杯子中盛红色的水和空着的杯子交错排列的局面。

聪明好学的同学们在底下一边想，一边用文具摆来摆去。不一会儿，就有很多同学举手了。正确的答案就是：将第 2 只杯子和第 7 只杯子、第 4 只杯子和第 9 只杯子换个位置，就能使不同的杯子交错排列。

老师还想考考同学们，于是，又出了第二个题目。老师先把杯子放回最初的位置。然后问同学们："如果我只允许你们动两只杯子，那么你们该怎么动呢？"

这个题目比上个难点，过了很久，教室里一直都是静悄悄的。大家都在冥思苦想。这个时候，马丁·加德纳站了起来，向大家演示了一遍他的做法。果然，只动两只杯子就达到了要求。

你猜他是如何做到的？

银行的规定

在某个国家的某城市的一家银行，有着这样一个规定：如果客户所取的钱在 5000 元以下，就必须到自动取款机上去取，柜台不予办理。

有一个人急着用钱，准备去银行取 3000 元，但是他不知道银行的这个规定。银行的人很多，已经排了长长的一队，他只好排在了队尾。然而等了很久，好不容易排到他时，营业员却告诉他："5000 元以下的必须到自动取款机去取。"那个人向营业员解释自己很着急用钱，希望这次能通融下，可是营业员说这是规定，不能为了一个人就改变规定。看到营业员那么坚决，他想只好去取款机取钱了。然而看到取款机前同样长长的队伍，他决定仍然在这里取，因为他突然想到了一个好主意。在营业员并没有通融他的情况下，他在那个窗口取到了他要用的钱数。

你知道他是怎么做的吗？

购买"无用"的房子

火车驰骋在荒无人烟的山野中。由于长期的旅行，大部分旅客都很疲惫，有的已经睡着了，有的在打哈欠，还有的在无精打采地看窗外的风景。

在火车即将要驶向一处拐角时，速度慢了下来。这时候，一座简陋的平房吸引了乘客们的注意。因为这里是荒山老林，没有人烟，所以看到一座平房，大家都觉得很吃惊。这座平房成了大家眼中一道特别的风景。一些人就开始谈论起这房子来。大家都在猜测这房子的主人在哪儿，这房子是什么时候建的。

从房子简陋的外表，可以看出这是一座废弃的房子，应该很长时间都无人住了。事实上，这房子的主人本来在此居住，但是由于过往的火车噪声太大，严重干扰了主人的生活，所以，主人就搬走了。然而房子却一直没人买，至今闲置在那里。

后来，火车上的一位乘客居然花高价买下了这座房子，并因此发了大财。你知道这是怎么回事吗？

有创意的判罚

20世纪60年代，美国许多少年不喜欢读书，而早早到社会上去闯荡。这些少年为了能够获得工作，往往去找制造假证件的人制造一些假的学历证书。一次，一个新墨西哥州的少年因为伪造高中学历，被雇主发现，以欺骗罪将其告上了法庭。按照通常情况，这个少年会被判处三个月的监禁或者缴纳几百美元的罚款。审判此案的法官了解情况后，却并没有依照法律条文判处，而是做出了一个令所有人都感到意外同时又会心地一笑的判罚。同时，这个少年也对该法官终身感激。

你猜，法官是如何判的？

妙批

俗话说"再高贵的人也有几个穷亲戚"。这话一点也不错，就连清朝的中堂大人李鸿章，也有一个胸无点墨的"穷"亲戚。这个亲戚，不学无术，胸无点墨，却总想捞个官做做。他曾经多次去找李鸿章，想要个小官做，可是每次都遭到中堂的拒绝。看到李鸿章不肯卖自己人情，他就想通过科举考试这一条路来实现自己的目的。

于是，那年开考时，他就去参加科举考试了。考场上，他一个问题也答不出来。对于这样一个不学无术的人，那些题目确实犹如天书。但是他又不甘心交白卷，这时，他突然想起自己是李鸿章的亲戚，就想利用这层关系，让主考官给自己徇个私情。于是，他就在卷子上，用颤抖的手写下了歪歪斜斜的几个字："我是中堂大人李鸿章的亲妻（戚）。"他以为写下了这几个字后，阅卷老师不会不给中堂大人的面子，定能给他个官做做。但是，就这么几个字，这个笨蛋还把"戚"字写成了"妻"字，以至于后来闹出了笑话。

主考官在阅卷时，看到了这句话，哭笑不得。聪明的主考官灵机一动，将错就错，给了他一个幽默至极的批复。

你知道主考官是如何批复的吗？

用一张牛皮圈地

古代的腓尼基有个美丽的公主狄多，她从小聪明伶俐，深受国王喜爱。但是，长大后，她的国家发生了叛乱，父王也被人杀掉，狄多公主带领一些随从和金银细软逃离了自己的国家。他们背井离乡，辗转奔波，一路坐船来到了富饶的北非。狄多因为喜欢那里的自然风光，便决定在此定居下来，并创立自己的新事业。于是，狄多公主将自己的经历告诉了当时非洲的雅布王，恳请雅布王给她一些土地。

雅布王也很同情这位美丽的公主，但是一旦涉及土地，便有些舍不得，于是他眼珠子一转想到了一个妙计，既答应了公主留住自己的颜面，又不会损失太多的土地。他给了狄多公主一块牛皮，说："你们用这块牛皮圈土地，我会把圈到的土地给你们的。"公主的随从们一听，一张小小的牛皮能圈多大的土地？都觉得这是在故意刁难他们，其实是不想给土地，大家都很生气。但是，狄多公主却没有生气，而是想了一下，便带领随从们拿着牛皮圈地去了。雅布王心下暗喜，心想这下不会损失太多的土地了。但是，不一会儿，仆人来报告："狄多公主在海边圈起了一大片土地，看上去已经有整个国家的三分之一大了。"雅布王一听大吃一惊，急忙赶去看是怎么回事，一看，果然如随从所说。雅布王一言既出，驷马难追，并且他也十分佩服狄多公主的智慧，便心甘情愿地给了狄多公主圈起来的土地。最后，狄多公主在那块土地上建立了牛皮城。

你能猜出狄多公主是如何用一块牛皮圈起一大块土地的吗？

智取麦粒

有个农民在用脱粒机对麦子进行脱粒时，不巧有一粒麦粒崩进了他的耳朵里。本来，麦粒也不是很深，但是农民因为着急把它弄出来，用手去抠，结果，麦粒反而越进越深，进入耳朵深处了。农民被弄得十分难受，无奈之下，尽管十分害怕进医院花钱，他还是不得不去了医院。

接待农民的是一位年轻医生，没有经验的他先是用特制的镜子对着农民的耳朵研究了半天，什么也没有看到。后来则是用各种器具对着农民的耳朵捣鼓起来，总体上跟农民原来的办法差不多。最后，也没有将麦粒弄出来，农民倒是疼得龇牙咧嘴，哇哇直叫。

隔壁一个老医生听到声音后走进来，了解情况后赶紧制止了年轻医生的举动，并告诉他，这样不仅弄不出来，弄不好还会导致耳膜被弄破，变成聋子。

年轻医生一听，再也不敢轻举妄动。农民一听，更是着急："哎呀，我可不想变成聋子，被人在背后骂都不知道！"

老医生于是笑着说："别急，我有个办法，既不会这么疼，也不用费劲，就让麦粒着急出来。"接着他便说出了他的办法。

年轻医生一听，说道："理论是倒是这样，但这真行吗？"

老医生笑着说："放心，就这样，保准管用。"

几天后，农民耳朵里的麦粒果然自己出来了。

你能猜出老医生的办法吗？

问题呢子

在20世纪初期，一家呢子工厂在生产过程中，因为工人操作不当，生产出来的纯色呢子面料上出现了许多白色小斑点。

因为这批问题呢子面料数量相当大，因此对于这次生产事故，厂领导很重视，开了专门的会议对这件事进行研究。

在会议上，厂长十分生气，可以说是大发雷霆，下面的人也都噤若寒蝉。不过，大家心里明白，在厂长震怒过后，如何处理这批问题呢子才是无可回避的问题。最后，一位一向富有想象力的年轻副厂长作了总结报告。他说道："各位，请恕我直言，追究责任并不是问题的关键，责任人反正也跑不掉，现在的问题是如何处理这批数量不小的问题呢子。关于此，我总结了一下，大致有三种办法：第一种，产品报废，然后追究当事人的责任。这种办法最简单，但损失巨大；第二种，则是对这批呢子设法补救，看能不能尽量减少损失。当然，具体的办法还要再研究讨论，不过我估计不太容易，并且最终呢子终究要降价销售；还有第三种，则是打破常规思路，想办法败中求胜。"

"败中求胜？"厂长意味深长地看着这位他一向很欣赏的年轻副厂长，"好了，我知道你已经有主意了，别卖关子了！"

于是副厂长便说出了自己的办法，大家一听都表示认同，而这种办法果真实现了败中求胜，不仅没有造成损失，反而提高了厂里的收益。

猜一下，副厂长的主意是什么呢？

聪明的小儿子

从前，在印度住着一位老庄园主，他一共有三个儿子。一天，老财主觉得自己要不久于人世了，便将自己多年积攒的钱财分为三份，留给三个儿子。但是对于自己凭借其致富的庄园，老人有一定的感情，他希望能够将他留给最聪明的儿子，以使庄园能够长久地经营下去。于是他将三个儿子叫到了自己房间里，然后给他们说明了情况。然后，老人对三个儿子说："现在，我给你们出一个题目，你们谁能够最先回答出来，我就将这个庄园留给谁。"三个儿子点点头。

于是老庄园主说道："题目是这样的，现在你们看，我的这间房间，除了一些床和家具之外，还有很大的空间。你们想一下，用什么办法能够最快将这些空间填满？"

三个儿子一听都陷入思考。其中大儿子心想自己是老大，不能让两个弟弟抢先了，于是回答道："我知道了，爸爸，棉花比较松软，用棉花最快！"结果老庄园主摇摇头。

于是，二儿子又回答道："用鹅毛，它比棉花更松软！"老庄园主还是摇摇头。

最后，小儿子没有回答，而是采取了一个举动，立刻便将屋子填满了。老庄园主满意地点了点头，最后将庄园留给了小儿子。

猜一下，小儿子是用什么使房间充满了呢？

倾斜思维法

王老师在一个乡村小学的实验室里做实验时，需要量出 10 毫升的一种溶液，但是他却一时找不到量杯。他最后只找到了一个容积为 20 毫升的没有刻度的玻璃杯，他想了一下后，用这个玻璃杯大致准确地量出了 10 毫升的溶液，你猜他是如何做到的？

检验盔甲

一次，印度国王准备御驾亲征，因此命令一个工匠为自己打造一副盔甲。自然，事关国王安全，工匠自然不敢怠慢，非常精心地为国王打造出了一副盔甲。但是，在工匠奉上盔甲的时候，国王为检验盔甲的质量，令人将盔甲穿在一件木偶身上，然后他亲自举起宝剑向木偶砍去。结果，盔甲立刻出现了裂痕。国王一看，便十分不满，他命令工匠再去打造一副，如果还是不堪一击，便要杀掉工匠。

工匠于是满面愁容地回来了，他心想，国王手里拿的是稀世罕见的宝剑，又是这样尽力一砍，恐怕再厉害的盔甲都要出现裂痕。感到危难之际，工匠前去求见印度智者比尔巴，请他给自己出个主意。了解了情况后，比尔巴立刻给工匠出了一个主意。

于是，工匠打造好新的盔甲后，又去奉给国王。国王这次要身边的士兵拿上自己的宝剑去像上次那样检验盔甲。但是，这次工匠却按照比尔巴所出的主意，请求国王让自己代替木偶穿上盔甲进行检验，而果然，这次工匠通过了检验。

猜测一下，比尔巴给工匠出了个什么主意？

困惑

A、B、C 哪一项不是箱子相同 3 个面的视图?

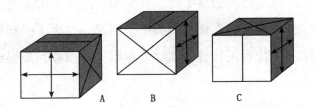

找出异己

在下列 5 个字母中,哪个与其余 4 个差别最大呢?

AZFNE

破损的宝塔

年久失修的宝塔,裂缝多多,其中有 2 块碎片形状是一模一样的,是哪 2 块碎片?

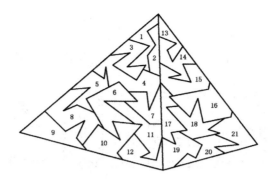

找不同

在下列 12 张脸谱中，你能看出哪幅与众不同吗？

残缺的迷宫

下图是一张残缺了的迷宫图。为使迷宫图能走得通，请你在 A、B、C 中选出合适的迷宫残缺图补上，并试着走出这个迷宫。

最牢固的门

看下图，A、B、C、D是4扇木制门，哪一扇门的结构最牢呢？为什么？

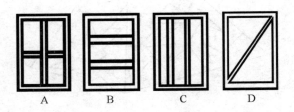

波娣娅的宝盒

在莎士比亚的《威尼斯商人》一剧中，波娣娅有3个珠宝盒，一个是金的，一个是银的，一个是铜的。在这3个盒子的某一个中，藏有波娣娅的画像。波娣娅的追求者要在这3个盒子中选择一个。如果他有足够的运气，或者足够的智慧，挑出的那个盒子藏有波娣娅的画像，他就能宣布娶波娣娅为妻子。如下图所示，在每个盒子的外面，写有一句话，内容都是有关本盒子是否装有画像。

波娣娅告诉追求者，这3句话中，最多只有一句是真的。这个追求者有可能成为幸运者吗？如果有的话，应该选择哪个盒子呢？

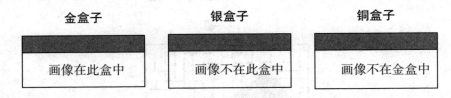

圣诞聚会

5个好朋友约好周末参加一次圣诞聚会。他们都不是在同一个时间到达约会地点的：A不是第一个到达约会地点；B紧跟在A的后面到达约会地点；C既不是第一个也不是最后一个到达约会地点；D不是第二个到达约会地点；E在D之后第二个到达约会地点。

你知道他们到达约会地点的先后顺序吗？

形单影只

下列图形中哪一个是与众不同的?

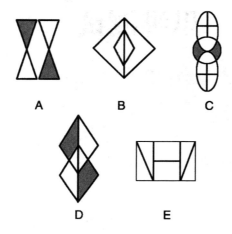

移民

去年3个家庭从思托贝瑞远迁到了其他国家,现在他们在那里有声有色地经营着自己的小店。根据下面的信息,你能说出每对夫妻有几个孩子、他们移民到了哪里以及所做的是何种生意吗?

1. 有3个孩子的家庭移民到了澳大利亚,他们没有在那里开旅馆。

2. 移民到新西兰的布里格一家开的不是传统英国风味鱼片店。

3. 开鱼片店那家的孩子比希金夫妇的孩子少。

4. 基德拜夫妇有2个孩子,他们每人照看1个。

	1个	2个	3个	澳大利亚	加拿大	新西兰	鱼片店	农场	旅馆
布里格夫妇									
希金夫妇									
基德拜夫妇									

思维测试

你有很高的创造力吗

一个企业讲究创新能力，一个人讲究创造能力，这两者的道理是一样的：唯有创造才能进步。对于个体而言，创造力能将人带入一个又一个人生新境界，这就是创造的魅力。请你做做下面这个测试，看看你的创造能力如何。

请在每一句话后面，用一个字母表示同意或不同意，同意的用 A 表示，不同意的用 B 表示，不清楚或拿不准的用 C 表示。

1. 我不做盲目的事，干什么都有的放矢，用正确的步骤来解决每一个问题。

2. 只是提出问题而不想得到答案，无疑是浪费时间。

3. 无论什么事情，要我解决，总比别人困难。

4. 我认为合乎逻辑的循序渐进，是解决问题的最好方法。

5. 有时，我在小组发表意见，似乎使一些人感到厌烦。

6. 我花费大量时间来考虑别人是怎样看待我的。

7. 做自己认为正确的事情，比力求取得别人的赞同更重要。

8. 我不尊重那些做事似乎没有把握的人。

9. 我需要的刺激和兴趣比别人多。

10. 我知道如何在考试前，保持自己的心情平静。

11. 为解决难题我能坚持很长一段时间。

12. 我有时对事情过于热心。

13. 在特别无事可做时，我倒常常能想出好主意。

14. 在解决问题时，我常常单凭直觉判断"正确"或"错误"。

15. 在解决问题时，我分析问题较快，而综合所收集的材料较慢。

16. 有时，我打破常规去做我原来并未想到要做的事。

17. 我有收集东西的癖好。

18. 幻想促进我许多重要计划的提出。

19. 我喜欢客观而有理性的人。

20. 如果让我在两种职业中选择一种，我宁愿当一个实际工作者，而不愿当一个探索者。

21. 我能与我的同事或同行们很好地相处。

22. 我有较高的审美观。

23. 在一生中，我一直追求着名利和地位。

24. 我喜欢坚信自己结论的人。

25. 灵感与获得成功无关。

26. 使我感到最高兴的是，原来与我观点不一样的人变成了我的朋友，即使牺牲我原先的观点也在所不惜。

27. 我更大的兴趣在于提出新的建议，而不在于设法说服别人接受这些建议。

28. 我乐意独自一人整天"深思熟虑"。

29. 我往往避免做那种使我感到低下的工作。

30. 评价资料时，我觉得资料的来源比其内容更为重要。

31. 我不满意那些不确定和不可预言的事。

32. 我喜欢埋头苦干的人。

33. 一个人的自尊比得到他人的尊敬更重要。

34. 我觉得那些力求完美的人是不明智的。

35. 我宁愿与大家一起努力工作，也不愿凌晨单独工作。

36. 我喜欢那种对别人产生影响的工作。

37. 在生活中，我经常碰到不能用"正确"或"错误"加以判断的问题。

38. 对我来说，"各得其所""各在其位"是很重要的。

39. 那些使用古怪和不常用的词语的作家，纯粹是为了炫耀自己。

40. 许多人之所以感到苦恼，是因为把事情看得太复杂了。

41. 即使遭到不幸、挫折和反对，我仍然能够对我的工作保持原来的精神状态和热情。

42. 想入非非的人是不切实际的。

43. 我对"我不知道的事"比"我知道的事"印象更深刻。

44. 我对"这可能是什么"比"这是什么"更感兴趣。

45. 我经常为自己在无意中说话伤人而闷闷不乐。

46. 纵使没有报答，我也乐意为新颖的想法而花费大量时间。

47. 我认为"出主意，没什么了不起"这种说法是中肯的。

48. 我不喜欢提出那种显得无知的问题。

49. 一旦任务在肩，即使受到挫折，我也要坚决完成。

50. 从下面描述人物性格的形容词中，挑选出 10 个你认为最能说明你性格的词。

1. 热情的	2. 谨慎的	3. 观察敏锐的
4. 老练的	5. 有朝气的	6. 不拘礼节的
7. 有理解力的	8. 无畏的	9. 一丝不苟的
10. 脾气温顺的	11. 严格的	12. 漫不经心的
13. 实干的	14. 思路清晰的	15. 性急的
16. 有献身精神的	17. 有组织力的	18. 易动感情的
19. 机灵的	20. 自高自大的	21. 有说服力的
22. 实事求是的	23. 不满足的	24. 泰然自若的
25. 孤独的	26. 复杂的	27. 不屈不挠的
28. 虚心的	29. 有独创性的	30. 柔顺的
31. 好交际的	32. 严于律己的	33. 有主见的
34. 精神饱满的	35. 足智多谋的	36. 时髦的
37. 坚强的	38. 拘泥于形式的	39. 讲实惠的

40. 创新的	41. 感觉灵敏的	42. 有远见的
43. 高效的	44. 乐意助人的	45. 自信的
46. 铁石心肠的	47. 可预言的	48. 精干的
49. 谦逊的	50. 善良的	51. 渴求知识的
52. 有克制力的	53. 束手束脚的	54. 好奇的

【评分标准】

下列形容词每个得2分：精神饱满的、观察敏锐的、不屈不挠的、柔顺的、足智多谋的、有主见的、有献身精神的、有独创性的、感觉灵敏的、无畏的、创新的、有朝气的、热情的、严于律己的。

下列形容词每一个得1分：自信的、有远见的、不拘礼节的、一丝不苟的、虚心的、机灵的、坚强的。

其余得0分。

将分数与1～49题得分加起来。

题号／得分	A	B		题号／得分	A	B	C	题号／得分	A	B	C
1	0	1	2	18	3	0	-1	35	0	1	2
2	0	1	2	19	0	1	2	36	1	2	3
3	4	1	2	20	0	1	2	37	2	1	0
4	-2	1	3	21	0	1	2	38	0	1	2
5	2	1	0	22	3	0	-1	39	-1	0	2
6	-1	0	3	23	0	1	2	40	2	1	0
7	3	0	-1	24	-1	0	2	41	3	1	0
8	0	1	2	25	0	1	3	42	-1	0	2
9	3	0	1	26	-1	0	2	43	2	1	0
10	1	0	2	27	2	1	0	44	2	1	0
11	4	1	0	28	2	0	-1	45	-1	0	2
12	3	0	-1	29	0	1	2	46	3	2	0
13	2	1	0	30	-2	0	3	47	0	1	2
14	4	0	-2	31	0	1	2	48	0	1	3
15	-1	0	2	32	0	1	2	49	3	1	0
16	2	1	0	33	3	0	-1				
17	0	1	2	34	-1	0	2				

【测试结果】

110～137分：创造力非凡。

85～109分：创造力很强。

58～84分：创造力较强。

30～57分：创造力一般。

15～29分：创造力弱。

-21～14分：无创造力。

选项 \ 得分 \ 题号	1	2	3	4	5	6	7	8	9	10
A	0	0	10	5	10	5	0	10	5	0
B	5	10	0	0	0	0	10	0	0	10
C	10	5	5	10	5	10	5	5	10	5

创造力是指根据一定的目的和任务运用一切已知条件和信息开展能力思维活动，经过反复研究和实践，产生某种新颖的、独特的、有价值的成果，这种能力即为创造力。创造力是 21 世纪生存和成功的关键条件，创造力不是天生不变的，实践、教育和主观努力对创造力的形成和发挥都有重大影响。

你对新事物充满好奇与渴望吗

有人说，人生是在好奇与渴望中度过的，那是因为我们都具有对新鲜事物的追求和对生活的充分体验、享受。好奇是上进的表现，渴望是生活的动力。不要放过每一次的好奇与渴望的心理，测测它们在你人生中占多大比重。

1. 你打算做一个书架，可又从未用过钻头，你：

A. 雇用其他人

B. 求助于朋友或技术手册

C. 买回材料自己试着做

2. 你走进一家妇女时装店，结果却发现店里只有几件衣服，而且衣服上都没有价目标签，于是你：

A. 转身出去

B. 举止自然，并问是否有你这么大号的衣服

C. 为避免尴尬，看一下陈列的衣服，然后离开

3. 如果你做的某一项工作需要根据某一公式重复计算 20 次，并且有一台计算机可供你使用，而你又从未使用过计算机，这时你会：

A. 请教某人或查计算机使用手册，在计算机上把结果计算出来

B. 仍旧愿意多花点时间，用手重复计算

C. 请别人上机代你算出来

4. 你的新老板让你去做一件你从未做过的事，你会：

A. 说"可以，不过我需要帮助"

B. 有礼貌地拒绝了，因为它超出了你的能力范围

C. 埋头到这项工作里，尽量把它干好

5. 在迪斯科舞会上，别人在跳一种你不会跳的舞，你会：

A. 站起来，学着跳

B. 看着别人跳，直到改奏慢节拍的舞曲

C. 请一位朋友私下里教你这种新舞步

6. 你身处异地，对其方言只知只言片语，于是你会：

A. 只用有把握的词句

B. 讲普通话，因为你还不能够熟练地使用当地的方言

C. 尽可能多地使用它，相信人们都是友好的

7. 街上流行一种很时髦的服装，你会：

A. 仍旧穿以前的衣服，觉得穿新衣服很不自在

B. 立即买一套穿上

C. 观望一段时间，如果周围的同事都买了，才去买一套

8. 你出席一次你不甚了解的研讨会，你会：

A. 提出许多问题

B. 假装能领会别人的意思

C. 会后查一下不懂的地方

9. 和朋友去一家西餐厅吃饭，你想用刀叉吃，可又不会，于是你：

A. 在看明白别人怎样用刀叉时才拿起刀叉

B. 仍旧使用筷子或勺子

C. 在别人不知道的情况下请教服务员

10. 公司办公室里安装了一台新的计算机，你会：

A. 尽量避免使用它

B. 很愿意使用它

C. 向别人请教怎样使用它

【测试结果】

40 分以下：在新事物面前畏缩不前。你会轻易地被从未尝试过的事物征服或吓倒。可能你认为别人总希望你的表现能像专业人员那样令人满意，或者可能是对你自己期望过高。不管怎样，当你下次再犹豫不定时，不要再急着返回熟悉的领域里，而应该鼓励自己尝试新的东西。

40 ～ 69 分：对新事物的追求有些谨慎。你最终会熟悉新环境，会对新事物充满追求与渴望，但这通常需要时间。谨慎虽然是件好事，但它却妨碍你发现自己真正的能力。所以不妨抓住机会尝试一下，你可能会得到意想不到的结果。

70 ～ 100 分：对新事物充满好奇与渴望。对于你，"新"和"挑战"同义。你愿意尝试任何事，这说明你的自信心用对了地方。但是这种凡事皆试的唯一问题是，你可能会做得过分。有时承认自己对某些事不了解而要寻求帮助也是很有益处的。敢于尝试使你前进，但不要做得过分。

每个人都希望自己所做的事情可以成功，而如果我们已经知道如何才能把事情做好时就比较容易成功。但是限定自己只做我们擅长的事将会使我们错过许多发展其他兴趣和技能的机会。因此，尝试新事物对我们是有益处的。事物总在不断地发展变化，新事物总是不断涌现，新事物代表了时代的发展、社会的进步。我们要勇敢地去面对和接受，并把它真正地运用到我们生活中去。如果不能接受新事物，不去获取新的知识，那就可能被社会所淘汰；所以我们要用一颗勇于接受和追求新事物的心去创造多彩人生！

第七篇

哈佛冷门思维训练课
——别有洞天

思维热身

巴菲特偏爱 "冷门股"

沃伦·巴菲特——全球著名的投资商，他的大名在全球化的今天可谓是无人不知、无人不晓。他从小就极具投资意识，他钟情于股票和数字的程度远远超过了家族中的任何人。他满肚子都是挣钱的道儿，五岁时就在家中摆地摊兜售口香糖。稍大后他带领小伙伴到球场捡大款用过的高尔夫球，然后转手倒卖，生意颇为红火。

上中学时，除利用课余时间做报童外，他还与伙伴合伙将弹子球游戏机出租给理发店老板，挣取外快。总之，他善于从别人想不到的地方赚钱。

巴菲特擅长用冷门思维进行投资，1966年春，美国股市牛气冲天，但巴菲特却坐立不安，心有疑虑。因为尽管他的股票都在飞涨，但他却发现很难再找到符合他的标准的廉价股票了，1968年5月，当股市一路凯歌的时候，巴菲特却通知合伙人，他要撤退了。

随后，他逐渐清算了巴菲特合伙人公司的几乎所有的股票。1969年6月，股市直下，渐渐演变成了股灾，到1970年5月，每种股票都要比上年初下降了50%，甚至更多。1970~1974年，美国股市就像个泄了气的皮球，没有一丝生气，持续的通货膨胀和低增长使美国经济进入了"滞涨"时期。

然而，一度失落的巴菲特却暗自欣喜异常，因为他看到了财源即将滚滚而来——他发现了太多的便宜股票。

巴菲特总是能看到别的投资者看不到的商机和股票，对于被称为"股神"，他表示自己只是遵循了他自己的投资方法：把股票看成许多微型的商业单元；把市场波动看作你的朋友而非敌人（利润有时候来自对朋友的"愚忠"）；购买股票的价格应低于你所能承受的价位。

诸葛亮看好"潜力股"刘备

"良禽择木而栖，贤臣择主而侍"，一个再伟大的人，无论是仕途还是思想上，他都需要一个引路人，他在最开始的时候需要站好队，找一个靠山。

在三国时期，诸葛亮是一个无双国士。在隐居隆中时，他读书交友、静观天下之变，经过十年的艰苦磨砺，诸葛亮已经成为一名志向远大、学识渊博、见解独到的青年才俊。而且诸葛亮拥有很多别人没有的资源。

第一，诸葛亮有一个好背景。诸葛亮祖上是做官的，他的祖父的官还做得很大，他的父亲和叔叔也都担任过地方官，所以他是官宦人家，官场里的关系他也是有一些的。

第二，诸葛亮的志向极其远大。据说诸葛亮和他的几个年轻朋友石韬、徐庶、孟建一起聊天的时候，他说过这样的话，他说你们几个如果从政至少也可以做到一个郡首，就是郡一级的官，大家说那你呢，诸葛亮只是笑，不回答，他的志向是"每自比管仲、乐毅"，诸葛亮的目标很清楚，出将入相，建功立业。

那么为什么诸葛亮选择了当时可谓"一穷二白"的刘备呢？其实这里面也蕴含了冷门思维的原理。

当时刘表、曹操和孙权都在招人。刘表主宰荆州，也是一方霸主，但是可惜不会用人；曹操兵强马壮，也能知人善用，可惜疑心重，而且手下的人才实在太多了，诸葛亮就算去了也不一定能冒尖出来；孙权一文一武两个重臣，一个张昭一个周瑜，都是孙策的母亲认过干儿子的，诸葛亮的地位在开始一定在他们之下。

所以诸葛亮的冷门思维在于，他寻找的主公是一个将来能够成就霸业或者帝业的，退一步不能成就帝业成就霸业，称霸一方也可以，而现在是虎卧平阳、龙困潜水的英雄。而刘备是很符合诸葛亮的标准的，他有帝王之份，就是他有成为一个皇帝的可能性，可能性有三点，第一，出身，刘备是刘氏宗室，是皇帝家族的人，而且细细排起来，当今圣上还得唤他一声叔叔，叫作刘皇叔。第二，刘备的形象好，有帝王之相，两耳垂肩，双手过膝，帝王之相。第三，就是刘备有帝王之志和帝王之术，他不仅想称霸中原，也能知人善用。

所以，最终诸葛亮在刘备的三顾茅庐之下出山，辅佐刘备，成就了自己一世的英明。

汉武帝不寻常用人术

汉武帝统治时期为加强皇帝集权，有意裁抑丞相职权，起用身边的亲信近臣，让他们参与朝廷军国大事的讨论。

由皇帝与亲信近臣形成了宫廷的决策核心，称为"内朝"或"中朝"；而以丞相为首执掌政务的政府机关，称为"外朝"。

雄才大略的汉武帝用人是"不拘一格降人才"，他重用了奴隶出身的外戚——卫青，让所有人大跌眼镜。其实汉武帝这么做是深谋远虑的。卫青出身奴隶，最后能做到将军，自然觉得皇恩浩荡，忠心耿耿。而且皇族虽然有血缘关系，但是他们同样有权力参加皇位的争夺与继承，所以不太可靠。

外戚与皇帝有亲戚关系，他们的富贵来源于与皇帝联姻，又没有篡位的威胁，所以相对来说皇帝比较放心。

而卫青也是一代将才，也没有辜负汉武帝的慧眼。他开启了汉对匈奴战争的新篇章，七战七捷，无一败绩，为历代兵家所敬仰。

思维新天地

冷门思维炙手可热

所谓冷门思维，就是指专门从被大众或者市场忽视、冷落、遗忘的人或者事物中寻找成功的机会，具有别具匠心、另辟蹊径的特点。

冷门思维是成功者最常用的武器之一，许多人就是依靠冷门思维来发家致富的。为什么说掌握冷门思维是我们在如今社会生存的必备技能呢？因为它具有以下的特点：

1.冷门情况下的竞争者比较少，大家都看到的发财机会，于是会一窝蜂地去争、去抢。而冷门的市场，问津的人少，门可罗雀，自然也就没有什么竞争。

2.冷门情况下，投入成本较低。市场冷清时，很多有价值的东西远远低于市场价格，你可以以非常小的成本获得比较大的投资收益。

3.市场冷清的时候，短时间内不可能成为热门，可以让你有充分的时间来思考或者进行投资项目、品种的选择。

冷门思维具有极强的实用性，无论你是什么人，无论你从事什么行业，你都有可能依靠冷门思维走上成功之路。

在股市中，冷门思维常常能让我们收获颇丰。在众人疯狂的时候保持冷静，在市场极度恐慌低迷的时候寻找机会，俗话说："行情在绝望中产生，这是股市一个颠扑不破的真理。"

很多投资足彩的人相信也有同样的看法，足球是最具有戏剧性的运动，一场足球比赛的胜负并不是简简单单靠两支队伍的实力就能解释清楚的。如果能够以小搏大，投资一些中游球队，可能比跟着大众投资热门赢利的机会还大一些。

其实就算不投资创业，在我们日常生活中，冷门思维也具有极强的应用性。比如填报高考志愿的时候，今天的冷门专业也许就是明天的热门专业，而今天的热门专业等你毕业的时候说不定已经是冷门专业了。如果学会规避热门和选择冷门，就能更好地规划自己的人生。

善用冷门发迹

香港有很多人都是白手起家，从一穷二白变成举世闻名的亿万富翁的，比如霍英东，当年就是靠冷门思维而逐渐发迹的。中国香港作为沟通日本、东南亚、大洋洲及太平洋沿岸各国的重要商埠和大陆东南沿海地区重要的交通枢纽，城市发展十分迅速，城市里高楼大厦鳞次栉比，因此建筑业发展速度很快。

于是建材市场一片火爆，很多人想进入这个市场发财，但是和建材有关的河沙市场却很少有人问津。原因是，从海底淘沙用工量太大、利润太少，所以企业家们很少光顾，由此在建材市场留下了冷点空间。

霍英东看到了这个商机，于是他详细分析了河沙市场的需求潜力和发展前景，分析了改进作业方法、降低用工量、提高劳动生产率的可能性，做出了冷门入市的大胆决策。随后，他说干就干，派人到欧洲引进现代化的淘沙机器。这种大型挖沙船 20 分钟就可挖出 2000 吨沙子，沙子进船就近卸货，白花花的银子就到手了。被冷落的市场成了他的财源，淘沙船成了他的摇钱树，大堤成了他的聚宝盆。

没过多久，霍英东就变成了腰缠万贯的富翁，很多人看到霍英东发财以后，也想来投资河沙市场，可是"早起的鸟儿有虫吃"，此刻霍英东已经取得香港河沙供应的专利权了。

抓住思维的盲点推销

中国是个有悠久喝茶历史的国家，人们普遍认同饮茶就是中国人首创的，世界上其他地方的饮茶习惯、种植茶叶的习惯都是直接或间接地从中国传过去的。中国的茶文化可谓是博大精深。

茶的味道和可口可乐毫无共同之处。20世纪80年代初，美国可口可乐公司看到了中国巨大的市场，他们发现茶文化和速食文化其实是出在两个不同的方向，茶讲究品，而可口可乐是即开即饮，讲究一个快。这么看来，中国大陆还没有真正意义上的饮料。

可口可乐认为，也许这正是一个好机会。于是想把他们的产品打进中国市场。可口可乐公司先以免费试喝的方式在北京、上海、广州三大城市进行街头调查。调查的结果令他们很失望，70%的人不能接受这种味道，说喝起来像咳嗽药水，能接受的只有10%，还有20%的人无法表示明确的态度。

面对这种情况，可口可乐公司的一位高层人员想到中国处于长期封闭状态，一般民众对美国一无所知，对世界充满了憧憬与幻想。

因此决定重新进行一次免费试喝街头调查。这次调查和前一次的不同之处在于，让消费者试喝之前就告诉他，可口可乐是美国文化的象征，是美国人几乎每天都要喝的饮料。

这次调查结果和第一次几乎完全相反。表示能接受的人达到了70%，不能接受的下降到20%，无法表示意见的占10%。

可口可乐公司信心大增，于是投入大量的人力和物力进行宣传，可口可乐的形象在中国消费者心目中与日俱增，很快横扫了中国饮料市场。

从细节处琢磨

物理学上有个"孔道流水规律"，它的发现也有个故事。麻省理工学院的谢罗皮教授在洗澡时，拔下澡盆的活塞放水，他发现水流在排水口形成了漩涡，是向左旋的。这件不起眼的小事，引起了他的好奇。

以前是没谁关注过孔道里的水的流向的，但是却引起了他的注意。于是他又在其他器具上做实验，并且观察河流中的漩涡，结果发现它们都是向左旋的。教授于是联想到，这种现象大概与地球自转的方向有关……

最后，这位教授总结出了"孔道流水规律"，提出了一种新的理论，在研究台风等方面具有很大实用价值。

旁敲侧击的暗示

"如果你想毁掉一个人，请让他来到纽约，因为这里是地狱；如果你想一个人过得更好，请让他来到纽约，因为这里是天堂。"带着发财梦的汤姆在纽约市的一个热闹地区租了一家店铺，满怀希望地做起保险柜的买卖。

然而，生意惨淡，虽然店里形形色色的保险柜排得整整齐齐，每天有成千上万的人在他的店前川流不息，但是却很少有客人光顾。

看着店前来来往往的人群，汤姆终于想出一个走出困境的办法。

第二天，他匆匆忙忙前往警察局借来正被通缉的罪犯的照片，并把照片放大好几倍，然后贴在店铺的玻璃上，照片下面附上一张缉拿罪犯的说明。

照片贴出来后，过往的行人看到这些大幅照片，纷纷驻足观看。人们看到了逃犯的照片，产生了一种恐惧心理，本来不想买保险柜的人，此时也想买一台。因此，汤姆的生意很快出现了明显的转机，滞销变成了热销。

不仅如此，因为他贴出了案犯的照片，让这些案犯的嘴脸人人皆知，使警察局得到了价值非凡的线索，顺利地缉拿到了案犯。于是，汤姆还荣幸地领到了警察局的表彰奖状，媒体也做了大量的报道。他也毫不客气地把表彰奖状连同报纸一并贴在玻璃窗上，可谓锦上添花，生意也更加红火了。

思维训练营

思维情景再现一

在一次评选香港小姐的决赛中，为了测试参赛小姐的思维速度和应对技巧，主持人提出了这样一个难题，"假如你必须在肖邦和希特勒两个人中间，选择一个作为终身伴侣的话，你会选择哪一个呢？"

冷门思考术

如果选择肖邦，这个答案中规中矩，很难有出彩的地方，特别是在决赛中，一个小细节都可能改变评委的看法；如果用冷门思维选择希特勒的话，就必须要能够自圆其说，把这个反面人物能漂白。结果一位参赛小姐是这样回答的："我会选择希特勒。如果嫁给希特勒的话，我相信我能够感化他，那么第二次世界大战就不会发生了，也不会有那么多的人家破人亡。"

思维情景再现二

一出版商有一批滞销书久久不能脱手。他忽然想出了一个主意，给总统送去一本书，并三番五次去征求意见。忙于政务的总统不愿意与他纠缠，便回了一句："这本书不错。"出版商便大做广告："现有总统喜欢的书出售。"于是这些书被一抢而空。

不久，这个出版商又有书卖不出去，又送来一本给总统。总统上过一回当，想奚落他，就说："这本书糟糕透了。"出版商听后脑子一转，又做广告："现有总统讨厌的书出售。"有不少人出于好奇，争相抢购，书又售尽。

第三次，出版商将书送给总统，总统接受了前两次教训，便不做任何答复。出版商却大做广告："现有令总统难以下结论的书，欲购从速。"居然又被一抢而空。总统哭笑不得，商人调动了总统这只猛虎，大发其财。

冷门思考术

总统是谁？国家的元首，岂能够简简单单为人做宣传？抱有这个想法的人是大多数人，而这个出版商却看到了其中的门道，用自己的智慧"涮"了一把总统，把自己的滞销书也顺着总统的"东风"给送了出去。

思维情景再现三

苏东坡当年在杭州任地方官的时候，西湖的很多地段都已被泥沙淤积起来，成了当时所谓的"葑田"。苏东坡多次巡视西湖，反复考虑如何加以疏浚，再现西湖美景。挖掉西湖里的淤泥容易，但是这些淤泥堆放在什么地方呢？西湖有15千米长，环湖走上一圈，一天都走不过来，挖出来的淤泥该怎么办呢？以前的地方官正是考虑到这点，于是迟迟不敢疏浚西湖。

请读者仔细思考一下，如果你是苏东坡，你会如何应对此时的难题呢？

冷门思考术

有一天，苏东坡想到，如果把从湖里挖上来的淤泥堆成一条贯通南北的长堤，既便利来往的游客，又能增添西湖的景点和秀美，于是立刻下令如此办理。而这个政令也得到老百姓的一致拥护。苏东坡运用了冷门思维，变废为宝，而以前的地方官只想到如何把这些淤泥给运出去，却没有发现淤泥也是可以利用的。

思维情景再现四

浙江嘉兴有一位姓张的农民，在他们的村子里十分有名气。"别人养鱼时，他养鳖；大家都养鳖了，他又养起了鳄龟。老张脑子很活络，看市场很准！"村子里的养殖户一提起他，没一个不竖起大拇指。

老张是怎么想到养鳄龟的呢？他说自己是一个喜欢尝试的人，要赚钱就得争取吃到市场"头口水"。2000年，有着多年甲鱼养殖经验的老张一直考虑着换养其他东西，"那时养甲鱼的人越来越多，我估计效益会走下坡路"。

一天，他去嘉善办事时碰到一个上海人进了批从美国进口的鳄龟苗来卖。"这些长相奇特的小东西可贵了，八九克重的小鳄龟苗要90元一只，另外一个品种叫大鳄龟，苗要225元一只，要知道那时候甲鱼苗才2元钱一只啊。"好奇的老张回家后马上查阅资料，当了解到鳄龟出肉率极高，全身是宝，是众多龟类中的佼佼者时，他抱着试试看的心情把 90 只小鳄龟苗"领"回了家。虽然一开始由于缺乏养殖经验，鳄龟的存活率仅 68％，但卖掉后一算，依然小赚了一笔。"想不到市场这么好。"尝到了甜头，之后的几年，他不断扩大养殖规模，每年都有很多鳄龟销往广州，年收入超过 20 万元。当记者问起养鳄龟是不是很费心思时，老张笑着摆摆手说："鳄龟很好伺候的，比甲鱼生存能力要强。只要掌握它的习性，按时喂食、定期换水消毒，养起来很容易。我现在养的小鳄龟存活率在 95％以上，大鳄龟存活率在 98％以上。"

成熟的大鳄龟给老张带来了丰厚的利润，也让老张有了更多的资本寻找下一个养殖目标。下次养什么呢？老张爽朗地笑了："养别人都没养过的！"

冷门思考术

做生意就是要做别人想不到的，养鱼、养鳖都是常见的，自然竞争是异常的激烈，如果养一些冷门的水产物，销路一定火爆。但是敢于养一些新的物种，不仅需要冷门思维，也需要无比的勇气和智慧。当然，一旦成功，你获得的也将是丰厚的利润。

思维名题

特洛伊木马

很久以前，遥远的希腊半岛上有很多城市国家。爱琴海东岸，有一个美丽的城市，名字叫特洛伊。特洛伊城里有一个非常英俊的王子，他叫帕里斯。

一次，帕里斯到爱琴海对面的希腊半岛游玩，来到斯巴达王国。他拜见了斯巴达国王墨涅拉俄斯和王后海伦。海伦长得非常美丽，帕里斯被她深深地迷住了。回国时，帕里斯偷偷地把海伦带回了特洛伊。

斯巴达国王墨涅拉俄斯回来后，发现美丽的王后海伦和帕里斯逃走了，非常气愤。他召集了希腊半岛上所有的国王，组成了庞大的希腊联军，浩浩荡荡地去攻打特洛伊城。

特洛伊城周围有坚固的城墙，城里所有的男青年都参加了军队，对抗希腊联军。所以，战争一直持续了整整十年，还没有分出胜负。希腊联军的战士们开始思念故乡的亲人了，不愿意继续战斗了。希腊联军的统帅阿伽门农看到这种情况，一筹莫展，这时候一个聪明的国王奥德修斯给阿伽门农献上了一条计策……

一天清晨，特洛伊人发现城外的希腊军队一夜之间消失得无影无踪。于是他们欢呼着奔出城门，载歌载舞庆祝着胜利。这时候，人们发现海滩上蠢立一匹巨大的木马，都感到非常惊奇。忽然，有人大叫："抓住了一个希腊奸细！"大家把奸细带到特洛伊国王面前。奸细说："木马是希腊人用来祭祀女神的。特洛伊人如果毁掉它，就会引起天神的愤怒。但如果把木马拉进城里，就会给特洛伊人带来神的赐福。"特洛伊人信以为真，高兴地把木马带回了城里。这一天，全城的人们杀猪宰羊庆祝胜利，一直狂欢到深夜。

真的这么简单吗？当然不是，否则就不会有"小心希腊人的礼物"的俗语了。你能说出"希腊人礼物"背后的玄机吗？

三大争妻

乾隆二十八年，宋通判被皇上派遣到温州任知府，哪知他才上任就遇到了一件非常难办的案子：三个男人共同争夺一个姑娘。

案子的审理马上开始了，此时公堂前跪着一位非常漂亮的姑娘，她的身后是三个男人，一个是英俊帅气的青年人，一个是身材有点臃肿的商人，还有一个是个子矮小的瘦青年，这是一位小财主，在另外一侧则跪着的是姑娘的母亲。

经过调查，通判了解了一些事情的来龙去脉：原来跪着的这位女子叫小娇，是本县县民刘某的女儿。刘某与武官陈某曾经是多年的好朋友，陈某有个儿子名叫大通，两位父亲在儿女很小的时候就给他们订下了娃娃亲。

几年以后，陈武官带着儿子返回了老家，从此以后音信全无。刘某不久因病去世了，等小娇长到了18岁，母亲就把她许配给了一位商人，商人送完聘礼后外出经商了，一去就是两三年，在这期间音信全无。

母亲看着女儿一天天长大但是一直没有嫁出去，非常着急，就又把女儿许配给了同县的一个小财主。在小财主很是高兴地准备迎娶小娇的时候，商人竟然回来了，并派人前去刘家确定婚期。事情凑巧的是，好多年没有音信的武官的儿子大通也备好了聘礼在这个时候赶来了。

就这样，三家为了小娇而一起来到了公堂上。宋通判琢磨了好久却一直想不出来一个比较好的解决问题的办法，于是就请来了好朋友范西屏前来帮忙。

范西屏对他说了一句话："你听说过玲珑棋局其实就是死而后生吗？"一句话点醒了宋通判，他把所有的人都叫来，重新开堂审理此案。

宋通判对小娇说："人长得漂亮，怪不得这么多人争着要。你一个人不能同时嫁给三个男人吧？同时接受了三家的聘礼，本官又不能偏袒某一个人，所以我看这三个人中间，还是得由你自己选择好了。"

小娇是个害羞的姑娘，还没出嫁怎么能自己选夫婿呢？会被笑话的，就算别人不笑话，其余的两个男人也不会轻易就饶了她，所以她非常为难地对通判说："我宁愿去死！"

通判装作同情地说："看来也只能这样了，只有你死了，才能平息这场官司！来人，快去拿毒酒来！"差役按照通判的吩咐拿来了一杯毒酒，小娇接过来一口气喝了下去，不一会儿就躺在了公堂前面。差役上来对通判报告说："大人，她已经死了。"

宋通判对小财主说："好了，你现在可以把她的尸体领回去了。"

小财主很不乐意地说："我的轿子怎么能装个死人回去呢？既然她以前有过婚约，那么我还是成全他们吧！"那商人同样撇了撇嘴说不愿带着一个尸体回家。

这个时候，只有陈武官的儿子大通含着泪对通判叩谢说："谢谢大人，小人一定遵循先父安排，娶小娇为妻。即使她死了，我也不会背弃夫妻情义，我愿意领她回去，然后按照妻子的礼节好好安葬她。"

就这样，大通把小娇背回了自己的家里，但是想不到的是过了没多久，小娇竟然又醒了。于是他们就很快结了婚，然后非常幸福地生活在一起。

你知道宋判官是如何运用范西屏所说的那个高招的吗？

毁衣救吏

一天，一个库吏发现曹操最钟爱的一个马鞍被老鼠咬了个大窟窿，他大惊失色，心想：坏了，丞相要是知道了这件事，肯定会大发雷霆，说不定就把我关进大牢了，这可怎么办呢？库吏一整天都愁眉不展，不知道该怎么和曹操说这件事。

曹冲路过内库，看到库吏愁眉苦脸的样子，就过来问他："怎么了？发生了什么事情？"

"是我工作失职，丞相的马鞍被老鼠咬破了，我不知道怎么向丞相交代呀。"

曹冲听了，觉得这也不能怪库吏，就劝告他："你别着急，我想个办法让父亲不重罚你，刚好，我也要到父亲那儿去，你就跟我一起来吧。"

曹冲的办法是什么？

诸葛亮出师

据说诸葛亮小时候就聪明过人，家乡的私塾先生们都被他的聪慧所折服，纷纷表示自己的学问不足以做诸葛亮的老师。所以，诸葛亮的父亲，还为给他找老师发过愁呢！

后来，听说水镜先生是个博学之士，学问无人能比，父亲就带着诸葛亮到水镜庄拜师。水镜先生早就听说过诸葛亮，这次见了，果然是一副聪明伶俐的样子，就收下了他。没过多久，诸葛亮就在众多学生中脱颖而出，成为水镜先生的得意弟子。

寒来暑往，转眼三年就过去了，在水镜先生的悉心调教下，诸葛亮更加博学多才了。一天，先生对学生们说："你们都已经学习三年了，现在我出一道题，谁能在中午之前想出办法，经我同意，走出水镜庄，谁就算出师了。"

想骗过水镜先生，可不是一件容易的事情。学生们都抓耳挠腮地思考起来。

不一会儿，一个学生大喊起来："不好了，先生，邻居家着火了，我要出去救火了。"先生微笑着摇摇头。

又有一个学生说："先生，家里给我捎来一封书信，说我老母亲已经病入膏肓，临死之前，只想再见我一面，恳请先生放我出庄！"说着，他真的放声大哭。先生皱皱眉头，仍然没有点头。

另外一个学生说："先生的题目太难了，我要到外面的树林里去呼吸一下新鲜空气，清醒一下大脑，再好好思考先生的题目。"这次，先生连眼皮也没抬。

……

眼看就要到中午了，大家想出的借口都被先生否决了。这时候，诸葛亮灵机一动，怒气冲冲地跑到屋里……

你知道诸葛亮想出什么办法了吗？

别具匠心

宋湘是清朝著名的诗人和书法家，据说嘉庆皇帝曾封他为"广州第一才子"。有一次他写"心"字故意少写一个点，却挽救了一个小店的故事，被当时的人们传为佳话。

那是一个穷苦的夫妇开的一个小饭店。小饭店开在人来人往的路边，夫妻俩待客热情周到，饭菜也做得香甜可口，按理说小店应该生意兴隆才对呀，但是因为无力装办像样的店面，小店显得过于简陋，所以很难引人注意，客人寥寥无几，生意冷冷清清。夫妻俩也只能愁眉相对，没有好的办法。

一天，宋湘路过此地，感觉饥饿难耐，看到路边的小店，虽然店面简陋，倒也干净朴素，就进店来用饭。没想到，小饭店饭菜居然非常可口，宋湘不知不觉就吃得杯盘狼藉，吃完后还满口余香。但是，从进店到吃饱饭，正是午餐的好时候，小店居然没进来一个客人，这与店里可口的饭菜是不相称的呀。

宋湘很奇怪，就问两夫妻："你们如此好的手艺，怎么招不来客人呢？"

夫妻俩回答道："实在是小店太过简陋，客人见了，根本不进小店，所以我们夫妇的手艺还只是'养在深闺人不知'啊。"话语中透出些许的无奈。

宋湘听了点点头，他沉吟了片刻，说道："这样吧，我给你们写副对子，或许能对你们有所帮助。"

夫妻俩虽然不知眼前的客人是何方神圣，但是他是出于一片好意，于是赶紧端上了文房四宝。

宋湘提笔，一挥而就，只见上联是：一条大路通南北，下联是：两窗小店卖东西，横批是：上等点心。

对联上的字写的是铁画银钩，龙飞凤舞。小店的夫妻见客人的字写得如此漂亮，赶忙请教尊姓大名。听说眼前的客人就是鼎鼎大名的才子宋湘后，夫妻俩手足无措简直不知说什么好了，宋湘笑了笑，就告辞走了。

宋湘的对联真的有帮助吗？

孔子穿珠

一次，孔子出门旅行，在路上遇到了几个流氓。流氓听说孔子是一个知识渊博、很有名望的人，就故意为难他："这里有一颗珍珠，上面有一个珠孔，如果你能用线把珍珠串起来，我们就放了你。如果你不能办到，说明你是一个浪得虚名，没有什么真才实学的人，你就得把身上的财物全都交出来！"

真是秀才遇到兵，有理也说不清。没有办法，孔子只好拿过珍珠看了起来，但是，珠孔是弯曲的，他试了几次都没有成功地把线穿过去。

"哈哈！这个珠孔有九道弯，你这样做是没用的，大学者！还是抓紧把财物交出来吧！"流氓们开始起哄。

孔子没有理睬流氓们的讥笑，而是开动脑筋仔细想了起来：妇女心细，也许这种事让她们来做，更容易一些。

于是，孔子拿着珍珠来到附近的一位采桑的妇女身边，谦虚地说道："大嫂，我手拙，您能不能帮我把珍珠串起来呢？"

采桑的妇女拿过珍珠，仔细看了看，笑着说："噢，这很简单，记住'密尔思之、思之密尔'，你也能做到的。"

"密尔思之、思之密尔"能帮上孔子的忙吗？

别具一格的说服

在第二次世界大战爆发前夕，德国总理希特勒开始疯狂地在国内推行法西斯主义，并积极准备对外发动战争。为增强军事实力，1939年初，希特勒开始组织科学家研制原子弹。这时，包括爱因斯坦在内的一批流亡美国的科学家得知这个消息，因为深知原子弹的可怕威力，无不忧心忡忡，如果纳粹抢先研制出原子弹，那么，人类将面临史无前例的核灾难。他们经过一番考虑，认为阻止这场灾难的唯一办法，就是反法西斯国家抢在德国之前，制造出原子弹。为此，爱因斯坦等人到处奔走，呼吁美国尽快开始研制原子弹。但是，美军高层却难以理解这个新生事物，并不重视科学家们的呼吁。

最后，没有办法的科学家们准备绕开军方，直接向美国总统罗斯福递交联名信。为了保证能够说服罗斯福，科学家们最后商定由既懂得核理论又是罗斯福密友的科学家萨克斯出面。

于是，深感责任重大的萨克斯丝毫不敢怠慢，经过一番精心的准备后才去找罗斯福。他先是将爱因斯坦等人的联名信递交给罗斯福，然后，他开始严肃地对罗斯福详细讲解有关原子弹的巨大威力和有关原理。

但是，因为有关理论过于艰深晦涩，对于萨克斯的严密理论讲解和慷慨陈词的说服，罗斯福听了半个小时便哈欠连天。最后，等萨克斯终于说完之后，一脸疲惫的罗斯福有些无奈地摆摆手说道："你说的东西听起来似乎很有趣，不过，我认为政府现在就干预此事，为时过早。"罗斯福给萨克斯泼了一盆冷水，使得他不得不沮丧地离开。不过就在萨克斯要离开时，罗斯福为了表示自己对于这位多年老友的歉意，表示明天要请萨克斯在白宫共进早餐。

于是，萨克斯怀着复杂的心情离开了白宫，他对自己今天无功而返感到有些沮丧的同时，又因为明天还有机会和罗斯福见面进而说服他的可能而兴奋。于是，萨克斯回到自己的住处，开始总结自己失败的原因。他发现，自己今天之所以失败，原因在于总统对于物理一窍不通，跟他讲看不见、摸不着的核技术，无异于对牛弹琴，因此必须换个思路。为了寻找说服罗斯福的办法，萨克斯苦思冥想了大半夜，最终他想到了一个思路，并且在第二天早上，正是按照这个思路，他很快便说服罗斯福听从了他的安排，开始组织科学家着手研制，赶在德国之前研制出了原子弹。应该说，萨克斯的成功说服可以说是改变了历史，挽救了世界。

那么，想象一下，假设你是萨克斯，你会如何去说服罗斯福呢？

巧妙的劝阻

第二次世界大战期间，英美盟军决定在 1944 年 6 月渡过英吉利海峡，在法国的诺曼底登陆，展开对法西斯德国的全面反攻。经过商定后，进攻的日子定在 6 月 6 日。而就在这前一天，英国首相丘吉尔突发奇想，认为诺曼底登陆这一天必将具有重要的历史意义，因此如果能够要求英国国王和自己一起乘坐舰艇，随同部队一起度过英吉利海峡，亲眼看见这一历史瞬间，将是难得的人生经历。

显然，这是一个浪漫却不理智的决定。尽管丘吉尔是一个成熟而冷静的政治家和军事家，但是，在这样一个激动人心的历史时刻，他也有些把持不住自己的浪漫遐想，忘掉了自己肩上的责任。他竟然真的向国王发出了邀请信。当时的英王乔治六世更是一个浪漫主义者，一直都很羡慕那些率领军队战斗的古代国王，一接到丘吉尔的邀请信便欣然答应了。如此一来，英国的两位最高领导人就要共同参加一场出于浪漫目的的冒险了。

当时，英王有一个秘书，名叫阿南·拉西勒斯，他是个十分冷静的人。他得知这一消息后，感到万分震惊。他清楚地知道，这次登陆战，虽然之前已经做出了周密的安排，又是大规模的军事行动，相对比较安全。但是要知道，这说到底是真正的战争，而不是军事演习。万一出现什么意外，在这么紧要的历史关头，英国的两位最高领导者都出现不测，那是英国所承受不起的代价。于是，阿南·拉西勒斯一刻也不敢耽搁，火速前去面见乔治六世。在路上，他心里盘算着，乔治六世是一个天生的浪漫主义者，此时又正处在兴头上，自己直言劝阻，恐怕他未必听得进去。因此，最好能够想到一个巧妙的劝阻办法。

如果你是阿南·拉西勒斯，你会如何劝阻英国国王？

郑板桥巧断悔婚案

郑板桥是我国清代著名画家、书法家，因画风怪异被称作"扬州八怪"之一。不过其怪异的不仅是画风，而且其做事也经常是不拘泥于常规，而且这种做事风格也体现在了其做官判案的过程中。郑板桥在乾隆年间曾中进士，因后来弃官卖画，他只做了一段时间潍县县令。下面这个故事便是他在做潍县县令时巧妙地判断一桩悔婚案的事情。

一天，郑板桥接到了一桩案子。事情是这样的：当地的一个财主原本将自己的女儿许配给了一个县令的公子。后来这个县令因得罪上级，被革职归家，并抑郁而终，不久妻子也故去，只剩下县令公子孤苦度日。这个财主见女婿变穷，便想要赖婚。而这个公子则不同意，双方于是对簿公堂。郑板桥先是审问了一堂，大致了解了一下情况，然后声称需要再核实一下双方所言，宣布退堂，择日再审。

没想到到了第二天，这个财主因为自知理亏，又想赢得官司，悄悄地给郑板桥妻子送了一千两银子，让她劝说郑板桥判他赢。郑板桥做官一向清白自律，知道这件事后，对财主十分愤怒。并且，他一向痛恨财主这种嫌贫爱富的行径，况且，郑板桥还发现这个县令公子虽然家道中落，但他本人知书达理，颇有才学，前途无可限量。于是，他便决心促成这一桩婚姻。直接将财主叫来训斥一顿，将银子退给他，然后判公子赢得官司？这样做似乎并非最完美的办法，因为公子也实在是太穷，可能即使赢了官司，还没有钱迎娶财主女儿过门。如何才能想到个两全其美的办法呢？郑板桥在屋里来回踱步，突然，他的眼光落在桌子上财主送来的一千两银子上。眼睛一亮，计上心来。

郑板桥当即将财主找来，假意对他说："你的银子我收到了，俗话说，无功不受禄，既然收了你的银子，我一定要为你效劳的。因此呢，这事我要管到底，想认你的女儿做干女儿，这样一来，就可以提高她的身价，我亲自为她找个乘龙快婿。"财主虽然有钱，但毕竟无势，现在县太爷既然要收自己的女儿做干女儿，自然是巴不得的事情，于是满口答应了。

你猜郑板桥接下来是如何做的？

记者装愚引总统开口

美国第三十一任总统胡佛，不喜欢在公共场合发表自己的政见，对于记者的采访，也一向采取一种沉默是金的策略。不过，曾经有一次，有一位记者却通过自己的巧妙策略撬开了这位沉默总统的嘴。

就在胡佛就任总统的前夕，有一次坐火车外出考察，随行记者和他坐在同一节车厢里。这位记者想趁机对胡佛进行采访，从而了解一下这位即将就任的未来总统的政见。但是，无论这个记者怎么询问，胡佛始终一言不发地看着窗外。这位专以探听政界要人言论的记者感到十分沮丧。

这时，火车经过一片农场的时候，车窗外出现了一片新开垦的土地。这位记者灵机一动，想到一个办法，使得胡佛开口发表了长篇大论。他也得以写成了一篇很详尽的报道。

你猜这位记者想了个什么办法？

希罗的开门装置

　　亚历山大城的希罗的机械发明堪称是古代最天才的发明，完全可以将希罗看作是自古以来第一个，也可能是最伟大的一个玩具发明家。

　　下图中这个开门装置是他所设计的很多种玩具和自动装置的典型代表，它最初是用于宗教目的。这个设计图复制于希罗的原图，它是一个使神殿大门能够自动开合的神奇装置。

　　你能说出这个装置的工作原理吗？

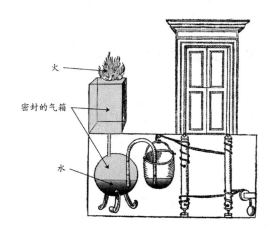

火

密封的气箱

水

数字筛选

请你选出 10 个小于 100 的正整数。然后从这 10 个数中选出两组数，使得它们的总和相等。每一组可以包含一个或者多个数，但是同一个数不能在两组中都出现。请问是否无论怎样选择，这 10 个数中总是可以找到数字之和相等的两组数呢？下面是一个例子：

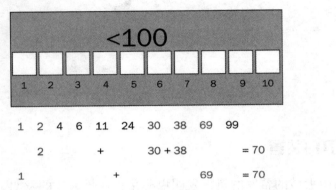

| 1 | 2 | 4 | 6 | 11 | 24 | 30 | 38 | 69 | 99 |

$$2 \quad + \quad 30 + 38 \quad = 70$$

$$1 \quad + \quad 69 \quad = 70$$

数字 1 到 9

将数字 1、2、3、4、5、6、7、8、9 分别填到下面等式的两边，使等号前面的数乘以 6 等于后面的数。

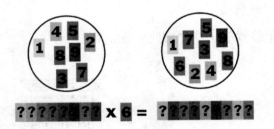

??????? ?? × 6 = ???? ? ???

数的持续度

一个数的"持续度"表示的是通过把该数的各位数字相乘，经过多久可以得到一个一位数。

比如，我们将 723 这个数的各个数位上的数字相乘，得到 $7 \times 2 \times 3 = 42$。然后再将 42 的各个数位上的数字相乘，得到 8。这里将 723 变成一位数一共花了 2 步，所以 2 就是 723 的"持续度"。

那么持续度分别为 2，3，4 的最小的数分别为多少？

是不是每个数通过重复这个过程都可以得到一个一位数呢？

$$1 = \frac{44}{44}$$
$$2 = \frac{4}{4} + \frac{4}{4}$$
$$3 = $$
$$4 = $$
$$5 = $$
$$6 = $$
$$7 = $$
$$8 = $$
$$9 = $$
$$10 = $$
$$11 = $$
$$12 = $$
$$13 = $$
$$14 = $$
$$15 = $$
$$16 = $$
$$17 = $$
$$18 = $$
$$19 = $$
$$20 = $$

芝诺的悖论

著名数学家芝诺出生于公元前490年的意大利，他创造了40多种悖论来支持他的老师——哲学家巴门尼德。巴门尼德相信一元论，认为现实是不会改变的，改变（运动）是不可能的。芝诺所创造的悖论在他同时代似乎都没有得到解决。

芝诺的悖论里面最有名的要数"阿基里斯和乌龟赛跑"。在这个比赛中，阿基里斯让乌龟先跑一段距离。芝诺是这样说的：

当阿基里斯跑到乌龟的起点（A 点）时，乌龟已经跑到了 B 点。现在阿基里斯必须要跑到B点来追赶乌龟，但是同时乌龟又跑到了C点，依此类推。

平方根

有2条线段，一条长度为a，另外一条长度为1。

现在请你画出一条直线x，使x的长度等于a的平方根。

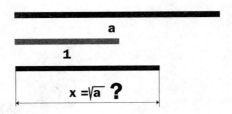

纸条艺术

你能否用一张纸条折成下面的形状？这张纸条至少需要多长？

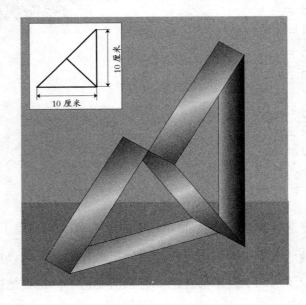

神奇的折叠

有一个三角形，一面为黄色，另一面为红色。将三角形的一个角与另一个角对折，如图所示，你会发现这3条折叠线交于一点。

是不是所有的三角形都具有这样的特性呢？

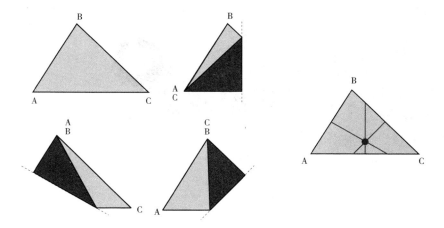

想象正方形

将一张正方形的纸进行折叠，然后如图所示，在完成折叠的最后一个步骤之后，用剪刀剪下所折成图形的一角。如果将纸张打开，所得到的正方形将会与 A、B、C、D 哪一个选项类似呢？

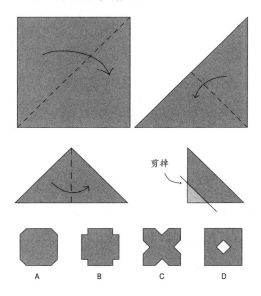

你与社会的共鸣能力如何

这个测验是看你是否具有正确理解、判断他人的感觉和想法的能力。答对的越多，就表示你在社会生活中是个有正确判断力的高手。

1. 一群志愿者参加社会心理学家进行的有关电疗效果的实验。实验开始前，他们之中有人感到十分不安，有人比较镇定。实验开始前 10 分钟，那些坐立难安的人会采取什么行动？

A. 希望在实验开始之前到隔壁房间等候

B. 希望和同样感到不安的人一起等候

C. 希望和镇定的人一起等候

D. 既不想自己一个人独处，也不想和别人在一起

2. 美国某个研究团体正在进行一项研究，想知道团体工作时，其中的外来分子对民主化的工作方式和权力主导型的工作方式，哪一种反弹较大？

A. 对权力主导型的反弹较大

B. 对民主化的反弹较大

3. 美国的社会科学工作者研究选举活动期间有选举权者的行动，他们想知道：有选举权者把注意力放在执政党的宣传上还是其他党的宣传上，有选举权者的行动会怎样？

A. 注意所有政党的宣传

B. 主要注意其他党的宣传

C. 特别注意自己支持的政党的宣传

4. 第一次碰面就非常讨厌这个人，如果再碰到他会如何？

A. 让关系改善

B. 本质不变

C. 更讨厌他

5. 社会心理学者想知道使人受影响的最有效方法，因此召集一群人举办了一场让人印象深刻的演讲，说明为了提升工作效率，速读的重要性。一方面又聚集另一群人，和他们讨论有效率的速读将带来什么效果。然后社会科学工作者比较结果，看看哪一种方法适合推广速读。

A. 参加演讲的人愿意出席速读讲习会，但参加讨论的人较少

B. 讨论的方式较好，这群人愿意参加速读讲习会

C. 看不出有何差别。不论是演讲或讨论，都有一定的人数参加速读讲习会

6. 美国某个研究团体，和大学教授、一般民众、罪犯谈话并介绍他们，然后将这完全相同内容的录音带放给不同人听。给听众最大影响的是谁？

A. 大学教授

B. 一般民众

C. 罪犯

7. 某个美国社会心理学家观察一个团体里的成员。团体评价最低的人在打自己擅长的保龄球时，成绩往往超过评价较高的人。这时候团体中成员的反应为何？

A. 评价低的人很高兴自己受到肯定，能够提高在团体中的地位

B. 评价低者的成功受到批判性的排斥。"反叛者"（评价低者）必须降低保龄球的分数，回到原有工作排名（仍是最后），接受嘲弄、讽刺的折磨

8. 美国某社会科学工作者想知道心情对观众有多大的影响。他要求被实验者画出正在挖沼泽的年轻人的情景，同时使用催眠术，让被实验者心情不

安或感到幸福。在这两种心情的影响下，他们会画出什么样的图呢？

A.幸福的心情：幸福的画面。令人联想到夏天，那就是人生；在户外工作；真实的生活——种树，看着树长大。不安的心情：他们会不会受伤？应该有个知道如何应付灾难场合的老人和他们在一起才对

B.心情不会影响作画，能够很客观地描绘

9.某社会科学工作者想知道熟悉与未知之间，何者更能让人感兴趣，因此，让买新车的人和长年开同型车的人大略翻一下杂志。谁会仔细看和自己的车同型的汽车广告？

A.买新车的人之中，看自己新买汽车的广告比看其他厂牌的汽车广告多28%；本来就是有车的人，看现有汽车广告比看其他厂牌的汽车广告只多4%

B.本来就有车的人，看自己现有汽车的广告比看其他厂牌的汽车广告多28%；买新车的人，看自己新买汽车的广告比看其他厂牌的汽车广告多4%

C.不论是买新车或早就有车的人，看其他厂牌的汽车广告比看自己拥有汽车的广告多11%

10.英国的心理学家以《为什么青少年不能开车》为题，对青少年展开10分钟的演讲，但在演讲前先将青少年分成两组，一组知道题目，另一组什么都不知道。哪一组比较会受到演讲内容的影响？

A.演讲前知道内容的那一组

B.什么都不知道的那一组

C.两组都受到强烈的影响

11.英国社会心理学家让一群人看人的脸部画像。有几张让他们看20次以上，其他的只让他们看两次。哪一边会获得善意的评价？

A.比较少看到的脸

B.观看次数较多的脸

C.没有差别

12.英国的心理学家对儿童进行下列实验。先在房间里布置几个好玩的

玩具，再把儿童平均分成两组。一组让他们直接进房间玩耍；另一组待在可以看到房间内布置的窗口一会儿之后才进房间。哪一组容易把玩具弄坏？

A. 两组都一样

B. 马上进房间的小孩破坏力较强

C. 在外面等候的孩子破坏力较强

13. 美国的心理学家，让愤怒和心平气和的被实验者看拳击比赛的电影和没有攻击镜头的温和性电影。看完之后，谁的反应最激烈？

A. 看拳击电影的愤怒者

B. 看温馨电影的愤怒者

C. 看拳击电影的平静者

D. 看温馨电影的平静者

14. 请被实验者尝尝某种液体是否有苦味。社会科学工作者已将带有苦味的物质用水稀释，有 70% 的人说苦，30% 的人说没有味道。然后把尝不出味的 9 个人，和感觉很苦的 1 个人聚集在一起，请尝出苦味的人说说那种苦的味道。结果，这 10 个人的感觉会有什么变化？

A. 感觉苦的人，他毫不动摇地肯定，影响了其他人。第二次试饮时，那 9 个人也觉得有点苦

B. 9 个人并不受影响

C. 感觉有苦味的人受到其他 9 个人的影响，第二次试饮时也不觉得苦了

15. 处于不安状态和未处于不安状态的人，谁会对陌生人感到强烈不安？

A. 两者之间没有差别

B. 处于不安状态的人

C. 未处于不安状态的人

16. 英国的社会心理学者对看电影《007》和歌舞剧的观众，做攻击性倾向的调查。何者会表现出较强的攻击性？

A. 看《007》电影之前的观众

B. 看完《007》电影的观众

C. 看歌舞剧之前的观众

D. 看完歌舞剧的观众

E. 无法确认攻击性的差别

17. 美国的社会科学工作者要求初、高中生，大学生，社会人士（均接受同等教育）判断几项陈述是否正确。4周后，再要求他们对相同陈述做判断，但这次却先告诉他们"你的判断和大多数人不同"，这个补充说明会带来什么影响？

A. 64% 的初、高中生，55% 的大学生，40% 的社会人士更改他们的意见

B. 64% 的社会人士，55% 的大学生，40% 的初、高中生更改他们的意见

C. 每一组都只有少数人更改意见

18. 社会科学家想知道在讨论会中，使集体意见一致的人是不发言的沉默者还是参加讨论者。谁较容易受团体意见的影响？

A. 沉默不发言者

B. 发表意见者

C. 没有差别

【评分标准】

正确答案是：

1.B　2.A　3.C　4.B　5.B　6.A　7.B　8.A　9.A　10.B　11.B　12.C　13.B　14.A　15.B　16.B　17.A　18.B。

答对一道得1分，算算总共答对几题。由下表看看自己的社会共鸣能力如何（先找出属于自己的年龄栏）。

14～16岁	17～21岁	22～30岁	31岁以上	共鸣能力
11～18分	14～18分	17～18分	15～18分	非常强
10分	12～13分	15～16分	13～14分	强
8～9分	10～11分	11～14分	9～12分	普通（尚可）
6～7分	6～9分	9～10分	7～8分	普通（稍低）
0～5分	0～5分	0～8分	0～6分	很弱

【测试结果】

非常强：社会共鸣能力十分出色。能站在他人的立场想象当时的情况和当事人的反应。

强：有非常发达的共鸣能力，对社会状况的判断正确，也能察觉别人想采取的行动。

普通（尚可）：社会共鸣能力于平均水准。

普通（偏低）：不常为他人设身处地着想，很难正确预见他人的行动。

很弱：很少能正确判断社会状况，判断别人将采取什么行动的能力稍差。有必要改善你的共鸣能力，多与人交往对你会有所帮助。

你的想法怪异吗

你的想法是否怪异、你的思维模式是否不寻常，想要了解自己这方面的特性，请做下面的测试题。

有一天，你跟几个朋友在餐厅用餐时，听到柜台的服务生很惊慌地交头接耳，说有一颗炸弹被放在餐厅中，你认为歹徒会把这个爆炸物放在下面哪个地方呢？

A. 餐厅门口

B. 厨房里

C. 厕所里

D. 客人座位下

【测试结果】

A. 你的思维模式很单纯，不会有什么稀奇古怪的想法，而且你因为觉得别人都比你厉害，所以会先听人家怎么说，你才开口。这样谦逊的态度，当然会使你成为很多人的好朋友，无论做什么朋友都不会忘了你，因为你的配合度高，人也随和。只不过久而久之，你会失去自己的个性，忽略自己内心的声音。

B. 你的想法挺怪异的，所以就算有人欣赏你的点子，也不敢附和。不过，你认为每一个人都有发表言论的自由。你的点子其实都很新颖，若是用在别的地方可能会更恰当，所以请不要放弃，总有一天会派上用场的。

C. 你的思维缜密，考虑事情周全，所以想事情的速度很慢，当大家都已经进入到下一个话题了，你才冒出一句没头没脑的话。可是你所说的话也都很有道理，让所有人不得不重视、接纳。你有锲而不舍的精神，总会坚持到最后一秒钟，就算不被人了解，你还是会静心等待，一有机会就表达自己的看法。

D. 你的想法很实际，做事的方式也遵循传统、循规蹈矩，一旦有一点点超离常规，你自己就开始紧张，生怕会有人揪出你的罪行，所以在你心中有一把道德的尺，用于衡量自己，也不时打量别人。渐渐地，你的生活就变得十分有规律。

不管你的想法是否怪异、思考模式是否不寻常，但都可以反映出你的性格特质，以及为人处世的态度。另外，每种思考模式都有它的优缺点，我们要取长补短、克服弱点。

第八篇

哈佛辩证均衡思维训练课
——对立而统一

欢喜冤家与坦克的发明

20世纪末，美国陆军开始更新装备，一种被称之为"艾布拉姆"的M1A2型坦克开始陆续进入军队，这种坦克的防护装甲当时是世界上最坚固的，它可以承受时速超过4500千米、单位破坏力超过1.35万千克的打击力量。

说起这种坦克装甲的研制，还有一段佳话。

乔治·巴顿中校是美国最优秀的坦克防护装甲专家，他接受研制M1A2型坦克装甲的任务后，立即找来了他的老朋友与老对手——毕业于麻省理工学院的著名破坏力专家迈克·马茨工程师来做搭档。两人各带一个研究小组开始工作，所不同的是，巴顿带的是研制小组，负责研制防护装甲；迈克·马茨带的则是破坏小组，专门负责摧毁巴顿已研制出来的防护装甲，可谓一个是矛、一个是盾。

刚开始的时候，马茨总是占据上风，他能轻而易举地将巴顿研制的新型装甲炸个粉碎，但随着时间的推移，巴顿锲而不舍地一次次地更换材料、修改设计方案，终于有一天，马茨使尽浑身解数也未能奏效。

于是，世界上最坚固的坦克在这种近乎疯狂的"破坏"与"反破坏"试验中诞生了，巴顿与马茨这两个技术上的"冤家"也因此而同时荣获了紫心勋章。

巴顿中校事后说："事实上，问题是不可怕的，可怕的是不知道问题出在哪里，于是我们英明地决定'请'马茨做欢喜冤家，尽可能地激将他帮我们找到问题，从而更好地解决问题，这方面他真是很棒，帮了我们大忙。"

万能溶液

爱迪生知人善用，有不少人都想去他的实验室工作。一天，一个年轻人前来应聘，爱迪生接见了他，问了一下这个年轻人的理想与抱负。只见这个年轻人满怀信心地说："我想发明一种万能溶液，它可以溶解一切物品。"

"真的吗？"爱迪生听完以后，笑了一笑，就向那个青年提了一个问题："你想用什么器皿放置这种万能溶液呢？它不是可以溶解一切物品吗？"这个青年被问得哑口无言。

这个青年的想法本身就包含着不可解决的矛盾：一方面要承认万能溶液可以溶解一切物品，另一方面又必须有器皿盛放，即至少有一种器皿不能被万能溶液所溶解。

思维新天地

辩证均衡思考术，理性人的狡黠发明

辩证均衡思考术，是指我们用矛盾的法则看待整个世界。矛盾法则，即对立统一的法则，是唯物辩证法的最根本的法则。

整个自然系、社会都是处在一种均衡状态，都是有联系的。任何生态圈总是在"不均衡—均衡—不均衡"的辩证发展中趋于完善、跳跃升华、持久发展。当均衡被打破一段时间以后，会建立新的平衡。

有这样一个小故事：

有一个旅行团去湘西旅游，只见碧草丛生，湖清水净。导游告诉旅客，这儿蜈蚣、蛇、青蛙特别多，有旅客就问：蛇怕蜈蚣、蜈蚣怕青蛙、青蛙怕蛇，它们会生活在同一片区域码？导游的回答让大家很意外：它们的确是生活在同一片区域的。

蛇的天敌是蜈蚣、蜈蚣的天敌是青蛙、青蛙的天敌是蛇。蛇、蜈蚣、青蛙三者形成了一种相生相克的关系，所以它们才可以同居一处，相安无事。如果蛇吃掉青蛙，那么蜈蚣没有天敌了就会吃蛇；如果蜈蚣弄死蛇，青蛙就会吃掉蜈蚣。所以为了自己能生存下去，它们都不会轻易地打破这个平衡，所以它们可以和天敌生存在一起。

中国历来的社会主流文化是和谐文化，讲究共生共处，"以和为贵"。

在周易中，天地宏阔，古人想到的是化天地入内心，来实现内圣外王的雄阔追求；《论语》中二人成仁、重生轻死、忠孝节义等伦理观念，也很明显都是一种中和的人际关系追求，由此升发而来的人——家——国的观念中，基本上都是叩两端而执中，很少突出某一阶段的完全的可能性及其实现，而基本上包容在一种中和的序列当中。中庸，通俗可以解释为"用中"，也就是"中"的应用，这体现出太多方面，周易体现了中国处理天人关系，《论语》体现了中国处理人人关系，都用到了"中"，用"和文化"来包容和感化别人。"和文化"的基础其实本质上就是均衡、中庸、辩证的思想。

德国大哲学家黑格尔曾经说过，利用自然内部之间的各种关系，让自然自己调节自己，以物制物，使自然保持着协调和平衡，这是一种人类的"理性的狡黠"。

"砰！砰！砰！"一个匆匆而过的路人急切地敲打着一扇神秘的门。不久，门开了。"你找谁？"门里的人问。"我找真理。"路人答。"你找错了，我是谬误。"门里的人砰的一声把门关上了。

路人只好继续寻找。他趟过了很多条河流，翻过了很多座高山，风餐露宿，历尽艰难，可就是迟迟找不到真理。后来，他想，既然真理和谬误是一对冤家，那说不定谬误知道真理在哪儿。于是他重新找到了谬误，谬误却说："我也正要找它呢。"说毕又关上了门。

路人不死心，继续寻找真理，他再一次翻山涉水，风餐露宿，依然找不到真理。路人又敲开了谬误的门，可谬误却留给他一副冰冷的面孔。

就在路人近乎绝望地在谬误门口徘徊的时候，不断的敲门声吵醒了谬误的邻居，随着吱呀一声轻响，路人回头一看，天哪，这不正是真理吗？

真理就住在谬误的隔壁。

如果没有谬误的衬托，人们怎么知道真理的正确？真理和谬误往往只有一步之遥，在一定条件下甚至是可以相互转换的。

"塞翁失马，焉知非福？""福兮祸之所伏，祸兮福之所倚。"世间的很多事其实都是对立统一，在互相制约中达到均衡。

迷糊的庄园主人

有一处庄园，宁静而且祥和。两个园丁正在默默地为庄园里的花草剪枝，忽然一个园丁发现一条毛毛虫，于是他立刻用剪刀撩下它，用脚踩死了它。

"你疯了吗？它也是一个生命啊！"另外一个园丁生气地说。

"但是它是毛毛虫啊，它会吃植物的叶子，我踩死它算是便宜它了！"

于是两个人吵了起来，宁静的气氛顿时被打破了。刚好主人带着管家也来到了花园，于是走了过来，询问发生了什么事。

踩死毛毛虫的这位园丁，把事情原委说了一遍，继续说："难道我们做园丁的不应该把这些害虫都杀灭吗？"

主人点点头，"你说得对，完全对。"表示同意。

另外一个园丁一看主人点头了，立刻争辩道："但是毛毛虫也是生命，你赶走它不就得了？何必非要杀生呢？"

主人也点点头，"你说得对，完全对。"也表示同意。

管家一看，迷惑不解，凑过来对主人说："他们两个人说的话是矛盾的，总有一个是错的吧！"

主人还是点点头，"你说得对，完全对。"

伊索的舌头宴

伊索是公元前 6 世纪古希腊著名的寓言家。他与克雷洛夫、拉·封丹和莱辛并称世界四大寓言家。他曾是萨摩斯岛雅德蒙家的奴隶，被转卖多次，但因知识渊博，聪颖过人，最后获得自由。

在他还是奴隶的时候，有一天，他的主人要他准备最好的酒菜，来款待一些赫赫有名的哲学家。当菜端上来时，主人发现满桌子摆的都是各种动物的舌头，简直就是一桌舌头宴。

"真不雅观！"全桌客人议论纷纷，认为这太不符合待客之道了。

丢了脸，气急败坏的主人将伊索叫了过来，气势汹汹地问道："我不是要你准备一桌最好的酒菜吗？"只见伊索谦恭有礼地回答："在座的贵客都是知识渊博的哲学家，需要靠舌头来讲述他们高深的学问。对于他们来说，我实在想不出还有什么比舌头更好的东西了。"

哲学家们听了他的陈述，都觉得有道理，于是饶有兴趣地开始吃舌头宴。

第二天，主人又要伊索准备一桌不好的菜，招待一些主人讨厌的人。宴会开始后，没想到端上来的还是各式各样的舌头。主人不禁火冒三丈，气冲冲地跑进厨房质问伊索："昨天说舌头是最好的菜，怎么这会又变成最不好的菜了？"

只见伊索镇静地回答："祸从口出，谣言和伤害都是由舌头传播出来的，舌头会给我们带来不幸，所以它也是最不好的东西。"这句无可辩驳的话，让主人哑口无言。

在不同的时间、不同的地点，对不同的对象，最好的可以变成最坏的，最坏的亦可以变成最好的。除了不停地变化是绝对的之外，没有任何事情是绝对的。

令人头疼的兔子

一说起兔子，大家都会觉得它是世上最温顺、可爱的动物，但是你知道吗，它曾经也让人们苦恼和头疼过！

幅员辽阔的澳大利亚原本是没有兔子的，殖民者在开发澳大利亚的初期，怀念他们的家乡，也为方便打猎，于是引进了欧洲的兔子。澳大利亚温暖的气候、丰富的牧草，为兔子提供了良好的生存条件，加上澳大利亚缺少兔子的天敌，兔子就开始以惊人的速度繁殖起来。几年过后，在澳大利亚的草原上到处都可以找到野兔的踪迹。

野兔的灾害主要表现在两方面，一是庞大的数量消耗大量的牧草，让澳大利亚经济遭受巨大损失；另一方面野兔在草原上到处挖洞筑穴，毁坏了牧草的根，造成草场的大面积退化，并严重威胁畜牧业的发展，畜牧业产值开始大幅度下降。澳大利亚政府紧急号召人们捕杀野兔，并出资制定奖励措施。人们开始用各种方法来对付野兔，如枪杀、投毒、设置陷阱等。但是由于野兔数目实在太多，繁殖又快，结果收效甚微。20世纪60年代，随着科学技术水平的提高，科学家开始利用转基因技术改造病毒进行防治。澳大利亚的科学家发现有一种可以在野兔中间传播致命病毒的蚊子。此病毒只对野兔造成致命危害，而对其他动物影响较小。科学家开始在实验室中大量培育繁殖这种携带有病毒的蚊子。在随后的几年里，由蚊子传播的病毒迅速蔓延至整个澳大利亚，野兔的数量才逐渐减少下来。

不过汲取教训的澳大利亚政府这次学乖了，当野兔的数量达到生态平衡时，就停止了对野兔的捕杀。只有平衡，才能让大自然和谐；只有平衡，才能让整个生态系统有序地进行下去。

思维训练营

思维情景再现一

老张是一个国企的中层干部，他的心是公认的"好"，办事也从不拖泥带水，雷厉风行。可是让老张奇怪的是，和他同年纪，同进公司的同事，不是外调独当一面，就是成了他的顶头上司。

老张一直郁郁不得志，于是和上司一次聚餐的时候，趁着酒劲问了领导：

"为什么我得不到升迁？"领导这个时候也是趁着醉意说道："老张啊，你的能力大家是公认的，但是你啊，就是太直了，太容易得罪人了！"

辩证均衡思考术

虽然"直言直语"是人性中非常可爱、率真和值得大家珍惜的一种特质，让是非得以分明，让正义邪恶得以辨别，但是在我们日常生活中，"直言直语"却常常不受欢迎，这是为什么呢？

其实用辩证均衡思考术加以思考，我们就明白了，因为人和人相处和谐的核心就在于均衡，没有绝对的对，也没用绝对的错。喜欢直言直语的人说话时常只看到现象和问题，也只考虑到自己的"不吐不快"，而从不或者很少考虑旁人的立场、观点、性格。而且这些"直言直语"可能对，也可能不对，一派胡言的"直言直语"对方就算知道，一般也不好发作，只好闷在心里面，而太鞭辟入里的话又太伤人心，很容易伤害别人。

所谓人际关系的均衡，是指大家都能把握好一个"度"，喜欢乱开炮的人，往往具有"正义倾向"的性格，措辞严厉，杀伤力极强。所以这种人也很容易变成别人利用的对象，成为别人手中的"枪"，不管最后结果如何，这种人往往成了牺牲品。

所以在人性丛林中，直言直语是一把双面利刃，而不是一把可以披荆斩棘的开山刀，多用辩证均衡的观念看待身边的事物，多一分豁达，多一分理解。

思维情景再现二

小陈是一位热爱史学的学生，他最大的乐趣就是在老的书籍里面找寻一些历史留下的蛛丝马迹，然后自己再加以考证和研究。他很快发现，清王朝对待清官和贪官的态度，和当时统治者的思维方式有着莫大的关系。他看到了一篇研究清朝历史的文章，文章是这么描述的：

康熙深知清官刚正不阿，易为奸佞残害，因而常加意保护，甚至加以特殊眷顾。如"治行为畿辅第一"的彭鹏因事多次受到革职处分，但康熙都改为降级留用，直到被降了十二级，仍奉旨留任原官。康熙曾说："清官不累民，……朕不为保全，则读书数十年何益，而凡为清官者，亦何所恃以自安乎？"康熙还特意大张旗鼓地宣传清官的事迹，意在让天下官员仿效。如于成龙病逝时，康熙因他"清操始终一辙，非寻常廉吏可比，破格优恤，以为廉吏劝"，加赐太子太保，谥清端，降旨地方修建祠堂，并御书"高行清粹"四字和楹联赐其后人。当时有官员上奏禁止百姓为清官树立德政碑，康熙不以为然。他说："凡地方大小官吏，若居官果优，纵欲禁止百姓立碑亦不能止，如劣迹昭著，虽强令立碑，后必毁坏。"他认为百姓的感恩戴德是对清官的鼓舞和回报，"尔等做官以清廉为第一。做清官甚乐，不但一时百姓感仰，即离任之后，百姓追思建祠尸祝，岂非盛事"？康熙尚德、兴廉的吏治思想和实践收到了一定的效果，清官成为其治国的一面旗帜，其时有卓异操守品望者不少：张伯行任官"誓不取民一钱"，并严禁属员馈送；名臣于成龙长年舍不得吃肉，只吃青菜，故得了一个绰号"于青菜"；陈璸官至巡抚，平时却不舍得吃肉，"其清苦为人情所万不能堪"，康熙当着众大臣称他为"苦行老僧"；当时以清廉著称的还有张鹏翮、施世纶、蔡世远、陈鹏年、郭琇、彭鹏等。当然，康熙朝清官众多，而贪赃枉法的官员也时有出现，尤其是后期，对于各级官吏疏于察考，惩贪不力，官场风气颇为后人诟病。

雍正即位之后，一改乃父宽仁作风，以"严明"察吏，推行刚猛政治。他大力整顿吏治，清查钱粮亏空，对查实的贪污官员严加惩处，追回赃款，抄没家产；又改兴廉为养廉，实行"耗羡归公"，官员按级别从中提取"养廉银"，给予官员合理的酬劳，使贪污行为失去借口。雍正的高明在于不仅惩治了大批贪官污吏，而且在加大惩罚力度的同时诉诸制度保证，对整肃吏治颇为有效。不过，雍正也犯了一个错误。在对待清官问题上，他处处与乃父背道而驰。在他看来，"洁己而不奉公之清官巧宦，其害事较操守平常之人为更甚"。康熙希望通过扶植、保护、褒扬清官而倡导一种廉正的官场风气，注重通过舆论来鉴别官员的操守政绩。雍正则认为，"此等清官，无所取于民而善良者感之，不能禁民之为非而豪强者颂之，故百姓之贤不肖者皆称之……及至事务废弛，朝廷访闻，加以谴责罢斥，而地方官民人等群然叹息，以为去一清廉上司，为之称屈"，而像李卫等能吏敢于触犯各级人等的利益，结果"或谤其苛刻，或议其偏执，或讥其骄傲，故意吹索"，为舆论所不容。因此，雍正提出"舆论全不可信"，甚至舆论皆称好者，想必是沽名钓誉、欺世奸诈者流；为众人所攻讦而孤立无援者，则应倍加呵护。

雍正深信"贪官之弊易除，清官之弊难除"，选拔大臣时，"宁用操守平常的能吏，不用因循废事的清官。"为了彻底消除官员好名的风习，他还一改康熙时期的做法，禁止百姓挽留卸任官员和为他们建祠树碑，他一上台就晓谕地方："嗣后如仍造生祠书院，或经告发，或被纠参，即将本官及为首之人严加议处。"雍正过于倚重能员，鄙薄清官，这种矫枉过正的措施也产生了消极后果，即时人指摘的"贪吏、酷吏者，无一不出能吏之中"。此后乾隆大大强化了雍正重能轻贤、重才轻守的倾向。他不仅贱视清官，而且对一切有沽名钓誉之嫌的官员深恶痛绝，绝不容忍臣子以气节操守获取清名。乾隆中期以后士大夫道德自律日益松弛，清官不称于世，而墨吏出于能员者不乏其人。后来养廉制度虽一直沿用，但各级官员不再以清廉品节相尚，虽一时畏于严法不敢出格，但忽略人品的砥砺与惩劝，已经埋下官场风气渐衰的隐患。

而小陈想到乾隆皇帝重用大贪官和珅的史实，陷入了沉思。

辩证均衡思考术

说起贪官，大家无不恨不得"饮其血，食其肉，寝其皮"，大家都期待清官，期待有人为百姓做主。所以包青天的故事才会这么多年口口相传，被人津津乐道；刘罗锅智斗和珅的传奇才会在民间妇孺皆知。

而在清朝封建体系的制度下，社会制度本身的不合理，造成贪官层出不穷，康熙于是褒奖清官，用舆论来弘扬官场的正气。

而雍正从心底讨厌清官好名的这个风习，提出"贪官之弊易除，清官之弊难除"，强调看重官员能力，而对官员是否两袖清风不是很在意。乾隆则是重用贪官，上梁不正下梁歪。

其实归根结底，在封建制度下，贪官之所以不绝，是由于最高统治者——皇帝采取的帝王制衡之道，他们深知，维持自己的统治，最好的办法就是官员里既有贪官又有清官，让他们互相制衡。

第一，对皇帝最忠心的应该是贪官。

贪官大都是聪明人，他知道自己的财富都是皇帝给的，所以必定会竭尽全力维护皇帝的统治。而清官为了流芳千古，往往会更爱国，而不是忠君，对于国家的忠心和对于皇帝的忠心完全是两码事，毕竟一个国家的皇帝是可以更换的。所以和珅忠心耿耿地跟着乾隆皇帝，他是真离不开他。

第二，贪官与清官互相制约皇帝才有存在的价值。

假如所有大臣都是清官，那么皇帝绝对是最危险的一个职位。因为下面很多的清官都可能会觉得你不配做皇帝，会给皇帝举出很多明君、贤主的例子来让皇帝学习，除非皇帝比所有的大臣还要清正廉明还要英明神武，然而在那么多双挑剔的眼睛监视下，恐怕没有几个皇帝可以做得到。所以做一群清官的皇帝时时刻刻都得要求自己进步，否则就有可能被一群清官请下宝座。说皇帝是真命天子那是纯粹骗人的，就算再"英明神武"的皇帝，也是一个人，是人就有犯错误的时候。皇帝犯了错误怎么办？皇权是至高无上、无比正确的。这时候贪官就可以出来为皇帝顶罪了，聪明的皇帝也善于把问题的焦点都转嫁到贪官身上，出了问题老百姓和那些清官的怨气可以发泄在贪官身上，皇帝自然希望有一些贪官能分散一下清官集中在他身上的注意力，让贪官和清官互相掐吧，此时皇帝就可以开开心心地坐在龙椅上看着他们斗了，必要的时候就再以一个居高临下的姿态来出面调停，结果自然是吾皇万岁万岁万万岁喽！皇帝就可以把握全局，怡然自得。

所谓的"帝王制衡之道"其实就是辩证均衡思考术的一个运用特例，"水至清则无鱼，人至察则无徒"，所以在封建制度下，怎么可能肃净贪官呢？

思维情景再现三

"不患寡而患不均，不患贫而患不安。"在旧中国的时候，国民政府显然没有意识到这一点，所以四大家族聚敛财富，老百姓却穷得叮当响；有很多至今还妇孺皆知的文化大师，老百姓中却大部分是文盲；上层社会声色犬马，老百姓却连基本的娱乐活动都参加不上……这样畸形的社会构成体系，又怎么能够稳定呢？

辩证均衡思考术

国家要稳定，人们要富足，就离不开"均衡"，所以我们党提出了"和谐社会，共同富裕"的目标。让老百姓活得开心自在，藏富于民，把民主自由的权利交给人民。

我们所要建设的社会主义和谐社会，应该是民主法治、公平正义、诚信友爱、充满活力、安定有序、人与自然和谐相处的社会。

民主法治，就是社会主义民主得到充分发扬，依法治国基本方略得到切实落实，各方面积极因素得到广泛调动；公平正义，就是社会各方面的利益关系得到妥善协调，人民内部矛盾和其他社会矛盾得到正确处理，社会公平和正义得到切实维护和实现；诚信友爱，就是全社会互帮互助、诚实守信，全体人民平等友爱、融洽相处；充满活力，就是能够使一切有利于社会进步的创造愿望得到尊重，创造活动得到支持，创造才能得到发挥，创造成果得到肯定；安定有序，就是社会组织机制健全，社会管理完善，社会秩序良好，人民群众安居乐业，社会保持安定团结；人与自然和谐相处，就是生产发展，生活富裕，生态良好。以上这些基本特征是相互联系、相互作用的。

只有均衡，才有和谐。只有大家都过上幸福美满的生活，社会才会安定团结，经济才会繁荣发展。

思维名题

拷打羊皮

一天中午，天气很炎热，一个樵夫背着一大捆柴回家。走着，走着，樵夫感到又渴又累，看到前面有一棵大树，枝繁叶茂，就想到树下休息一下。

樵夫来到大树下，看到树下已经有一个人坐地上休息了。这个人坐在一张羊皮上，身边放着一大袋盐，身上也沾着不少盐粒，一看就知道是个贩盐的。于是樵夫就走上前去对他说："大哥，能不能借借光，把你身下的羊皮让出一块地方来，让我也坐上去歇一歇啊？"

贩盐人很爽快地就答应了："来吧，反正羊皮大着呢，就当咱们交个朋友。"说着贩盐人往旁边挪了挪，给樵夫让出了一块地方。樵夫放下肩上的柴，坐到贩盐人的羊皮上。羊皮很柔软，坐上去感觉很舒服，樵夫就想：如果我有一块这样的羊皮就好了，每当我打柴累了的时候，能坐在这么柔软的羊皮上休息休息，就太幸福啦，这个贩盐人老实巴交的，不如我从他手上把这个羊皮给夺过来吧。樵夫一边和贩盐人有一句没一句地聊着天，一边想着夺羊皮的法子。

慢慢地，太阳开始落山了，天色不早了。贩盐人和樵夫都站起来，准备继续赶路。当贩盐人拿起羊皮的时候，突然，樵夫也抓住了羊皮，并大声说："这张羊皮是我的，不准拿我的羊皮。"

贩盐人知道樵夫想夺他的羊皮，生气地说："你想夺我的羊皮，没门！"两个人就在大树底下争执起来，过路的行人听到他们的争吵，就过来说："别吵了，这样吵下去也没有个结果，还是赶紧去官府，请刺史大人给你们评判吧。"

这个地方的刺史叫李会，是一个非常聪明的好官。他接到这个案子，就对樵夫和贩盐人说："你们俩人有什么冤屈快快说来。"

樵夫抢先说："大人，你要替我做主啊，这张羊皮明明是我的，是我每天打柴累了的时候，坐在上面休息的。今天中午，这个不知从哪来的贩盐的看上了我的羊皮，非说羊皮是他的，大人，你可要替我做主啊，我讲的每一句都是实话。"

贩盐人看樵夫这么赖皮，气得结巴起来："你你你你，太赖皮了，这这这明明是我的羊皮，是我背盐的时候用来垫背的。"

"是我的羊皮。"樵夫恶狠狠地说。

"是我的羊皮。"贩盐人委屈地说。

两个人又开始闹起来，把刺史李会的脑子都要闹炸了。他一拍惊堂木，大声说："好了，别吵了，你们俩人都说羊皮是自己的，而只有一张羊皮，一定有一个人在说谎。好，既然你们不肯承认，那我就拷打羊皮，让它来说，谁是它的主人。"

樵夫一听，顿时一乐，心想：拷打羊皮，羊皮又不会说话，拷打它有什么用啊，看来这个刺史也是个傻子啊，看来，今天有希望夺得羊皮啦。

只见李会叫人把羊皮拿过来，大声问羊皮："快说，谁是你的主人。"羊皮当然不能说话啦，于是李会使劲一拍惊堂木，大声说："好你个羊皮，竟然敢不理本官，看我怎么收拾你。来人哪，把这个羊皮重打三十大板。"

刺史大人是不是疯了？

孙亮辨奸

孙亮是三国时期吴王孙权的小儿子。孙权死后，孙亮就继承了王位，那时候他才刚刚 10 岁。

一天，园丁向孙亮献上了一筐新鲜青梅，孙亮想：青梅如果沾着蜂蜜吃，那味道就更美了。就派身边的太监到内库去取蜂蜜。

那个太监和掌管内库的官员有仇，他想利用这次机会报复一下内库的官员。于是，他从内库里取出蜂蜜后，悄悄地往蜂蜜里放了几颗老鼠屎。

太监把蜂蜜送了过来，孙亮把青梅在蜂蜜里浸了浸，刚想把青梅放在嘴里，忽然发现青梅上沾着一颗老鼠屎。孙亮生气极了，他叫卫士去把掌管内库的官员抓过来。

孙亮质问内库官员："好啊，你掌管内库，不尽职尽责，竟然敢把有老鼠屎的蜂蜜拿来给我吃，我要判你个渎职罪，你服不服？"

那个小官员听了，吓出一身冷汗，暗想：如果给我判了渎职罪，轻则丢了乌纱帽，重了就要蹲大牢的。但是，每次采了蜂蜜，我都亲自察看，确保里面没有杂物我才叫人仔细地密封起来，里面根本不可能有老鼠屎，再说了，刚才太监来取蜂蜜的时候，我又仔细检查了一遍，蜂蜜是干净的呀。

一定是这个太监想害我。想到这里，小官员委屈地说："下官掌管内库，兢兢业业，不敢有丝毫马虎，内库里取出的蜂蜜根本不可能有老鼠屎，一定是那个太监在蜂蜜里做了手脚，想来害我。"

太监听了，大声嚷着："我跟你无冤无仇，怎么会害你，你不要诬赖好人。"

小官员回应道："你曾经向我要过几回蜂蜜，我没有给你，一定是你怀恨在心，所以用这个办法来害我。"

旁边大臣们听了两人的话，分不出来谁对谁错，就对孙亮说："这两个人互相抵赖，一时也审不出什么名堂来，还是把他们都关到牢里，慢慢审吧。"

孙亮想了想，说道："不用了，这件事只要弄清楚老鼠屎是什么时候放进去的，就马上可以解决了。"说着，他叫人用刀把老鼠屎切开。

孙亮这招管用吗？结果如何呢？

孔子借东西

孔子周游列国，四处讲学。一天，他乘车来到楚国境内的一条小河边，马车突然坏了，没有工具和木材维修，很是焦急。当时，有一位大嫂正在河边洗衣服，孔子赶忙走过去说："这位大嫂有礼了，我想向你借点东西，不知是否方便？"

"好的，你稍等一下，我马上去把东西拿来。"大嫂爽快地答应了。

不一会儿，大嫂就拿着斧子和几块木料走了过来，她把东西交给孔子，就自顾自地又去洗衣服了。孔子望着大嫂的背影，一头雾水：我还没说，她怎么就知道我要这些东西呢？于是，孔子走过去问大嫂。

大嫂是怎么知道孔子要借什么的呢？

焚猪辨伪

三国时期，张举任句章县县令。

一天，有人来报一个凶杀案，张举赶紧升堂审理案件。原告是死者的哥哥张大伯，被告是死者的妻子刘氏，她身穿素衣，一到大堂就号啕大哭。

原告先申诉说："我是死者的哥哥，昨晚我弟弟的媳妇回娘家，正巧夜半时分，我弟弟的房屋突然起火，因为四周没有人家，等我赶到弟弟家的时候，房屋早已烧塌，我弟弟死在床上。平日里，弟媳妇就行为不端，和别的男人勾勾搭搭，这次一定是她伙同奸夫半夜回来，先将我弟弟害了，再放火烧了房屋，造成我弟弟被火烧死的假象，从而逃脱罪责。大人明察秋毫，一定要为我弟弟做主啊！"

那刘氏发疯了似的跳起来，喊道："大伯，你怎么可以这样侮辱我的清白。你说我有奸夫，那么奸夫是谁？你说我杀了亲夫，又有什么证据？"

张大伯说："自己做了什么事，自有天知，我是不是诬赖你，你自己最清楚！"

刘氏听了，更加疯狂了，她凄惨地叫道："我好命苦啊，年纪轻轻，丈夫就死于非命，我独自忍受守寡之苦不说，还要被人诬陷。我活着还有什么意思，不如一头撞死算了。"说着刘氏真的向柱子上撞去，幸好被衙役一把拦住。

张举听了，一拍惊堂木，说道："都不要吵了，谁是谁非，等我验完尸再说。"

张举通过验尸能判断谁是凶手吗？别忘了，死者的房屋被烧成一片焦土，大火已被扑灭，灰堆里还冒出一缕缕青烟。死者已经被烧得面目全非，就算是生前受到过什么创伤也早已看不出来了。

和尚捞铁牛

宋朝年间，黄河发洪水，把河中府城外的一座浮桥冲垮了。这座浮桥原来是用许许多多的空木船并排起来，从黄河的左岸一直排到黄河的右岸，上面再铺些木板架成的。为了不让浮桥晃动，人们又铸了八只铁牛放在黄河两岸，用来拴住浮桥。这只浮桥，平时能用来走人，过牲口和车辆，是河中府的交通要道。谁知，这一年发大洪水，铁牛不但没能牵住浮桥，就连自己也被洪水卷走了。

洪水退后，交通要道要马上恢复通行，朝廷下了一道圣旨，命令河中府马上重建浮桥。河中府赶紧准备了连接两岸的空木船，就缺拴牢浮桥的大铁牛了。再行铸造，费料费力，时间上也来不及，最好的办法就是将冲走的铁牛再捞上来。河中府重金召集了一些黄河岸边熟识水性的船夫水手，下河打捞铁牛，折腾了几天，连铁牛的一根毫毛也没碰到。眼看距离朝廷规定的时间越来越近了，河中府只好在城门上贴出"招贤榜"，想找到能人异士，把铁牛打捞上来。路上行人，见到榜文，无不知难而退。

一天，来了一个浓眉大眼的中年和尚，他看看榜文，就把"招贤榜"揭了下来。守着榜文的衙役赶紧把他带到知府衙门。

知府见了，忙让和尚坐下，问道："不知大师怎么称呼，打算如何打捞铁牛？"

那和尚说："小僧法号怀丙，我认为应该先找熟识水性的人到黄河上游找到铁牛，再想办法打捞。"

和尚说得对吗？

路边的李树

历史上著名的"竹林七贤"，就生活在魏晋时期。王戎是"竹林七贤"中最小的一个，他从小就是一个聪明的孩子。

有一次，王戎和同村的小伙伴们出去玩，他们打打闹闹的，一直跑到了离家很远的地方。大家闹了一阵，都感觉口干舌燥的，就想找点水喝，但是河沟里的水太脏了，附近又没有人家。没有办法，大家只能耷拉着脑袋，慢慢往家走。

忽然一个眼尖的小伙伴兴奋地叫起来："大家快看哪，前面有棵李树，树上有好多李子啊！"

大家顺着他手指的方向，果然看到一棵又高又大的李树，李树上结满了熟透的李子。满树的李子沉甸甸的，把树枝都压弯了，一颗颗李子，红彤彤的，就像要滴出汁水似的。大家忍不住都流下了口水，一个小伙伴小心翼翼地说："我们吃了李子，如果被主人发现的话，不会打我们吧？"另一个说："这棵李树长在路边，肯定是野生的，你想啊，谁会把李树种在路边呀，那不是便宜了行人了吗？"大家听了，觉得有道理，就欢呼着去摘李子吃了。

大家争先恐后地爬到李树上，拣最大的最红的李子摘，不一会儿就把口袋装满了。

只有王戎站在树下，没有动。他转动着大眼睛好像在思考什么问题。

大家见了，感到很奇怪，想：平时王戎干什么事都是抢在前面的呀，今天是怎么了？就大声喊他："王戎还待在树下干啥，赶紧上来摘李子呀，李子这么多，反正我们也摘不完。"

"我才不摘呢，这李子一定是苦的，一点也不好吃。"

"你又没吃，你怎么知道李子是苦的呀？"

王戎是怎么知道李子是苦的呢？

分粥的故事

从前有七个人住在一起，他们每天分一大桶粥吃。但是，每次分完粥，都有人抱怨分得不公平，于是七个人决定想个办法来解决这问题。

一开始，他们使用七人轮流主持分粥的办法，这样每个人都有机会来分粥，看起来是公平的。

但是一个星期下来，每人只有一天吃饱了，因为无论轮到谁分粥，都给自己分最多最好的粥，这样剩给别人的粥就少了。

接着，七个人推选出了一个公认的道德高尚的人，每天都由这个人来主持分粥，成为专业的分粥人。但是过了不久，其余六个人为了能分到更多的粥，都挖空心思来讨好这个分粥人。慢慢地分粥人就开始凭借自己的喜好来分粥了，谁更会讨好他，他就给谁分更多的粥，形成了很不好的风气。这个办法显然不符合大家的要求。

于是，大家又指定了一个主持分粥的人和一个监督分粥的人，每天由分粥人来主持分粥，监督人来检查分得是否公平。起初这个办法还比较公平，但是时间长了，分粥人和监督人发现，两人联合起来对彼此都有好处。

由此，两人形成了默契，每次两人都能分到最多最好的粥。出现了这种情况，大家只好宣布了这个方法又失败了。

这次，把七人分为两个委员会，其中三个属于分粥委员会，四个属于监督委员会。这样每个人都有权力，谁也做不了弊。但是，两个委员会之间谁也不服谁，互相攻击、互相扯皮，总是不能达成共识。等到大家分到粥的时候，粥都已经凉透了。

最后，大家终于想到了一个好办法。是什么好办法呢？

谁偷了小刀

北极探险家朱利安突然病逝了。朱利安生前是城里最负盛名的探险家，有关他的故事家喻户晓。

参加完葬礼后，一些朋友又跟着老管家回到了朱利安的家中，朱利安的夫人出来招呼大家喝饮料。客人们坐在客厅里，有一搭没一搭地聊着朱利安生前的故事。

朱利安生前的好朋友查尔从客厅踱进了书房，这里也是朱利安的陈列室。墙上挂满了朱利安在北极拍的照片，桌子上整齐地摆放着几个因纽特人的石雕像，真是栩栩如生。地上横着一架雪橇，一件因纽特人特有的服装随意地丢在沙发上，旁边茶几上的玻璃罩里是一只企鹅的标本。

客人们聊了不久，就纷纷起身向主人告别，正准备出门的时候，只见老管家匆忙地跑过来在夫人的耳边悄悄地说了几句话。

夫人听了脸色大变，她不好意思地对大家说："很抱歉，大家请留步，刚才老管家来告诉我，一把精致的小刀不见了，可是，在他为大家端饮料的时候，小刀还在书房里。小刀是我丈夫从因纽特人那里买的，是他生前最为心爱的东西，为此他还特地在刀鞘上镶了一块宝石。那也是他留给我们的最重要的纪念品。"

很显然，女主人肯定客人中有人拿走了小刀。查尔说道："那就赶紧请警察来吧，现在只有警察能证明我们的清白。"

很快警察就来到了，按照惯例，他们对客人们进行了仔细的搜身检查。搜查过后，警察摊开两只手，无奈地说："夫人，没有搜到，也许小刀是不翼而飞的吧，没有办法，我们只好放人了。"

小刀到底是怎么失踪的？查尔又环顾了一下书房，忽然他似乎恍然大悟，小声对警长说："窃贼就在这些客人中，而小刀也还在房间里，过不了多久你就能抓住小偷。"接着，他把自己的发现告诉了警长，警长听了半信半疑。

没过几天，警长果然抓住了小偷，他找到查尔，告诉他说："果然有个客人说企鹅标本是他送给朱利安的，现在朱利安已经去世了，想要回标本，我们逮捕了他，小刀果然藏在标本里。"

查尔是怎么确定小偷就是送标本人的呢？

伽利略破案

一天，著名的天文学家伽利略收到了一封信，信是他可爱女儿，圣·玛塔依修道院的修女玛丽亚寄来的。玛丽亚没有像往常一样，在信里生动地描述修道院枯燥而又充实的生活，而是叙述了一个离奇的案子，这个案子引起了伽利略极大的兴趣。

"亲爱的父亲，昨晚在我们的修道院发生了一件可怕的案件！"玛丽亚在信中写道，"聪明好学的修女索菲娅躺在冰凉的钟楼凉台上，死去了。要了她年轻的生命的是一根很细约 5 厘米长的毒针，毒针刺破了她的右眼，丢落在她的尸体旁边。看来，她是自己拔出毒针后，毒发身亡的。钟楼下面的大门是拴上的，想来是她进入钟楼后，怕大风吹开大门，自己拴上的，所以凶犯绝不可能潜入钟楼。钟楼的凉台，距离地面约 15 米，它在钟楼的第四层，面朝南，下面是一条河，宽约 40 米。昨晚的风很大，凶犯想从对岸把毒针射过来，且正中索菲娅的右眼，那是根本不可思议的。所以，院长认为索菲娅是自杀的。但是，像她那样虔诚的修女，会违背教规，而且用如此残忍的方式自杀吗？"

看完信后，伽利略也是一头雾水，他决定到女儿的修道院看看。

来到钟楼的阳台上，同时阳台上还有几个勘查现场的警官。伽利略仔细地观察周围的环境，河流确实很宽，排除了凶犯从对面把毒针射过来的可能，这到底是怎么回事？伽利略低头沉思着。

"索菲娅对你的'地动说'很感兴趣，她还偷偷地买来了你的那本禁书《天文学对话》，经常一个人出神地望着夜空，似乎对上帝的住所无限向往，也许案发当晚，她就是去看星星的吧。"女儿玛丽亚继续介绍着死者，"索菲娅非常勇敢，你知道一旦院长发现她在偷看你的禁书，那后果是很严重的，很有可能被扫地出门。"

"哦？索菲娅对天文这么有兴趣，也许她很需要一台望远镜。"伽利略若有所思地说着，"索菲娅有没有仇家呢，我是说，是否有人想把她置于死地？"

"索菲娅很和善，有很好的人缘，修道院里没人对她怀有敌意。有的话，也许是在她的家里。"玛丽亚沉思着说，"索菲娅的家里很有钱，父亲在今年春天刚刚去世，留给她一大笔遗产。索菲娅打算把所有遗产全部捐献给修道院，但是遭到她同父异母的弟弟的极力反对，弟弟认为索菲娅太不可思议了，宁愿把遗产白白便宜了修道院，也不愿给自己的弟弟。还警告说，如果索菲娅敢这样做，他就向法庭提起诉讼，剥夺索菲娅的继承权。事发的前一天，索菲娅的弟弟还给她送来了一个小包裹，可能是很重要或者很贵重的东西，但是，事后警察整理她房间的时候，那个小包裹不见了。会不会是凶犯为了那个小包裹，而杀了索菲娅呢？"

听了女儿这段长长的叙述，伽利略出神地望着脚下的河流，忽然他转身对旁边的警官说："你们应该把脚下的河流捞一遍，也许你们会找到一架望远镜……"

第二天早上，玛丽亚匆匆赶回自己的家，她手里拿着一架崭新的望远镜，还没进家门，她就喊起来："父亲，找到了，找到了望远镜，是警察潜入河底找到的。"

可是，望远镜和索菲娅的死有什么关系呢？

巧剥花生

从前，有一个大户人家，老爷年龄大了，不想再为家事操心，就想在两个儿子中挑选一个当家人。但是两个儿子各有各的特点：老大勤劳能干，但精明不足；老二精明有余，干活却没有老大踏实。怎么办呢？老爷一时想不出谁更适合当家。

一天晚上，老爷想到了一个办法，他把两个儿子叫到身边说："我这里有两袋一样多的花生，你们俩提回去剥，看看是不是每颗花生仁都是红皮包着的，谁先得到正确的答案，谁就来当这个家。"

老大提着一袋花生回房后，立即动手剥花生，一点时间都不敢耽误。他一面不停地剥，一面想着：我只有把这一袋花生都剥完，才能得到正确的结果，老二干活慢，这个家我是当定了！

老二也提着一袋花生回到房里，他没有马上动手剥花生，而是在思考：父亲的意图到底是什么呢？他明明知道我干活比不上哥哥，如果只是比赛谁剥花生快的话，我是不可能赢的呀，不对，这里面肯定有窍门！于是，他边剥花生，边想简捷的办法。

第二天一大早，老大就红着两眼来到老爷房间里，手里提着一袋剥完了的花生，显然他一整夜都在不停地剥花生。但是，令他感到意外的是，老二已经提前来了，而且老二的花生根本没剥多少。

这时候，老爷开口了："老二先到的，就老二先说吧。"

老二说道："我的答案是，袋子里的花生仁都是红皮包着的。"

老大听了，心想：咦，他的答案怎么和我的答案一样呢？不对，他没剥完花生，一定是猜测的。于是，老大就嘟囔着："你是瞎猜的吧，这样就算你猜对了，也不算什么本事。"

老二是瞎猜的吗？

大卫牧羊

大卫从小就帮助父亲牧羊，他经常看到羊在草原上为了争草而打架，就想："我怎样才能够让每头羊都吃好草，不打架呢？"

通过观察大卫发现，总是力气大的羊挤走力气小的羊，去抢吃最嫩的草，而最需要嫩草的小羊却只能吃到又尖又硬的草。

"真是太不公平了，好吧，既然这些身强力壮的大羊，不知道'尊老爱幼'，那我就想个办法让它们礼貌一点。"大卫自言自语地说着。

大卫会想出什么好办法呢？

目击者的谎言

科恩警官接到报警电话后，丢下正和他一起在餐馆用餐的妻子，驱车赶到了犯罪现场，他的几名属下已经在那里了。

死者名叫巴特尔，是一名公司高管。其尸体躺在自家落地玻璃门旁边的硬质地板上，其身高看上去有 177 厘米左右，体重约 80 千克，身体四周全都是碎玻璃，显然是他的身体将玻璃门给撞破了。"今天是星期天，所以他才会待在家中"，站着观察尸体的科恩警官在心中自忖道。接下来，科恩警官又按照自己的习惯，弯下腰去，对尸体进行了更仔细的检查。他发现，死者下巴右侧有一块青紫色的瘀伤，脑后显然是受到了猛烈的撞击。科恩警官进一步推测，死者脑袋上的伤应该是撞击玻璃门导致的。

"看来是有人在死者下巴上狠狠地击打了一拳，死者受到击打后身体失去平衡，撞到了身后的玻璃门上，最后其脑袋重重地磕在坚硬的地板上，导致了其死亡。"

"您分析得非常对，和目击了死者死亡的一个邻居所描述的一模一样。"哈里警官敬佩地对科恩说道。

"有目击者？你怎么不早说？"科恩警官有些责怪地说道，"立刻让目击者前来见我。"

这位目击者是一名中年人，名叫斯诺，住在死者的隔壁。他自称因为两家之间的围墙只是一排矮小的栅栏，因此他看到了死者死亡的全过程。

"大约 1 小时前，我在院子里修剪草坪，我见到巴特尔先生先到门口看了一下，似乎是在等什么人。期间我还和他打了个招呼。之后，他便回屋了，10 分钟后，来了一个陌生男子。巴特尔先生打开屋门，将其迎了进去。来人看上去十分健壮，并且长得有些凶神恶煞，我从来没见过巴特尔先生有过这样的朋友，所以有些好奇，便偷偷瞧了一下他的屋内。只见两人站在屋内的玻璃门前争论着什么。因为门是关着的，我没听清两人在说什么。突然，巴特尔先生抓起对方的衣领，而对方则挣脱开，然后用一记右勾拳击打在巴特尔先生的下巴上，巴特尔先生则跟跄着撞在身后的玻璃门上，然后脑袋又重重地摔在了地上。陌生人然后打开门飞快地拦截了一辆出租车跑掉了。是我向警察局报的案。"

"好了，斯诺先生，你的戏已经穿帮了！"科恩警官冷冷地看着这个正在讲述的目击者说道，"我想听听事情的真实情况！"

斯诺一听，顿时惊慌起来。

你猜，科恩警官为何怀疑这个目击者？

猜帽子游戏

在一个暑期思维训练班里，小明、王志、崔闪三个学员在老师的带领下做一个益智游戏。老师告诉他们，总共有三顶黄帽子和两顶蓝帽子。将五顶中的三顶帽子分别戴在他们三人的头上。他们三个人都只能看到其他两个人帽子的颜色，但看不到自己的，同时也不知道剩余的两顶帽子的颜色。让他们通过已有的信息猜出自己所戴帽子的颜色。

老师先问小明："你戴的帽子是什么颜色？"

小明说："不知道。"

老师又问王志："你戴的是什么颜色的帽子？"

王志想了想之后，也说："不知道。"

老师正要问崔闪，只见崔闪已经忍不住抢先回答说："我知道我戴的帽子是什么颜色了！"

当然，这并不能说明崔闪就比小明和王志聪明，因为先作回答的小明和王志的回答本身给崔闪多提供了两个推理条件。

现在，假设你是崔闪，你能推断出自己戴的是什么颜色的帽子吗？

《木偶奇遇记》续

我们知道，19世纪法国作家科洛迪曾著有一篇著名的童话《木偶奇遇记》。童话中的小木偶具有生命后，被制造了他并将他当作儿子的老木匠送去读书。但他却十分贪玩，卖掉书本去看戏，结果遇到了种种奇遇，其中有骗他金币的狐狸和猫，有强盗，有仙女，后来他还被稀里糊涂的笨蛋法官投进监狱，被捕兽器夹住，被迫当了看家狗……后来，这个小木偶在仙女的帮助下变成了一个诚实、听话、爱动脑筋的好孩子。下面这则故事便是这个变成好孩子后的小木偶的一番遭遇。

这天，小木偶无意中走进了一片森林中，他感觉这片森林里怪怪的，但他不知道怪在什么地方。他不知道，他已经走进了一座"健忘森林"，这座森林因为被一个巫师施了魔法，走进这里的人会忘记了日期。同时，这里的动物除了一只年老的山羊之外，也都爱撒谎。

小木偶不知不觉间便忘记了当天是星期几，却怎么也想不起来。走了一段时间后，他遇到了迎面走来的老山羊。小木偶于是礼貌地上前打听道："山羊公公，您能告诉我今天是星期几吗？"

"不好意思，小木偶，我也忘记了，你可以去问问长颈鹿和斑马。不过我提醒你，长颈鹿在星期一、星期二、星期三这三天爱撒谎，斑马则喜欢在星期四、星期五、星期六这三天撒谎，剩下的日子，他们都说真话。"老山羊告诉小木偶。

于是，小木偶找到长颈鹿和斑马。结果，长颈鹿和斑马的回答是一样的，都是："昨天是我说谎的日子。"

"健忘森林"虽然会使人忘记日期，但是并不会使人的智慧消失，因此，小木偶根据自己的智慧很快推算出今天是星期几。

那么，今天是星期几，小木偶又是如何算出来的呢？

贪吃的老鼠

一只贪心的老鼠想一次吃光房间里所有的点心，然后从 A 口出来。请问老鼠从 1~8 中的哪扇门进去，才能保证不走重复路线呢？

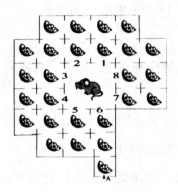

客户的电话号码

小张、小李和小杜同是一家公司的职员，有一天他们想要联络一个客户，但谁也想不起客户的电话号码后五位是多少了。小张说："好像是89431。"小李想了想说："不对，应该是 43018 吧！"小杜接着说："我记得是 17480。"

如果说小张、小李、小杜说的某一位上数字与客户的电话号码上的数字相同，就算说对了这个数字。现在他们三人都说对了位置不相邻的两个数字，且这两个数字中间都正好隔一个数字。你能推断出客户电话号码的最后五位到底是多少吗？

钓了多少鱼

明明和爷爷一起去河边钓鱼，明明问爷爷："爷爷，您钓了多少鱼呀？"爷爷摸着明明的头，笑嘻嘻地说："6 条无头的，9 条无尾的，8 条半截的。至于一共是多少，那你得自己猜。"明明挠挠头，仔细想了想，便说出了答案。

你知道明明的爷爷到底钓了多少条鱼吗？

心念魔术

小方指着一块手表的表面对小军说："请你在表面上表示小时的 12 个数字中默认一个数字。现在我手中有一枝铅笔，当我的铅笔指着表面上的一个数字时，你就在心里默念一个数。我将用铅笔指点表面上的一系列不同的数，你就跟着我在心里默念一系列数。注意，你必须从比你默认的数字大 1 的那个数字默念起，例如，如果你默认的数字是 5，那么你就从 6 开始默念，然后按自然数顺序朝下念，我指表面上的数，你默念心里的数，我显然不知道你心里默念的是什么数。当你念到 20 时就喊停，这时我手里的铅笔，指的一定是你最初默认的那个数。"

小军不信，他觉得小方不可能知道自己是从哪个数字开始默念的。但出乎意料的是，试了好几轮，小方手里的铅笔所指的竟然都是他心里最初默认的那个数。

你知道是怎么回事吗？

买葱人的诡计

一捆葱重 10 斤，卖 1 元钱 1 斤。

有个买葱人说：你的葱我全都买了，不过我要分开称，葱白7角钱1斤，葱叶3角钱1斤，这样葱白加葱叶还是1元，对不对？

卖葱人想，7 角钱加 3 角钱确实正好是 1 元钱，没错，就同意了买葱人的要求。他把葱切开，葱白 8 斤，葱叶 2 斤，加起来 10 斤，8 斤葱白是 5.6 元，2 斤葱叶 1.4 元，加起来一共 6.2 元。

等买葱人高高兴兴地拿着葱走了以后，卖葱人越想越不对，原来算好 10 斤葱明明能卖 10 元，怎么只卖了 6.2 元呢？到底哪里算错了呢？

水和白酒

桌子上放着两个同样大小的杯子，第一个杯子里装着白酒，第二个杯子里装着水，白酒和水一样多。先用小勺从第一个杯子中取出一个勺白酒倒入第二个杯子中；把第二个杯子中的液体搅匀后，再从第二个杯子中舀一勺酒和水的混合液体倒回第一个瓶子中。

请问：这时，白酒中的水和水中的白酒，哪一个更多呢？

考古学家的难题

有一个考古专家在一个古墓里发现了两个箱子和一封信，信上说："这两个箱子其中之一装有满箱的珠宝，另一个中装有毒气。如果你足够聪明，按照箱子上的提示就能找到打开的方法。"这时考古专家看到两个箱子上都有一张纸条，第一个箱子上写着："另一个箱子上的话是真的，珠宝在这个箱子里。"第二个箱子上写着："另一个箱子上的话是假的，珠宝在右边一个箱子里。"

那么，考古专家应该打开哪个箱子才能获得珠宝呢？

交货日期

美国一家大集团需要向欧洲的一家供货商购买一批生产材料，这家大集团非常精确地写出交货日期，但供货商的交货时间总会出现至少一个月的误差。欧洲这家供货商的信誉一直非常良好，并且说他们都是按照合同上规定的时间送达的。通过仔细的了解，发现欧洲的供货商确实如实履行合同上的细节。但是，你知道问题到底出在哪里吗？

诸葛亮的难题

诸葛亮对鲁肃说："我将前天做的天气预报改了一下，如果你能听得明白，我可以将后天的天气情况如实相告。"

诸葛亮接着说："今天的天气与昨天的天气不同。如果明天的天气与昨天的天气一样的话，则后天的天气将和前天的一样。但如果明天的天气与今天的天气一样的话，则后天的天气与昨天的相同。"

诸葛亮的天气预报果然很准，因为今天和前天都下了雨。那么昨天的天气如何呢？

被啃坏的台历

小白一觉醒来，发现放在客厅里的台历被老鼠啃得面目全非，只能从仅存的部分中依稀看到几个字。

根据这些仅存的数字分析，你能否推断出这个月的 1 号是星期几吗？

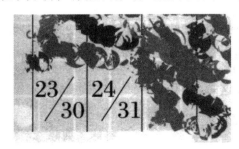

帽子的颜色

会议主持者和甲、乙、丙四人都知道这里有 3 顶红帽子、2 顶白帽子。

现在，会议主持者把甲、乙、丙三人的眼睛蒙上，选了 3 顶帽子分别给他们戴上，然后揭下遮眼布，三个人都只能看到其他二人的帽子，而看不到自己的帽子。会议主持者以同样的做法进行了三次，请根据下面的对话回答问题。

第一次，会议主持者："甲，你戴的帽子是什么颜色的？"

甲答："是红色的。"

请问，你能猜出乙和丙戴的是什么颜色的帽子吗？

第二次，会议主持者："甲，你戴的是什么颜色的帽子？"

甲答："不知道。"

接着会议主持者又问乙。

乙回答说："听了甲的回答我明白了。"

请问，你能猜出乙、丙戴的是什么颜色的帽子吗？

第三次，会议主持者："甲，你戴的是什么颜色的帽子？"

甲答："不知道。"

会议主持者问乙："你呢？"

乙说："不知道。"

请问，你知道丙戴的帽子是什么颜色的吗？

有多少个柠檬

妈妈买来了一些柠檬，贝贝把柠檬总数的一半加半个放到了屋子的东面，把剩下的一半加半个的 1/2 放在屋子的西面，另一个被藏在冰箱上面。柠檬的总数少于 9 个。请问妈妈一共买了多少个柠檬。

注意：柠檬不能切成半个。

不及格的试卷

下图显示的是某个班在月考中的考试成绩，参加考试的总人数为30人。

请问，如果当中有10%的人参加了八门考试，70%的人参加了六门考试，20%的人参加了四门考试，那么总共有多少张不及格的试卷呢？

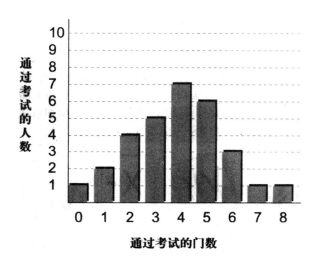

火车的时速

安娜登上火车最后一节车厢，结果发现没有座位，于是开始以恒定的速度在火车里向前找座位，这时火车正巧经过 A 站。她向前走了 5 分钟到达前一节车厢，发现仍无座位，她又以同样的速度往回走到最后一节车厢的上车处。这时，她发现火车刚好经过 B 站。如果 A、B 两站相距 5 千米，火车的速度是每小时多少千米呢？

思维测试

测测你的思维方式

请在下列每个问题后给自己打分，用 A ~ E 分表示由最适合你的情况到最不适合你的情况。

1．一般而论，你吸收新观念的方法是：

A．把它们同其他观念相比较。

B．了解新旧观念的相似程度。

C．把它们与目前或未来的活动联系起来。

D．静心思索，周密分析。

E．将它们在实践中加以应用。

2．每逢谈到自助性的文章，你最关心的是：

A．文章中所提议的是否都能办到。

B．研究结果是否具有真实性。

C．其结论与自己的经验是否相同。

D．作者对必须做到之事是否了解。

E．是否根据资料得出观点。

3．听别人辩论时，你赞成的一定是：

A．能认清事实并揭示出矛盾所在。

B. 最能体现社会规范。

C. 最能反映个人的意见和经验。

D. 态度符合逻辑，始终如一。

E. 最能简明扼要地表达论点。

4. 接受测验考试时，你喜欢：

A. 回答一套客观而直接的问题。

B. 编写一套有背景、理论和方法的报告。

C. 写篇叙述自己如何学以致用的非正式报告。

D. 将自己所知做一个口头汇报。

E. 和其他受测验者进行辩论。

5. 有人提出一项建议时，你希望他：

A. 考虑到利弊得失。

B. 说明建议如何符合整体目标。

C. 说清楚究竟有何益处。

D. 用统计资料和计划来支持其建议。

E. 对如何实施建议做出说明。

6. 处理一个问题时，你多半会：

A. 想象别人会怎样处理。

B. 设法找到最佳的解决步骤。

C. 寻求能尽快解决问题的方案。

D. 试着将它与更大的问题、理论联系起来。

E. 想出一些相反的方法来解决问题。

【评分标准】

A 选项表明综合型，B 选项表明理想型，以此类推，C 选项表明实用型，D 选项表明分析型，E 选项表明现实型。统计 A、B、C、D、E 的个数，哪种个数最多，你就是爱用哪种思维的人。

【测试结果】

综合型：爱用这种思维的人富有创造性和进取心，但常使别人因他而不安。对思辨哲学的热爱导致他们有些脱离现实，最终会成为热衷辩论的人。一般人逻辑思维程序单一，从一个念头想到另一个念头，而综合主义者习惯在很多念头之间跳跃，令人感到难以理解。

理想型：他们常常将思维集中在相同之处，以谋求和谐；总能够关注自己的目标和价值，也能耐心听取他人的意见；尊重道德传统和人格。但是，他们常会因为不能达到目标而失望。理想主义者比别人更关心未来，可能有时候会热心过度，给予不需要帮助的人以帮助，常会被人说"多管闲事"。

实用型：积极向上，勇于战胜苦难，他们的信念是今天只需做今天之事，并深知明天还会有尝试的机会。他们不擅长周密规划，总是把注意力放在能实现的事情上。实用主义者主意多，富有创造力，凡事都以优选的方法去做，毫不气馁。他们也是折中主义者，适应性强、易于满足，在做似乎不可为之事时也会很有兴趣。他们比大多数人的高明之处在于有对付难题的手腕和高超圆滑的谈判技巧。

分析型：他们会为了寻求一个最佳的答案而努力，一旦有了最佳的方案，便就此打定主意，不会反悔。他们是务实的人，认为感情、愿望和幻想以及恭维赞美等一概无关紧要。由于追求事事完美无缺，得到赞扬时也总感到不满意，因此很可能被视为令人难以忍受的吹毛求疵者。

现实型：他们认为只有亲身经历的事情才真实存在，其余的只是幻想和理论，没有丝毫价值。他们只喜欢摆在面前的事实，相信亲眼所见的世界才是真实的。他们不信奉折中主义和理想主义，有自己的目标，对别人不能与自己看法一致感到惊讶。

如何判断自己的思维能力

根据自身情况，如实回答下面的问题，看看你的思维能力如何。

1. 大家一起探讨问题时，你的发言精彩吗？

2．你是否对一些现象总感到困惑，并努力想探明究竟？

3．说话时你如果不小心犯了错误，是否会紧张，甚至会张口结舌？

4．你的成绩让你满意吗？

5．你说话时条理清晰吗？

6．你是否能在影视剧中发现一些不合逻辑的情节？

7．你能否很快领悟一篇文章的主题？

8．当大家讨论问题时，你是否能提供有用的建议？

9．思考问题时你感觉疲劳吗？

10．做几何证明题对你来说是否是难事？

11．你能发现老师讲课时出现的错误吗？

12．在解题过程中你是否常常能找到多种解法？

13．在写信时，你会感到表达困难吗？

14．你能在别人说客套话时就猜到他们来的真正目的吗？

15．你是否擅长说一些笑话逗乐周围的人？

16．你会用倒置的方式思考问题吗？

17．一般看书或影视作品时，你能根据开头准确猜到结尾吗？

18．你曾在作文竞赛中获奖，或在报刊上发表过文章吗？

19．你周围的人有难题时是否会寻求你的帮助？

20．你是否会觉得不知如何向另外一个人表达你的意思？

21．当你不小心说了不合时宜的话或做了不得当的事时，你是否能用开玩笑的方式来摆脱窘境？

22．你是否总能找到一些东西去代替那些你需要却找不到的物品？

23．你对下棋、打牌等益智类游戏等感兴趣吗？

24．在你工作时灵感会经常出现吗？

25．别人乐于接受你的意见吗？

26．几种意见相持不下时，你能找出其中的统一性，并做归纳总结吗？

27．你在玩这类游戏时是否非常想取胜？

28. 你经常与别人辩论吗？

29. 你擅长用比较法来表达你的意思吗？

30. 在考试中，你感觉时间太短而完不成试题？

【评分标准】

　　第 3、9、10、13、20、30 题，答"否"加 1 分，答"是"不给分；余下题答"是"加 1 分，答"否"不给分。

【测试结果】

　　21 ～ 30 分：思维水平高，理解力强。

　　10 ～ 20 分：思维水平一般，理解力尚可。

　　0 ～ 9 分：思维方式不当，理解力较差。

答 案

第一篇

思维名题

巧装蛋糕

高尔基先将九块蛋糕分装在三个盒子里，每盒三块，然后再把这三个盒子一起装在一个大盒子里，用包装带扎紧。

有个伙计一看便不服气了，质问道："你怎么能用不一样的盒子装呢？而且还有一个盒子没装蛋糕。"

高尔基反驳道："难道顾客限制了盒的大小，并规定不能套装了吗？"

那个伙计无言以对。

下午，那个挑剔的顾客来到了蛋糕店，他用挑剔的目光看了一下之后，也无话可说，提着蛋糕走了。从此，老板和伙计们都开始对聪明的高尔基刮目相看。

在这个故事里，老板和其他伙计们之所以想不出办法，是因为他们被惯性思维所束缚，以为四个盒子必须是一样大小，并且根本想不到还可以套装。而高尔基之所以能够想出办法，便是因为他不为常规思维所束缚，能够自由地发挥想象。

张作霖粗中有细

原来，秘密全在张作霖的那只朱砂笔中。那支笔看上去和普通的朱砂笔无异，其实藏有玄机，那是张作霖专为批钱特制的，在其笔尖中插了一段钢丝，用笔在纸上戳一下后，红点中间会有一个小洞，不仔细看看不出来。只有银行掌柜的和张作霖两个人知道这个秘密。这次，秘书虽然依葫芦画瓢用朱砂笔戳了一下，红点中间却没有小洞。掌柜的一看，心下便明白了，只是假装没有识破，然后去通报了。

韩信画兵

第二天，韩信依时带着那块布来见刘邦，刘邦接过布一看，只见布上并没有士兵，只是画了一座城楼，城门口战马刚刚露出了头，一面"帅"字大旗斜斜地露了出来。

刘邦于是问道："怎么一个士兵也没有？"韩信却回答说："千军万马都尽在其后。"

在这个故事中，韩信便利用了一种求异思维。试想，如果按照常规思维来想，老老实实地画士兵，即使将士兵画得再小，几寸的小布最多也不过画几百个士兵而已，那显然不是韩信所满足的。而通过这样一种暗示的手法，就是千军万马了。

汉斯的妙招

汉斯先生想出了一个点子。在博览会开幕几天后，会场中突然出现了一个新玩意儿，前来参观的人们常常会在地上捡到一个小铜牌，上面刻着一行字："凭借这块铜牌，可以到阁楼上的汉斯食品公司换取一份纪念品。"前前后后，竟然有几千块铜牌出现在会场上。不用说，这是汉斯先生派人抛下的。

如此一来，那间本来几乎无人光顾的小阁楼，每天都被挤得水泄不通，以至于博览会举办方因为担心阁楼被压塌，请木匠加强了其支撑力。

莎士比亚取硬币

原来莎士比亚叫人又提来了半桶酒，往桶内倒酒，等到桶里的酒满之后，硬币就浮了上来，并随着溢出的酒流了出来，莎士比亚伸手将硬币接在了手里。

赃款的下落

这其实是一首"藏头诗"，每句开头第一个字连起来便是"黄彩笔内账单速毁"八个字，最后，钦差果然在知府书房里的黄色笔筒里找到了赈灾款藏匿的清单。

安电梯的难题

清洁工说："何不把电梯装在楼的外面，那样既保持了环境卫生，又能方便顾客。"

可能你不知道，在早期时候，电梯都是装在楼宇内部的，没有人想到电梯可以装在外面。也正是因为此，两个建筑师虽然面对代价昂贵、挤占酒店内部空间的弊端，也"执意"要将电梯安装在酒店内部，这正是受到惯性思维的束缚。而清洁工正因为并非专业人士，所以才不会受到惯性思维的束缚，想出了这个绝妙的主意。这体现的正是一种求异思维。并且，正是此件事情发生后，人们普遍开始将电梯装在楼宇外面，以节约内部空间了。

聪明的小儿子

小儿子乌苏利亚没有用那支箭去射苹果，而是瞄准放苹果的盘子，一下子将盘子射翻，自然，盘子里的苹果全都落在了地上。在这里，两个哥哥都在射箭技艺上动脑筋，想要如何射得更准，而小儿子则没有沿着这个思路往下想，而是完全从新的思路更巧妙地解决了问题，这可说是一种创新思维。

巧运鸡蛋

贾风波用气针将篮球里的气给放掉，然后将篮球压成安全帽一样的凹陷状，这样，篮球就成了一个装鸡蛋的最好的容器。

简单的办法

思考问题的时候，我们要找到牵动问题的各个方面。解决这个问题的关键除了在于威盛泰隆工厂之外，还可以在买家一方下功夫。买家主动提出的方案就是在去参观的路上拿布条蒙住自己的眼睛，这样看不见途中的绝密产品就解决问题了。

聪明的摄影师

老板看到明明的身边坐着一位老太太，就对明明说："你能不能坐在你妈妈的怀里，让她抱着你，这样显得更亲切。"显然，老板是在巧妙地夸老太太年轻，不过，这种夸法也实在有点夸张了，大家一听，纷纷忍不住笑了出来。摄影师于是趁机按下快门，拍出了一张大家都非常满意的照片。

一个是年幼的孩子，一个是老太太，一眼便能看出来，两人必定是祖母和孙子的关系。但是，老板却硬是故意将其说成是母子关系，从而逗笑大家，应该说，没有一种求异思维，还开不出这样的玩笑呢。

应变考题

年轻人的选择是："我会把车交给医生，让他开车送病人去医院，然后我和我的爱人一起等车。"

思维如果受到禁锢，便会失去灵性。那些没被录取的应聘者，便是始终不能跳出惯性思维的窠臼，他们自始至终没有想到，在这种危急的情况下，自己其实完全没必要非要和自己的车"拴"在一起。而那个年轻人显然是具有创造性思维的人，被录取是理所当然的了。

挑选总经理

他是这样回答的："这完全取决于客人的要求，如果客人先点鸡，就先有鸡；如果客人先点蛋，就先有蛋。"

对于先有鸡还是先有蛋的问题，估计没人能说得清楚。这是一个让哲学家争论的议题，至今也没有明确的答案。老总选择这个题目显然并不指望得到确切的答案，而是通过这个题目测出了他们不同的思维方式。前两个人思考问题太死板，不会变通，联想能力太差，只会就事论事。而第三个人能挣脱惯性思维框架的束缚，联系相关的问题，所以被老板看中。

聪明的农家小伙

这个农家小伙是扛着铁锹和凿子走入迷宫的，遇到不通的路，他就用自己手里的工具开辟出一条路来。

这个农家小伙的办法看似笨拙，实际却绝顶聪明，他没有受到惯性思维的束缚，而是采用了打破常规的方法，最终取得成功。

智力竞赛

原来这个选手对守卫说："这个题目真没意思，我宣布放弃比赛！"

智斗刁钻的财主

漆匠徒弟是这样做的：把新的和旧的一起都重新刷一遍，这样就一模一样了。

老漆匠之所以会被财主愚弄，便是因为他以常规的思路考虑问题，只想着将没上漆的新桌子照着旧桌子的样子漆，这样无论怎么漆，都不可能将新桌子漆得和旧桌子一模一样。而徒弟则能够打破常规思维，将旧桌子也漆一遍，这样，两个都是新漆的，自然一模一样了。

惩罚

这个小男孩说："只不过我放的是煮熟的豌豆而已。"

煮熟的豌豆放在鞋里，一踩便碎了，自然不会使脚难受了。第一个小男孩按照常理去思考，主观上认为老师让他放的豌豆就是生的。但是实际上，老师并没有规定，另一个小男孩却能够跳出思维定式，寻求更好的解决方式，可谓聪明。

许多时候，我们之所以会被问题所困扰，是因为我们被惯性思维所束缚，一旦跳出窠臼，问题便不成问题了。

有智慧的商人

纸商说道："上次，洪水已经进屋，根本就无法拯救了，所以我才没有去徒费力气地抢救纸张。既然没法补救，何不把精力集中在下次，争取下次不让悲剧重演。我上次冒雨出去，走遍了全城，只发现了这一个地方没被水淹，于是就把店铺转到了这里。"

思维小游戏

巧开资料箱

每个人拿1把自己资料箱的钥匙，然后把10个人和10个资料箱编号，将1号资料箱的钥匙放在2号资料箱里，把2号资料箱的钥匙放在3号资料箱里，依此类推，9号资料箱的钥匙放在10号资料箱里，10号资料箱的钥匙放在1号资料箱里。这样，任何一个人回来，只要打开自己的资料箱就能拿到下一个资料箱的钥匙，用下一个资料箱内的钥匙还可以打开下一个资料箱。

兄弟排坐

以老三为例，他旁边不能坐老二、老四和老五，所以只好坐老大和老六了。也就是说已经有三个人的位置固定了。还剩下老二、老四和老五，老四和老五是不能相邻的，所以一定要由老二隔开。挨着老六那边坐老四，挨着老大那边坐老五。这样就可以了。

巧取绿豆

先把袋子上半部分的小麦倒入空袋子，解开袋子上的绳子，并将它扎在已倒入小麦的袋子上，然后把这个袋子的里面翻到外面，再把绿豆倒入袋子。这时候，把已倒空的袋子接在装有小麦和绿豆的袋子下面，把手伸进绿豆里解开绳子，这样小麦就会倒入这只空袋子，另一个袋子里就是绿豆。

不湿的杯底

把杯子倒着放进水里，这时由于杯子里面充满了空气，空气压力会使水流不进去，因此杯子底部自然就不会被弄湿了。

小猴分桃

可以这样来分桃：先把 3 个桃各切成两半，再把这 6 个半边的桃分给每个伙伴 1 块。另 2 个桃每个切成 3 等份，这 6 个 1/3 桃也分给每个小伙伴 1 块。于是，每个小伙伴都得到了一个半边桃和一个 1/3 的桃，这样 6 个小伙伴就都平均分到了桃了。

老虎过河

设大老虎为 ABC，相应的小老虎为 abc，其中 c 会划船。

1. ac 过河，c 回来（a 小老虎已过河）。
2. bc 过河，c 回来（ab 小老虎已过河）。
3. BA 过河，Bb 回来（Aa 母子已过河）。
4. Cc 过河，Aa 回来（Cc 母子已过河）。
5. AB 过河，c 回来（ABC 三只大老虎已过河）。
6. ca 过河，c 回来（ABCa 已过河）。
7. cb 过河，大功告成！

燃香计时

将两根香同时点着，但其中一根要两头一起点。两头一起点的香燃尽的时候，时间正好过去半小时，只点一头的香也正好燃烧了半小时，剩下的半根还需要半个小时。再两头一起点，燃尽剩下的香所用的时间是 15 分钟。这样两根香全部烧完的时间就是 45 分钟。

创意分牛

可以先再找一头牛加入牛群，使牛的总数成为 18 头，当然并不一定要真的牵出一头牛来，只是凑成一个数。这样按照遗嘱分配，老大得 2 头，老二得 6 头，老三得 9 头，正好将 17 头牛分完。

陆游倒酒

只要将软木塞压入坛内，就可以轻松地倒出美酒了。

圈栅栏

答案见图：

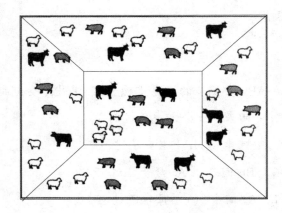

如何换毛衣

首先，把毛衣从头上脱下，这样就把它翻了个面，让它的里面向外挂在绳子上。

然后，把毛衣从它的一只袖子中塞过去，这样又翻了个面。现在它正面向外挂在绳子上。最后，把毛衣套过头穿上，这样就把毛衣的正面穿在前面了。

摆铅笔

答案见图：

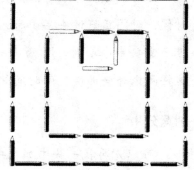

巧分鸡蛋

旋转鸡蛋，容易转起来的是熟鸡蛋，而很难旋转的就是生鸡蛋。这是因为，煮熟的鸡蛋蛋白和蛋黄是一个整体，容易转动，而生鸡蛋的蛋黄和蛋清是液体，所以转动起来很困难。

溢水现象

这是不可能的，把小金鱼放进去，水同样会溢出来。

这是曾两次获得诺贝尔奖的居里夫人小时候做过的一道题。我们在培养创造性思维的过程中，不能迷信某种解题技巧，而是要遵循科学规律，亲自动手来试一试才行。

抢 30

甲的策略其实很简单：他总是报到 3 的倍数为止。如果乙先报，根据游戏规定，他或报 1，或报 1、2。若乙报 1，则甲就报 2、3；若乙报 1、2，甲就报 3。接下来，乙从 4 开始报，而甲视乙的情况，总是报到 6 为止。依此类推，甲总能使自己报到 3 的倍数为止。由于 30 是 3 的倍数，所以甲总能报到 30。

第二篇

思维名题

棒极了

挑夫说："棒极了。看来，上帝也很照顾我，先生。如果你没有把我捆住的话，我已经成为他们的祭品了。" 同一件事情，用正面的思考方法能够使你自信、乐观和拥有解决问题的高效率，而负面思考则正好相反。我们必须学会从负面思考到正面思考的转换。

保护花园

女歌星让管家在木牌上醒目地写着"如果在园中不幸被毒蛇咬伤，距此处最近的医院在 15 公里外，开车约半小时可以到达。"

女歌星就是应用了视角转换的思维方法来解决问题的。开始时，她按照常规的思路，从自己的利益出发，和闯入花园的人站在对立面，"禁止"他们入内。这种警告不但起不到积极的作用，反而会激起人们的逆反心理。

经过视角转换之后，她站在对方的角度来思考问题，如果花园中有对他们造成伤害的东西，不就可以阻止他们了吗?

废纸的价值

既然这种纸的吸水性很强，就把这种纸作为一种专门用来吸干墨水的"吸墨水纸"不是很好吗? 这位技师运用价值转换思考法，发现了废纸的价值，发明了纸的一个新品种，并获得了专利。这种吸墨水纸上市之后很受欢迎，给造纸厂带来很大的利润。技师不但没有被解雇，还受到了奖励。

裴明礼的游戏

裴明礼是想借助这种方法将臭水坑填平。事实果然如他预想的一样，很快臭水坑就被填平了。然后，裴明礼停止了悬赏投石的活动，把地面修复平整，并搭建了几个牛棚和羊圈供过往的商人使用。没过多久，那里就堆积了很多牛羊的粪便，这正是附近的农人种田所需要的。裴明礼把牛羊粪便卖给农人，没多久就赚了一大笔钱。然后，他把牛棚、羊圈拆掉，盖起了房屋并在周围种上花卉，建起了蜂房。几年之内他就成了富甲一方的商人。

"鞋脸"奇才

何不把鞋子加工成艺术品销售呢？于是明尼克·波达尼夫收集来一些破旧的鞋子，并由此创业。他把鞋子制作成各种各样的脸谱，有顽童、贵妇、政客、商人。这些艺术品有的朴素、有的唯美、有的搞笑、有的精致，很受欢迎。其中一些优秀作品还曾被多次拿到世界各地展销，每个售价几千美元。

当你认为某件东西没用的时候，应该想想是不是在其他的领域还有用。一双不能再穿的废弃的鞋子不就变成了一件艺术品？

报废的自由女神铜像

这个有头脑的人用这堆废铜烂铁，制造了许多个小小的自由女神铜像，当作纪念品出售。因为这批小铜像的材质是来自于原来的自由女神铜像，所以便具有了重要的纪念意义，游客们甚至是纽约当地的市民都纷纷乐于购买来收藏。所以，虽然这批铜像的价格卖得很高，也很快便销售一空。这个人凭借自己的点子赚了足足350万美元。

在别人眼中是烫手山芋的废铜烂铁，却成了这个人发财的宝贝，区别便在于是否具有价值转换的慧眼，从司空见惯的事物中找到潜在的价值。

把谁丢出去

小男孩儿的答案是——把最胖的科学家丢出去。其实这是报纸利用人们的惯性思维设置的陷阱，诱使人们讲道理，摆事实，引用大量数据来分析哪个科学家对人类的贡献最大。获奖的小男孩根本不去理会科学家的价值，而是运用了问题转换的思考方法，从最简单的思路出发，把最胖的科学家扔出去，轻松地解决了问题。

"钢筋混凝土"的发明

他把土壤转换为水泥，把植物的根系转换为铁丝，把根系固定土壤转换为铁丝固定水泥。这样他建造了一个非常结实的花坛。很快，他的这项发明就在建筑界得到了普及，成为一种新型的建筑材料"钢筋混凝土"。

我们面对陌生的问题时，常常感到无从下手。如果我们把陌生的问题转换为自己熟悉的问题，就好办多了。

计识间谍

流浪汉数完数之后，军官用德语对他说了那句话，流浪汉松了一口气并露出笑容，显然他能听懂德语，暴露了他是德国间谍的真面目。军官就是在流浪汉毫无准备的情况下，转换原理，使流浪汉落入圈套。

老侦察员的答案

爷爷说："我不懂化学，所以没有从化学的角度来思考这个问题，而是从心理学的角度来寻找答案。出题人为了迷惑答题的人，在设置答案的时候，就会把正确答案与一些看似正确，实际上不正确的答案混在一起。这就和罪犯作案后，故意破坏现场或伪造现场的道理一样。我利用出题人的心态，从备选答案中找到三个相似的答案：A、氯化亚铁 D、氯化亚铜 E、氯化亚汞，答案应该在这三者当中。究竟哪个是正确答案呢？同样的道理，我发现与铜相关的答案有两个，而与铁和汞相关的只有一个，所以我说正确答案是氯化亚铜。当然了，出题人在设置这道题的答案的时候留下的蛛丝马迹比较明显，所以我很容易就知道答案了。"

老侦察员就是通过把犯罪心理学的原理应用在做化学题上，取得了成功，虽然有一定的偶然性，但是也能给我们带来很多启发。

微波炉的发明

为了证明这个假设，斯潘塞做了一系列实验研究，终于得出结论。原来导致巧克力融化的原因是微波可以引起食物内部分子的激烈运动，从而产生热量。随后，斯潘塞用这个微波加热的原理制造了世界上第一台微波炉。一个原理并不仅仅适用于某一个领域，我们可以把它转换到其他领域，也许就能发挥意想不到的作用。

约瑟夫的发明

看到围成栅栏的铁丝，约瑟夫又有了新的主意，把细铁丝做成带刺的蔷薇的样子，不也可以阻止羊群钻出去吗？于是，他找来很多细铁丝，剪成很多几厘米长的小段，然后把这些小段缠在围成栅栏的铁丝上，露出的尾端就像蔷薇的刺一样。做好之后，他假装读书，看羊群的动向。果然，当羊群像往常一样试图钻出栅栏的时候被刺痛了，没多久它们就放弃了。约瑟夫终于可以放心地读书了。

范西屏戏乾隆

其实这本来就是一件不可能做到的事情。不管用什么办法，别说是皇上，就是一般人也不会自己跳进湖里。这个时候主动权在回答问题的一方，因此不能按照常规的思路出牌。范西屏于是反其道而行之，将"下岸"和"上岸"的顺序稍微做了一下变动，这样就轻而易举地解决了乾隆皇帝所出的难题。

他等乾隆帝跃马掉进浅湖里之后立落一子，然后大笑道："大人，您刚才不是叫我落子间将您连马一起推进湖里吗？现在您已经是在湖里了。"

乾隆听后，立即明白上当了，于是立即从水里跃马上岸，并对范西屏大叫："这不算！这不算！"范西屏此时又举一子，不急不慢地对乾隆皇帝说道："大人，我又让您牵着马从湖里上来了。"此时便完成了"落子推入湖"和"举子牵马归"。

自动洗碗机的畅销

策划专家运用了目标转换的思考法，把住宅建筑商作为销售对象。住宅建筑商发现安装自动洗碗机的房子很快就卖出去了，销售速度平均比不安装自动洗碗机的房子快两个月，所以新建住房要求全部安装自动洗碗机。就这样，通用公司的自动洗碗机打开了销路。

霍夫曼的染料

霍夫曼发现实验反应之后的化学试剂呈现鲜艳的紫红色，他想道：这么鲜艳的颜色如果用作染料不是很漂亮吗？于是他进行了目标转换，由研制奎宁转为研制染料，很快他就制成了"苯胺紫"。为此他申请了专利并建立了历史上第一家合成染料厂。

狐狸的下场

老虎淡淡地答道："在遇到我之前，你对狼不也是忠心耿耿吗？现在，狼已经不可能跑掉了，我不如先把你这个将来的背叛者给吃掉。"

大错误与小错误

其实，这正是松下人力资源管理的一大秘诀。他曾经这样说：犯小错误时，当事人多半并不在意，所以我才用严加斥责的方式来引起他们的注意，以免以后重复出现这样的事情。相反，犯下大错时，连傻子都知道自省，这时如果我再严厉批评，就会过犹不及，不利于工作和团结，所以还不如选择对其进行情感管理。下属犯小错误时，严厉斥责；犯大错误时，反而不再批评，这看似有些让人不可理解，其实却饱含深意。

神圣河马称金币

其实收税官的主意非常简单，就像曹冲称象一样，收税官先是把河马放在运载河马过来的那艘华丽的船上，接着在船的外侧记下船的吃水线。然后他把河马从船上牵走，再把金币往船上放。当达到相同的吃水线时，船上金币的重量就相当于河马的重量了。

熬人的比赛

可以让兄弟俩交换坐骑，因为先后到达是以马而论的，这样一来，只要自己骑着对方的马赶在前面到达了指定地点，那么自己的马肯定就在后面抵达了。因此，比赛便变成了谁骑着马跑得快的性质了。

青年的理由

年轻人是这么说服父亲的："演讲非但不是个两难职业，而且是个左右逢源的职业，因为如果我说的是真话，贫民就会歌颂我；我说的是假话，显贵们就会拥戴我，我不是说真话就是说假话，所以，我要么得到贫民的歌颂，要么就会得到显贵的拥戴。"

思维小游戏

父亲和儿子

可能的情况有以下几种：

父亲 96 岁，儿子 69 岁；父亲 85 岁，儿子 58 岁；

父亲 74 岁，儿子 47 岁；父亲 63 岁，儿子 36 岁；

父亲 52 岁，儿子 25 岁；父亲 41 岁，儿子 14 岁。

从图中看，应该是最后一种情况。

弹子球

刚开始时他们各自有 40 颗弹子球。

设他们刚开始时的弹子球数为 x，$2x+35-15=100$，因此 $2x+20=100$，$2x=80$，$x=40$。

动物散步

如图所示，从左下角开始，沿逆时针方向旋转，每4个动物的顺序相同。

7 只小鸟

时　间	觅食的小鸟序号
第 1 天	123
第 2 天	145
第 3 天	167
第 4 天	246
第 5 天	257
第 6 天	347
第 7 天	356

猫鼠过河

一共有4种不同的解法，最少都需要4次才能将它们全都带过河。如图所示是其中的一种解法，其中M代表老鼠，C代表猫。

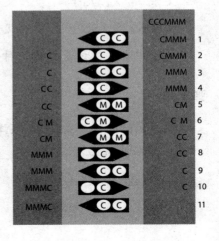

谁是谁

右边的是汤姆，中间的是亨利，左边的是狄克，而且狄克说谎了。

哪一句是真的

第 11 句话肯定是真的。因为这 12 句话中每一句都与其他 11 句矛盾，因此只可能有一句是真的，即其中 11 句都是假的。

通往真理城的路

问题是："请告诉我通往你来自的那个城市的路。"如果他来自真理城，他会指给你通往真理城的路；如果他来自谎言城，他还是会指给你通往真理城的路。

这道题非常有趣的一点就是，尽管你能够通过这个问题得到你想要的答案，但是你仍然不知道这个人说的究竟是真话还是假话。

3 种人

问他两次同一个问题："你是一次说真话一次说假话的人吗？"

如果他两次都回答"不是"那么他一定是只说真话的人。

如果他两次都回答"是"，那么他一定是只说假话的人。

而如果他两次答案都不同，那么他一定是一次说真话一次说假话的人。

真理与婚姻

他应该问其中一位公主："你结婚了吗？"

不管他问的是谁，如果答案是"是的"，那么就说明艾米莉亚已经结婚了；如果答案是"没有"，那么就说明莱拉已经结婚了。

假设他问的是艾米莉亚，她是说真话的，如果她回答"是的"，那么就说明她已经结婚了。如果她的回答是否定的，那么结婚了的那个就是莱拉。

假设他问的是莱拉，莱拉总是说假话。如果她回答"是的"，那么她就还没有结婚，结婚了的那个是艾米莉亚；如果她回答"没有"，那么她就已经结婚了。

因此尽管这个年轻人仍然不知道谁是谁，但是他却能告诉国王还没有结婚的公主的名字。

理发师费加诺

费加诺没有胡子。

在所有有胡子的人中，他们要么自己刮胡子，要么让费加诺刮胡子，并且没有人两种方法都使用，即他不可能既自己刮胡子，又让费加诺给自己刮胡子。因此对于费加诺来说，他永远都不可能给自己刮胡子。因为如果这样，那么他就同时给自己刮，并且让费加诺刮了，而没有人是两种方法都使用的。因此费加诺没有胡子。

士兵的帽子

如果这些士兵能够正确地站成一列，所有人都能被释放。

第1个士兵站在这一列的最前面，其他的人依次插入，站到他们所能看到的最后一个戴红色帽子的人后面，或者他们所能看到的第一个戴黑色帽子的人前面。

这样一来，这一列前一部分的人全部戴着红色帽子，后一部分的人全部戴着黑色帽子。每一个新插进来的人总是插到中间（红色和黑色中间），当下一个人插进来的时候他就会知道自己头上帽子的颜色了。

如果下一个人插在自己前面，那么就能判定自己头上戴的是黑色帽子。这样能使99个人免受惩罚。

当最后一个人插到队里时，他前面的一个人站出来，再次按照规则插到红色帽子与黑色帽子中间。这样这100个士兵就都能免受惩罚。

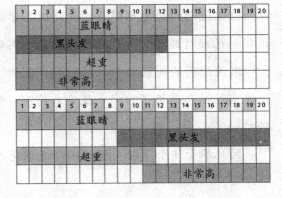

男孩的特征

从表格可以很直观地看出，

最少有 1 个人、最多有 10 个人同时具备这 4 个特征。

真正的出路

走第三条路。这个题的前提是相信第三个路口牌子上的话是真实的。如果第一个写的是真话，那么，它就是迷宫的出口。如果说第二个的话也是正确的，这和只有一句话是真话相矛盾。如果说，第一个的话是假的，第二个的话是真的，它们都不是通往迷宫出口的路，所以真正的路就是第三条。

抢钱的破绽

如果真是歹徒抢钱，是不会把钱一捆一捆地拿出来，给出纳员留下一个空包的。

第三篇

思维名题

"看破红尘"的学生

班主任说："你觉得人与人之间不存在真实，可是，你走时却给我写信，并祝我身体健康，这说明你对老师的爱是真实的。你信中说希望我多送几个同学升学，这说明你对你的同学的爱是真实的。另外，难道你不爱你的父母吗？你对他们的爱不是真实的吗？在你身上存在着这么多真实的成分，怎么能说人与人之间不存在真情？"

小孩与大山

老人对小孩说："你这样骂人家，人家当然要回骂你了。你如果用友好的方式跟对方沟通，它便会同样对你友好。"这个故事所反映的哲理便是：与人相处正像是回声一样，你对别人充满善意，自然便能得到别人的善意；你对别人充满恶意，别人自然也会还以颜色。

两个高明的画家

原来，李画家的作品正是那块画出来的幕布。黄画家的画只不过骗过了猫而已，而李画家的画则骗过了人的眼睛，当然更高一筹了。

吹喇叭

朋友说："我夜里想知道时间时，只要趴在窗台上一吹，就会有人朝我喊道：'现在是夜里×点钟，你吹什么呀！'我就知道时间了。"

马克·吐温"一见钟情"

"只要你再细看一次就行了。"马克·吐温回答。

倒霉的乘客

农民让乘客到医院院子里的一个水塘里，将脸和甲鱼一起浸入水中。过了一小会儿，甲鱼便松开了口。原来，甲鱼一旦被捕，便会具有攻击性，因为自感没有逃脱的希望，便会咬住对方不放。一旦将它放入水中，它便感到自己有了逃脱的希望，于是便会松口，以潜水逃脱。

老人与小孩

因为一直有鱼吃的关键并非在于鱼竿，而在于钓鱼的技术。这个小孩只是有了鱼竿，却并没有学会老人高超的钓鱼技术，因此未必能钓到鱼。并且，鱼竿早晚是会用坏的，而钓鱼的技术却是永远不会用坏的，老人的钓鱼技术才是小孩真正该向老人索要的。

阿基米德退敌

原来，阿基米德叫人制造的奇怪大镜子，是凹面镜。到中午太阳最毒辣的时候，他让士兵抬了几十面这样的凹面镜到城墙上，调整好焦点，将毒辣的太阳光反射到古罗马的船只上。不一会儿，古罗马船只便冒出缕缕青烟，经海风一吹，"呼"地便起了火。几十只船同时起火，再加上海风的帮忙，火势很快蔓延起来，古罗马军队来不及灭火，烧死的烧死、跳海的跳海，损失惨重。他们不知道这奇怪的大镜子是什么东西，还以为叙拉古人借助了神灵的魔法，吓得赶紧掉头逃窜了。

瓦里特少校计调德军

原来，瓦里特少校将 30 个士兵分成两个各有 15 人的小分队，让他们各自带着手电筒，开着汽车，模仿机械化部队夜间集结的方法前进。每当德军侦察机出现的时候，他便命士兵们打开手电筒，射向天空；而当德军侦察机真正邻近的时候，他们则故意关掉手电筒；而在敌机再次飞远之后，他则命令士兵们再次打开手电筒，射向天空。如此一来，便给德军侦察机造成了他们在躲避敌机侦察的假象。如此进行了一段时期后，德军果然上当了。

炼金术

　　这个年轻人一听，便高兴地回家了。他一回家，便立刻将自己已经荒废多年的田地上种上了香蕉。另外，为了尽快收集齐香蕉绒毛，他还开垦了许多新的荒地来种植香蕉。每当香蕉成熟后，他便小心地将白色绒毛刮下来保存好。同时，为了能生活，他也顺便将这些香蕉都弄到市场上卖掉。结果，几年之后，由于卖香蕉，他的日子逐渐阔绰起来了。当他又一次从市场上带着卖香蕉得来的金币回家的时候，突然间领悟了智者的意思，智者正是点化他通过劳动来获得金子。于是他从此更加勤奋地劳动，最终成了当地有名的富翁。

富翁和乞丐

　　故事中，乞丐虽然可以像富翁一样在沙滩上晒太阳，但是，可以想象，富翁能做更多的事情，乞丐是无法做的。比如，最现实的，当太阳下山后，乞丐住在哪里呢？乞丐可以拥有美好的爱情吗？富翁可以去听门票昂贵的音乐会，乞丐可以吗？富翁可以供自己的子女接受好的教育，乞丐可以吗？当然，前提是假如他有子女的话……

大度的狄仁杰

　　狄仁杰说道："有人指出我的缺点，我很高兴，我很乐意知道我有哪些缺点，但是我并不想知道这个说出我缺点的人是谁。"

"赔本"经营

　　路南影院一折的票价要赔钱，送瓜子更是赔钱，但送的瓜子是老板从厂家定做的超咸型五香瓜子。看电影的人吃了瓜子后，必然会口渴，于是老板便派人卖饮料。饮料也是经过精心挑选的甜型饮料，顾客们越喝越渴，越渴越买，于是饮料和矿泉水的销量大大增加。放电影赔钱、送瓜子赔钱，但饮料却给老板带来了高额的利润。路南影院的老板实际上是采用了"声东击西"的赚钱术。

知县的妙答

陈树屏说："江面水涨时就宽到七里三分，而落潮时就变成了五里三分。张督抚说的是涨时江面的宽度，而抚军大人说的是落潮时江面的宽度。两位大人都没说错，这有什么好怀疑的呢？"张之洞与谭继询本来都是信口胡说，听了陈树屏有趣的圆场，自然也就无话可说了。

巧妙化解尴尬

书法家的老师让他加了这么一句话："一位美国朋友的梦想。"这么一加，把中国古代的圣人和现代的美国文化巧妙地融合起来，既无损孔子的形象，也满足了外国朋友的请求，可谓一举两得。

变障碍物为宝

希尔顿找人把圆柱拆了，在这些大圆柱上安装一些小型的玻璃陈列橱窗，这些橱窗被纽约市著名的珠宝商和香水商租用，一年租金有几万美元，希尔顿轻而易举赚取了大量的财富。任何事物的用途都不只是一个方面，就看你能否充分去发掘了。

刘墉拍马屁

刘墉回答说："佛见臣笑，是笑臣成不了佛。"逗得乾隆不由得哈哈大笑。笑的原因有很多，有善意的微笑，也有恶意的嘲笑，人在高兴时会笑，在不高兴时也可以笑。刘墉巧妙地分解了笑的不同原因，抬高了皇帝，贬低了自己，马屁拍得恰到好处，怪不得乾隆皇帝会这么喜欢他。

神童钟会

钟会回答说："战战栗栗，汗不敢出。"人出汗可能是由很多原因造成的，或者因为炎热，或者因为害怕，也或者有别的原因。而且并不是只有出汗才表示敬畏，钟会回答时正是抓住了这一点。不过很明显，钟会回答得虽然机智巧妙，但并不是实话，有明显的诡辩色彩。

聪明的商人

商人把这些蔗糖和面粉混合在一起，做成片状，用火烘烤熟后拿去出售，没想到这种食物特别好吃，后来这个做法被广泛流传，并发展成后来的饼干。"福兮祸之所伏，祸兮福之所倚"，事物总是发展变化的，只要你善于动脑筋，就能立不变于万变，化不利为有利，从而"置之死地而后生"。

洒脱的爱因斯坦

爱因斯坦说："反正这里的人都已经认识我了。"爱因斯坦一生都致力于科学研究，生活上不拘小节、不修边幅，无论是成名前，还是成名后，他根本不在乎穿衣打扮。

王僧虔妙答皇帝

王僧虔说道："臣的书法，是大臣行列中的第一；陛下的书法，当为皇帝中第一！"这样，王僧虔既保住了先祖的美名，也给皇帝留足了面子，可谓一举两得。齐太祖听罢，也不由得哈哈大笑起来。

聪明的田文

田文说："人的命运，如果是由天支配的，父亲何必忧愁呢？如果是由大门支配的，那么可以把大门再开高一些，就没有人能长那么高了。"田文抓住父亲要抛弃自己的主要原因，以理相驳，令父亲心服口服。

思维小游戏

三角形数

查尔斯·W.崔格发现了 136 种不同的排列方法。如图所示是其中 4 种。

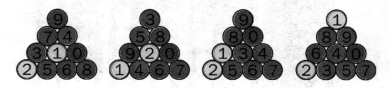

自创数

如果我们系统地来试着往第 1 个格子里放一个数字，从"9"试起，我们就会发现"9"不可以，因为剩下的格子里放不下 9 个"0"了；"8"和"7"一样，如图所示。而将"6"放入的时候我们会发现这就是正确的答案。

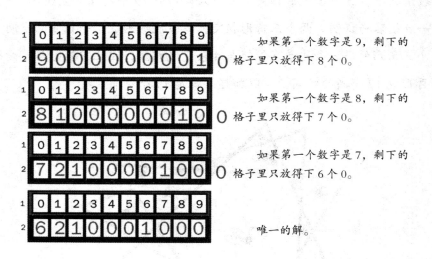

如果第一个数字是9，剩下的格子里只放得下8个0。

如果第一个数字是8，剩下的格子里只放得下7个0。

如果第一个数字是7，剩下的格子里只放得下6个0。

唯一的解。

四个盒子里的重物

1 ～ 52 全部都能放进盒子里，如图所示。存在其他解法。

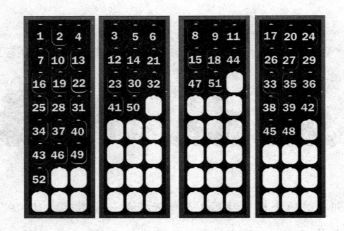

瓢虫的位置

　　一般情况下，3 个三角形相交，最多只能形成 19 个独立的空间。

　　这一点很容易证明。两个三角形相交，最多能够形成 7 个独立的空间，而第 3 个三角形的每一条边最多能够与 4 条直线相交，因此它能够与前两个三角形再形成 12 个新的空间，所以加起来就是 19 个空间。

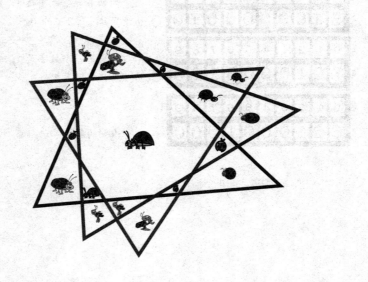

五格拼板的 1/3

如图所示：

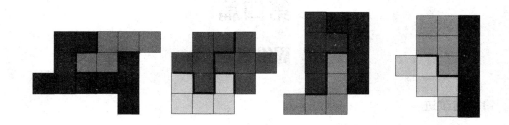

五格拼板围栏

如图所示：

第四篇

思维名题

铅笔的改进

他用金属片把小橡皮固定在一端，于是，就有了带橡皮的铅笔。这项发明中海曼·利普曼运用的是组合发散思维——把两件或多件事物组合起来就产生了一件新的事物。很多发明创造都是用这种思维方法完成的。

福尔摩斯的推论

福尔摩斯听完之后，说："现在我告诉你我的推论，我们的帐篷被人偷走了。"

同样是看到了星星，华生和福尔摩斯得到了不同的推论。在进行由果及因的时候，我们应该像福尔摩斯一样从实际出发，关注与生活密切相关的问题。

女孩的选择

她反复思量这个问题，把左边的理由一条条画掉，把右边的理由一遍遍加深，于是她确定了自己的选择。

你说得对

老和尚说："你说得也对。"

也许你觉得老和尚的话自相矛盾，但是真的存在绝对的对与错吗？很多事并非只有一种解释。从甲与乙这件事的关系来看，甲说的是对的；从乙与这件事的关系来看，乙说的是对的；从小和尚与这件事的关系来看，小和尚说的也是对的。这就是所谓的关系发散。我们所处的这个世界是一个多元的、复杂的世界，我们所做的每一件事都有利有弊，对与错、好与坏就像一股黑线和一股白线相互交织，有时甚至紧密得难以分开。我们在观察和解释事物的时候，应该避免单一和僵化的解释，那样只会导致偏执一词，钻牛角尖，看不到事情的全貌。

$$5 = ? + ?$$

看到这个等式，想必那个数学老师的思维会立马开阔起来。显然学生在计算这道题的时候思维是发散的，而计算前一道题的时候，思维是封闭的。

牛仔大王

他决定用那些废弃的帐篷缝制衣服。他从帐篷的特性进行思维发散，并采取行动，缝成了世界上第一条牛仔裤！后来，终于成了举世闻名的"牛仔大王"。

"慷慨"的洛克菲勒

联合国大楼很快建起来了，联合国在世界事务中的作用越来越重要，周围的地价立即飙升起来。当初洛克菲勒在买下捐赠给联合国的那块地皮时，也买下了与这块地皮相连的全部地皮。没有人能够计算出洛克菲勒家族在后来获得了多少个870万美元。

洛克菲勒之所以敢做大胆的投资，是因为他已经看到了潜在的好处。联合国购买土地作为联合国办公地址，这件事不是孤立的，必然会带来一系列其他的影响。运用特性发散思考问题，可以帮我们预测隐藏在某一事件中的潜在的机遇。

洞中取球

文彦博对小朋友们说："我们大家都回家提一桶水来。把水灌到树洞里，球就浮上来了。"文彦博借着"皮球能浮在水面上"这个发散思维想出了一条妙计。

于仲文断牛案

牛的身上并没有标记，怎么来判断牛的归属呢？于仲文知道牛是群居的，孤单的牛，一定会非常渴望回到自己的群体当中去。聪明的于仲文就是在这一点上发散思维，想出了好办法的。

事实也是如此：牛群赶到大操场上之后，于仲文大喊一声："放牛！"只见那只无法判断是谁家的牛冲着任家的牛群跑了过去。围观的群众都明白了，他们欢呼着："牛是任家的，牛是任家的。"

山鸡舞镜

这同样是一个借动物属性发散思维的解决问题的事例——曹冲叫人拿来了一个大铜镜，把铜镜放在山鸡的身边。山鸡看到铜镜里自己美丽的影子，忍不住跳起舞来。

山鸡爱站在河边跳舞，那是因为山鸡是个顾影自怜的家伙，它只有看到了自己的倒影才翩然起舞。满朝的大臣都是死脑筋，他们都往河的方向去想，要在宫里挖一条河，那可真够麻烦的，所以，他们一筹莫展。其实，要山鸡看到自己的影子，有很多办法，河水和曹冲想到的镜子只是其中两个办法而已。开动思维，看看是否还有更好的办法。

假狮斗真象

几天以后，林邑国又派人前来挑战，宗悫接受了挑战。这次林邑国国王神气活现地让大象排在了阵前，只见他彩旗一招，大象就撒开腿威风凛凛地向宋军冲过来。眼看就要冲到宋军阵营前了，忽然从宋军阵营里扑出了几百只张牙舞爪的大雄狮。大象见了，吓得掉头就冲林邑国的阵营跑过来，把林邑国的阵形冲得七零八落。宗悫趁机发动全面攻击，把林邑国的军队打得屁滚尿流，落荒而逃。宗悫乘胜追击，林邑国王没办法，只好投降，归顺了宋朝。

宋军从哪里找来这么多训练有素的大雄狮的呢？原来，宗悫找来画师和工匠，三天之内画了500个狮像，铸了500个狮子模型。打仗的时候，让士兵把模型穿在身上，就吓跑了林邑国的大象。是假狮子吓跑了真大象——宗悫这一妙计就是在那个谋士的"狮子建议"上生发出来的。

鲁班造锯

鲁班在草叶的提示下打造了一把带齿的工具，他把这个工具命名为"锯"。徒弟们用锯来伐木，果然又快又省力，很快就备齐了木料。一直到今天，木匠们还在使用鲁班发明的锯。

无论是在社会上，还是在大自然中，许多事物都是相关联着的，而这些联系会给我们提供很多智慧的线索。

小小智胜国王

第一题：小小悄悄地从口袋里掏出石蜡，放在空盆子里融化掉，然后把铁筛子浸在里面，当把筛子拿出来的时候，筛孔就蒙上了一层薄薄的透明的石蜡，这层石蜡谁也看不到。小小走到国王面前，小心地往筛子里倒水，结果把筛子都倒满了，也没有漏出一滴水。第一个题目就算完成了。

第二题：小小不慌不忙地把纸叠成锅的模样，把鸡蛋放在纸锅里加满水，然后放在火苗上烧，奇怪的是，火苗舔着纸锅，但是就是烧不着，没一会儿，就把鸡蛋煮熟了。小小很轻松地完成了第二道题目。

第三题：小小先把纸烧着，放进玻璃杯里。纸烧完了，玻璃杯里充满了白色的烟雾，小小立即把玻璃杯扣在盘子里。令人惊奇的是，盘子里的水长脚了似的，都流进了杯子，小小把盘底的绿玉捡了起来，手一点都没沾湿。

忒修斯进迷宫

只要有线索，就算最复杂的迷宫，也不能把你困在里面——阿里阿德涅找来一团红色的线，然后对忒修斯说道："进去的时候，把线的一端系在迷宫的门上，边走边放线，这样，杀死怪兽后，你就能顺着红线出来了。"忒修斯满怀感激地收下了线，便和其他童男童女们进入了迷宫，他们在迷宫里拐弯抹角地转了好一会儿，终于遇到了令人毛骨悚然的怪兽弥诺陶洛斯，怪兽张开血盆大口向他们扑过来，大家都惊恐地四散跑开了，只有忒修斯冷静地站在那里。就在怪兽就要扑倒他的那一刻，忒修斯把宝剑深深地刺入了怪兽的心脏。怪兽重重地倒在地上，痛苦地喘着粗气，过了一会儿就停止了呼吸。忒修斯长舒一口气，带领其他童男童女，沿着红线出了迷宫。

除雪

原来，这个电信员工正是受到上帝从空中清扫积雪的启发，想到人也可以从空中将积雪清扫掉，于是建议用直升机绕着电话线飞来飞去，利用直升机的螺旋桨旋转时所产生的强大气流将电话线上的积雪刮掉，既简单又高效。

在这个故事里，第一个员工只是感叹了一句之后便停止了进一步思索，而另一个员工则是在人们惯性地停止思维的地方将思维进一步扩展，进而想到了实际有效的办法，这便是一种典型的发散思维。

泰勒的特殊兴趣

不久，泰勒便突然多出了一个爱好，便是穿着便衣在北京城的各名胜古迹闲逛。看到名胜古迹处的签名，他便拿起相机将其拍下来，在外人看来，这是个对于签名感兴趣的奇怪的摄影爱好者。但是，身处战争年代的泰勒，可不会真的有这种闲情雅致，他实际上是在利用日本人签名并留下身份注明的习俗来搜集日本军人的信息。一天，他在颐和园万寿山的一尊大佛身后，发现了三个日本军人的签名及所属的师团。后来，他发现类似的签名越来越多，于是，他将自己所搜集来的相关签名整理归纳一番之后，准确地搞清楚了侵华日军的编制及其番号。

在这个故事里，泰勒利用早年记忆中的一件小事，并通过一个细节联想到日本的一个习俗，进而联想到利用这个习俗来收集情报，并最终完成任务，这便是一种典型的发散思维。

"钓鱼"的启发

瓦杜丁大将先是仔细观察了一下无名尸体，确定这个人的面孔是张苏联人的面孔之后，他命令属下道："给他里里外外都换上一身苏联大尉的军服，仔细地乔装打扮一番，然后，在他的手里放上一个黑色公文包。"一切完成之后，这名抱着公文包的假大尉被扔进了前沿阵地，德军的子弹呼啸着射中了那名假大尉，苏军前沿部队则假装顶不住德军的攻势，撤退到了第二道战壕。

德军于是进入了苏军的第一道战壕。一名德国军官在经过假大尉尸体时，被他紧紧抱着的公文包所吸引。当他打开公文包最里面的一层后，一份标有"绝密"字样的文件跳入眼帘："沃罗温什方面军，最高统帅部命令你们暂停进攻，就地在布克林转入防御！"这军官一看，欣喜若狂，立即将文件送到了上级那里。德军最高指挥官立即下令："密切注意苏联军队动向！"

在苏军阵地上，一个指挥所和几部电台在嘟嘟地"忙碌"着。同时，呜呜呜的防空警报在不断地拉响。看上去，苏军正在进行一种集结。"苏军果然正在进行调整，准备进行防御！哈哈，不过你们做梦也没想到你们的传令官会死在前线，我对你们的动向了如指掌。你们就死守布克林吧，我的炸弹要统统送你们上西天！"德军指挥官狞笑着自言自语。

德军在等苏军将军队"撤至布克林"的同时，也已经秘密调集了大量的预备队到布克林，对其形成了围歼之势。最后，德军的轰炸机凌空而起，呼啸着向苏军的假阵地倾泻无数炸弹。但是，德军做梦也没想到的是，苏联红军主力此时已经已转移到德军防御力量薄弱的基辅北侧，准备一举攻破其防线。

井中捞手表

原来，柯岩又跑到屋里找了一面镜子，将这个镜子放在第一面镜子斜上面，经过角度的调整之后，太阳光经过两次反射之后，便照在了井里。

绚丽的彩纸

原来贴在墙壁上的是荷兰纸币。

甲乙堂

读书人对宾客解释道："此人作为一个皮匠，建造了这个房子。皮匠最基本的工具有两样：一是钻子，二是皮刀。'甲'字从外形上看，不就像个钻子吗？'乙'字不就像一把皮刀吗？所以我用'甲乙'两字替他题了堂名，这叫作'君子不忘其本'！"

加一字

原来，人们在前面加了一个"宋"字，石碑成了"宋张弘范灭宋于此"。

思维小游戏

警察与盗墓者

假如100这个数可以分成25个单数的话，那么就是说单数与双数的和等于100，即等于双数了，而这显然是不可能的。

事实上，这里共有12对单数，另外还有一个单数。每一对单数的和是双数，12对单数相加，它的和也是双数，再加上一个单数不可能是双数。因此，100块壁画分给25个人，每个人都不分到双数是不可能的。自首的盗墓者出这一招是想嫁祸给他的手下，好让自己一人独占赃物。

残留的页码

现在这本书还剩下168页。因为撕下第44页到第63页，等于撕下了第43页到第64页。所以第二次被撕了22页。

苛刻的合同

48是12的4倍，也就是说30天中不工作的天数是工作天数的4倍，所以工人们只干了 6 天活。

四对亲兄弟

甲的弟弟是 D，乙的弟弟是 B，丙的弟弟是 A，丁的弟弟是 C。

在甲、乙、丙三个人中，只有一个人说了实话，而且这个人是 D 的哥哥，因此乙说的是假话，乙不可能是 D 的哥哥。由乙的话得知，丙也不可能是 D 的哥哥，所以丙说的也是假话。由此可得，丁的弟弟是 C。由于甲、乙二人都说了谎，而丁又不是 D 的哥哥，因此甲一定是 D 的哥哥，甲说的是实话。即：乙的弟弟是 B，丙的弟弟是 A。

失误的窃贼

小伙子的敲门露了馅。因为三、四两层全是单人间，任何一个房客走进自己房间时，都不会先敲房门的。

复杂的聚会

三种天气，三个人，每一种天气都有不愿意出门的人，看来不可能聚会了。但谁也没规定"聚会必须出门"，在某一人家里也可以聚会。下雨天，B 和 C 到 A 家；阴天，A 和 B 到 C 家；晴天，A 和 C 到 B 家。

精灵与财宝

生物	国家	特征	财宝
矮人	芬兰	心肠很坏	钻石
小精灵	丹麦	排外性	金子
巨人	瑞典	讨厌的	红宝石
妖精	比利时	淘气的	绿宝石
小鬼	苏格兰	丑陋	银子

猫和鸽子

李太太的猫吃的是小钱的鸽子。

我们首先分析赵太太的猫吃的是谁的鸽子。

赵太太的猫吃的一定不是小赵的鸽子（因为每对夫妻各自的猫和鸽子相安无事）；赵太太的猫吃的也不是小钱的鸽子，否则钱太太的猫吃的就是小陈的鸽子，但事实上，钱太太的猫吃的是小赵的鸽子（因为赵太太的猫吃了某个男孩的鸽子，正是这个男孩和吃了小陈鸽子的猫的主人结了婚。小赵的鸽子是被钱太太的猫吃掉的）；赵太太的猫吃的也不是小陈的鸽子，否则小陈的太太就会是赵太太了（赵太太的猫吃了某个男孩的鸽子，正是这个男孩和吃了小陈的鸽子的猫的主人结了婚）；赵太太的猫吃的也不是小李的鸽子，否则小赵的鸽子就会是被孙太太的猫吃掉的，但事实上是被钱太太的猫吃掉的（小李的鸽子是被某位太太的猫吃掉的，正是这位太太和被孙太太的猫所吃掉的鸽子的主人结了婚。小赵的鸽子是被钱太太的猫吃掉的。）

因此，赵太太的猫吃的是小孙的鸽子。

这样，李太太的猫吃的就是小陈或小钱的鸽子了。

李太太的猫吃的不是小陈的鸽子，否则李太太的丈夫就会是小孙（赵太太的猫吃了某个男孩的鸽子，正是这个男孩和吃了小陈的鸽子的猫的主人结了婚）。所以，李太太的猫吃的是钱先生的鸽子。

失窃的名画

彼得探长只字未提纸条的事，女管理员却自己先说了出来，可见是她偷了画，又写了纸条。

为难的年轻人

他应该选择在星期五出门。

第五篇

思维名题

公仪休拒鱼

公仪休解释道："你想想看，倘若我收了别人送我的鱼，是不是要替别人办事？这样一来，我便会背上受贿与滥用职权的罪名，而这足以使我失去相国的职务。到那时，我再喜欢吃鱼，也不会有人给我送了，而且我自己也再没有钱天天买鱼吃了。但是如果我一直廉洁奉公的话，鲁国宰相的位置我便可以坐得长久，只要还在这个位置上，我的俸禄便会足够我天天吃鱼的。"

"倒悬之屋"

心理学家告诉他："人们因为害怕地震而不敢在你那里住宿，你何不倒转一下思路，建造一个岌岌可危的房子，既能提醒人们时刻防震，又可以满足游客的好奇心。"

根据心理学家的建议，大石设计了"倒悬之屋"——屋顶在下，屋基在上。不仅倒悬，而且倾斜，外表看其来给人一种摇摇欲坠的感觉，走进房间，你会感到天旋地转，仿佛置身于颠簸的船舱之中。屋子的室内装潢也给人不稳定的感觉：房间内安放着锯断腿脚的桌凳，倾斜地固定在"天花板"上。种植着各式花卉盆景的陶瓷罐也被固定在"天花板"上。坐在椅子上抬头望去，地板倒置在屋顶。更让人叹为观止的是，旅馆的服务员都训练有素，她们能够在"天花板"上自由穿行，轻盈地为顾客端茶上菜。

这间奇异的"倒悬之屋"果然为大石招徕了不少顾客。如今，这家旅馆已经闻名世界了，慕名而来的世界各地的游客络绎不绝。

防影印纸的发明

他想到很多公司为防止文件被盗印而发愁，这种液体正好可以解决这个问题，既不损坏原文件，又可以避免复印。由此，他发明了一种可以手写和打印，但是不能复印的防影印纸。随后，他创立了加拿大无拷贝国际公司生产防影印纸，产品供不应求。

看来，倒转思考还可以化废为宝呢，任何不利因素都可能从反方向给我们带来价值，比如防影印纸的发明就是一个很好的例子。

聪明的教授

他把脸捂了起来——因为他知道，她们只能从他的脸辨认出他是教授。

这位教授运用倒转思考法避免了尴尬。一般人遇到这种情况会考虑该露哪里，而他考虑得更加彻底，即让对方根本看不出自己是谁，这样才能彻底地避免尴尬。即使他像大多数人选择的那样，用毛巾遮住自己的关键部位。但是事实上，那些女学生已经看到了。而且，她们知道这是教授的一丝不挂的身体——而不是一个陌生人的。

雷少云的发明

如果用吸管吸吮不就可以把手解放出来操纵方向盘了吗？于是雷少云发明了司机用来喝水的方便杯，在水杯里插上一根软管固定在司机的上方，司机想喝水的时候，就用一只手把吸管拉入嘴里吸吮就可以了，不喝时吸管会自动弹回，不会对行车造成影响。这种杯子价格低廉，使用方便，保证司机在任何时候都能喝到水，免去了长途汽车司机忍受口渴的痛苦。

汽车大盗的转变

警察局长运用倒转思考法想到，为什么不把他的偷车技术用在正当的防盗技术上呢？如果再把他抓进监狱，出狱之后肯定还会走偷车这条路。

就这样，"汽车大盗"成了"汽车防盗技术指导"，帮助科研小组研制汽车防盗技术。可想而知，在"大盗"的指导之下研制出的汽车防盗设备质量特别高。

氢氟酸的妙用

原来氢氟酸的腐蚀作用也有可取之处，比如在玻璃上钻孔，或者在玻璃上刻花。玻璃的质地很硬，只有用金刚石才能把它切割开，要想在玻璃上钻孔或刻花就更难了。而氢氟酸的腐蚀性恰恰满足了这一需要。玻璃工匠先将玻璃器皿在熔化的石蜡中浸泡一下，沾上一层蜡水。等蜡水凝固之后，用刻刀在蜡层上刻上所需要的花纹，刻透蜡层，然后在纹路中涂上适量氢氟酸。等到氢氟酸的作用发挥完毕之后，刮去蜡层就可以在玻璃上看到美丽的花纹了。

上司的回答

上司回答："作为服务业者，你首先要学会真诚地道歉。你应该从顾客的角度着想，就算顾客的要求你认为不合理，也应该尽量满足。如果她买了烧卖是给狗吃的，那你就应该想办法做出狗吃了也不会坏肚子的烧卖。"上司在这里用的是倒转人物的逆向思维方法。

微型"潜水艇"机器人

40多年后，以色列科学家朱迪和萨马里亚学院科学家尼尔·希瓦布博士以及以色列科技协会科学家奥戴德·萨罗门共同发明了一种可以在血管中穿行的微型"潜水艇"机器人。这种机器人的直径仅1毫米，它们可以被注射进病人血管中，并在血管内穿行，为病人进行治疗。这种微型机器人具有独特的本领，可以执行复杂的医学治疗任务。它还具有导航能力，既可以在血管中顺流前进爬行，也可以逆着血流的方向，在人体静脉或动脉中穿行。它外面还有一些"手臂"，可以在血管中旅行时抓住一些东西。

电晶体现象的发现

江崎博士真的让黑田小姐试着往锗里掺杂。当黑田把杂质增加到1000倍的时候，测定仪出现了异常的反应，她以为仪器出现了故障，赶紧报告江崎博士。江崎经过多次掺杂试验之后，终于发现了电晶体现象，并由此发明了震动电子技术领域的电子新元件。这种电子新元件使电子计算机缩小到原来的1/10，运算速度提高了十几倍。由于这项发明，江崎博士获得了诺贝尔物理学奖。

在日常生活和工作中很多事都是约定俗成的，具有特定的做事方法和准则。人们习惯于按照常规的方法处理问题，比如，既然我们的目的是提纯，那么就要想办法把杂质分离出来。如果往锗里添加杂质，那不是南辕北辙吗？但是，荒谬的、不合常理的做法却往往能产生意想不到的效果。江崎博士正是运用了逆向思维法取得了成功。

青蒿素提取

用热提取办法得不到有效药物成分，很可能是因为高温水煎的过程中破坏了药效。如果改用乙醇冷浸法这种新的提取工艺，说不定可以成功。研究人员倒转了提取方式之后，真的得到了青蒿素这种具有世界意义的抗疟新药。

无论是在自然界还是在人类社会，任何事物都是一个矛盾统一体。有时人们所熟悉的只是其中的一个方面，事实上在对立面也许潜藏着没有被挖掘到的宝藏。运用逆向思考法就可以使对立面的价值显现出来。事物起作用的方式与事物自身的性质、特点、作用有着密切的联系，使事物起作用的方式倒转过来，就有可能引起事物在性质、特点、作用等方面朝着人们需要的方向改变。

吸尘器的发明

他并没有停留在设想阶段。回家之后，他用手帕蒙住口鼻，趴在地上对这灰尘猛吸，果然地上的灰尘被吸到手帕上了。

他发现用吸的方法比用吹的方法更有效，于是发明了利用真空负压原理制成的吸尘器。

不同的方式会对事物产生不同作用，如果用正常处理问题的方式不能解决问题，那么我们就要运用逆向思维法，考虑一下用相反的方式处理问题会发生什么。对事物起作用的方式改变之后，事物的结构就会发生相应的变化，也许让我们一筹莫展的问题就会迎刃而解。

奇特的教子

小明的爸爸运用方式倒转思考法，教完之后让学生出题，老师做题。小明每次出题都想把父亲考得不及格，因为教材是小明的爸爸编的，要想出好题就必须先学会书里的东西。如果把父亲考得不及格，那么就说明他学好了。如果父亲每次都考七八十分，则说明他没有学好。

我们总是对一些问题的惯常处理方式习以为常，进而认为不可以改变。其实，如果把处理问题的方式逆向思考，也许能产生更有效的结果。

小八路过桥

小八路在黄昏时悄悄来到小桥旁的芦苇地藏了起来。在夜色的掩护下，他认真地观察小桥上的动静。不一会儿，有几个人从村外走来，他注意到守桥的伪军呵斥道："回去！回去！村里不让进！"看到这种情况，小八路心里有了主意。他又等了一会儿，敌人开始打盹了。这时，小八路钻出了芦苇地，悄悄上了小桥，接近敌人的时候他突然转身向村里的方向走去，并且故意把脚步声弄得挺大。敌人听到后，大喊："回去！村里不让进！"跳起来追上小八路，连打带推地把他赶出了村庄。就这样小八路顺利地把消息带到了村外，为部队打胜仗立下了汗马功劳。

既然想离开村子的人被赶回村子，想进入村子的人被赶出村子，如果你想走出村子，只要假装进入村子不就行了？小八路就是通过颠倒行走过程的办法过关的。

变短的木棒

第二天，财主胸有成竹地检查每个人的木棍，当看到李管家的木棍的时候，他的眼睛一亮，问道："李管家，真是奇怪，你的木棍怎么变短了一寸？"

李管家瞠目结舌。财主笑道："老实说了吧，把夜明珠藏到哪儿了？"

你知道事情的原委了吗？事实上，什么大师啊、法术啊，都是故弄玄虚，财主只是用这个办法让小偷露出马脚。在这个案例中，体现了结果倒转的思维方法，即通过设计某一种结果，间接地得到自己真正想要的结果。财主知道"聪明"的小偷一定会想办法隐藏自己的罪行，既然法术会让木棍变长，他就会人为地让木棍变短。可惜聪明反被聪明误，木棍变短了，恰恰说明他做贼心虚。

晋文公不守承诺

这时晋文公的舅舅子犯献策说："诚信是对待君子的礼仪，如今是你死我活的战争，不妨用欺骗的手段。"晋文公听从了子犯的建议，继续假装撤退，引诱楚军追赶，然后留下伏兵夹击，结果晋国以弱胜强，大败楚军。

既然当初有了约定，楚国就不做任何防范，以为晋国真的会撤退九十里。但是晋文公运用结果逆向思维法，在战场上没有遵守君子之间的约定。这给我们的启示是任何事物的发展都充满了变数，我们既可以根据自己的意愿使结果向我们期望的方向改变，也要提防敌人突然改变策略，导致我们预想中的结果发生变化。

思维小游戏

移动三角

如图：

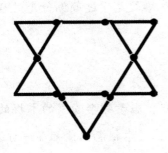
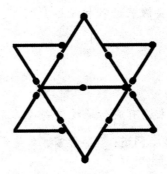

一句话答全

艾丁说的是："我全不知道！"

奇怪的家庭

另一半也是女孩。也就是说，5个孩子全都是女孩。

不变的星星

先把拿走的4颗放在一起，然后再将3颗放进去就行了。

巧挪硬币

把最右边的一枚放在左下角那枚的上面即可，如图所示。

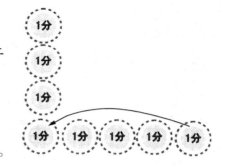

几只鸟

三棵树上的鸟分别为18只、10只、8只。

多少人

这群学生一共有12人。因为甲、乙两个学生"正好面对面"，这说明两人左右间隔的人数一样，都是5个人。

真实的谎言

夫人，只要像我一样说假话就行了。

给蠢货让路

我恰好相反。

书

如果想要拽断书下面的绳子，你可以把绳子向下猛拉。由于书的惯性，在拉力尚未传到书上面的绳子时，下面的绳子就已经拉断了。如果想要拽断这本书的上面的绳子，你可以慢慢地拉绳子，这时拉力发挥作用，再加上书的重量，书上面的绳子就会断掉。

古董

90%与125%的账面价值之间差了35%。因为35%相当于105元，所以1%就是3元。因此，原账面价值就等于300元。

吹泡泡

10。

$10 + 10 + 5 + 7 = 32$。

风铃

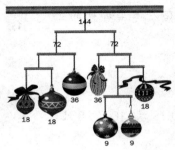

上下颠倒

如图：

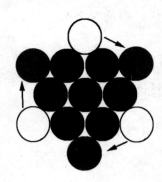

无赖和愚蠢

我相信我正处于这两者之间。

第六篇

思维名题

亚历山大解死结

神秘的"高尔丁死结"，让无数英雄豪杰都无功而返。解开"高尔丁死结"，这看起来是一个根本无法完成的任务，它太复杂了！然而，让人想不到的是，这样一个复杂的问题，居然有一个非常简单的办法。气概非凡的亚历山大突破了前人的思路，挥剑劈开了"高尔丁死结"。

核桃难题

原来，这个办法就是，在核桃的外壳上钻一个小孔，灌入压缩空气，靠核桃内部的压力使核桃壳裂开。

在取核仁时，人们往往习惯性地想到要从外面去打开核桃壳，而不会想到从内部着手。这里的这个办法便是一种典型的打破常规思维的求异思维。

充满荒诞想法的爱迪生

实际上，只要能够打破常规思维，这个想法是可以实现的：如右图所示，沿着纸上的线剪开再展开，即可让人钻进钻出。这实际上是一种把"面"变为"线"的做法。实际上，这些看似荒诞至极的想法，往往能够培养一个人大胆思考的习惯，将其思维充分打开，具有非凡的创造性。另外，就本题而言，试想一下，除爱迪生的这个办法之外，你能不能找到其他的办法呢？

毛毛虫过河

毛毛虫可以等自己变成蝴蝶后飞过去。

蛋卷冰激凌

原来哈姆威看卖冰激凌的商贩没有盛装冰激凌的容器了，他便将自己的蛋卷卷成锥形，以用来盛放冰激凌。冰激凌商贩一看这个办法挺好，便买下了哈姆威的所有蛋卷，用来制造这种锥形冰激凌，以方便让顾客带走。而人们则发现，这种锥形冰激凌不仅携带方便，外观好看，而且冰激凌和外面的蛋卷一起吃，味道也很好，后来十分流行的蛋卷冰激凌就此诞生。不仅如此，这种蛋卷冰激凌还被人们评为那届世界博览会的真正明星。

图案设计

纸条上写着："我的图案设计是信封上的假邮票。"这个人不仅表现出了自己扎实的美术功底，而且也展示了自己的创意思维能力。

百万年薪

日本商人弄清的真相是：对面的那家店也是这个年轻人开的。

故事中，这个年轻人总是能够摆脱从众思维，看到别人所看不到的机会，继而通过自己出人意料的举动获得更大的收获。这其实就是一种打破惯性的求异思维。而这种思维在商业上是非常有价值的，所以日本丰田公司亚洲区的代表山田信一才会花百万年薪雇用他。

聪明的小路易斯

小路易斯将瓶盖盖上并拧住，然后把瓶子倒过来。这样，油就浮了上去，醋沉了下来，他再将瓶盖松开，醋就流了出来。

聪明的马丁

他拿起了第 2 只杯子，把里面的红色的水倒进了第 7 只杯子，又拿起第

4 只杯子，把里面的红色的水倒进了第 9 只杯子，结果，杯子就成交错排列的格局了。

银行的规定

那个人先取出 5000 元，再把不需要的 2000 元存进去，结果就得到了他想要的 3000 元钱。

俗话说："规矩是人制定的。"营业员的做法就是不懂灵活处理规矩的表现。营业员只是按照规矩办事。如果那个人也和营业员一样，循规蹈矩，那么他只能去取款机前排队，说不定会误了他的事。这个人在取钱和存钱之间进行了一种巧妙的转换，便巧妙地解决了问题。

购买"无用"的房子

这位乘客考虑到这座房子对于火车上处于极度无聊之中的旅客的吸引力，将这个房子买下来，用来给各商家做户外广告。结果，因为其独特的位置，广告订单雪片般飞来，这个乘客于是就发了财。

按照正常人的思维习惯，房子位于火车的道旁，是致命的缺点，所以根本没有价值。但是，这位乘客却超出常规，认为房子位于火车道旁，恰恰是其优点，具有不可估量的价值。

有创意的判罚

原来这位法官的判决是：要求这个少年返回学校读书，获得一张真正的高中毕业文凭来交给法庭（当然，只是其复印件）。最后，这个少年果然去读了高中，并在三年后给法庭交来了他的毕业文凭复印件。并且，这个少年接下来还考入了大学。据统计，后来，这个法官对于类似案件以及少年偷窃案等案件的罪犯都采用了这个判罚。在接下来的 10 年时间里，共有接近 600 个少年犯重新回到学校读书。

假冒文凭，就判处你去获得一张真文凭来，这的确是一种富有创意的判罚。其不仅需要善良，而且还需要思维上的灵感。

妙批

主考官的批复只有四个字：我不敢娶（取）。

用一张牛皮圈地

原来，狄多公主让随从们将公牛皮切成一条一条的细绳，然后再把它们连接成一根很长的绳子。她在海边把绳子弯成一个半圆，一边以海为界，圈出了一块面积相当大的土地。因为同样周长的平面图形中，圆的面积最大，以海为界，又省下了一半的周长。

智取麦粒

原来，老医生的办法便是让农民每天往耳朵里倒一些清水。如此一来，麦粒便在耳朵里开始发芽，因为植物向阳的本性，麦芽自己便往耳朵外面长。结果几天之后，一根嫩芽从农民的耳朵眼里长出来了。

农民让自己的妻子用手一拔，便将麦粒拔了出来，不仅没有一点痛苦，而且还省去了再去医院花钱。

问题呢子

原来，副厂长的主意便是将错就错，不对呢子做任何变动，而是将这批呢子称作是"雪花呢"，然后投放市场。因为当时市场上全都是纯色呢子，还没有这种杂色呢子，因此"雪花呢"一投入市场，便受到了人们的广泛欢迎。其后，便有许多呢子厂家开始主动生产这种上面有斑点的呢子，直到今天还受到人们的欢迎。

在这个故事里，如果人们始终按照常规的思路，将这批呢子当作一个"错误"来处理，可能永远也不会得到这样的好结果。这位副厂长也是利用了一种求异思维，使得事情出现了转机。

聪明的小儿子

原来，小儿子点燃了一根蜡烛，马上，烛光便将整个房间都填满了。

在这个故事中，对于老人的问题，人们习惯性的思维都会去想用某种具体的东西去填空间，而这种东西应该是足够蓬松，以尽量大地占据空间。自然地，棉花、鹅毛这些东西会很容易被人想到。但是，小儿子却没有拘泥于常规思路，很快找到了一种更为简单有效的方法。

倾斜思维法

表面上看，这似乎是不可能做到的，但是如果能够充分发散自己的思维，便会找到解决问题的办法。因为 10 毫升正好是玻璃杯容积的一半，所以将玻璃杯倾斜 45° 角，其留在杯子里的溶液便正好是 10 毫升了。

许多人之所以想不到这个办法，是因为在他们的脑海里有一个固有的思路——量液体的容积时，必然是将容器水平放置，然后根据刻度来看液体的体积的。殊不知特殊问题（溶液体积正好是杯子容积的一半）是可以特殊对待的。总体而言，倾斜思维法属于一种求异思维，其关键仍旧是思考者要能够打破惯性思维的束缚。至少，在读了这个思维命题之后，我们应该知道，在思考问题时，物体不一定非要四平八稳地放在那儿，而是可以适当倾斜的，没准儿在倾斜的那一瞬间，答案就出现了。

检验盔甲

工匠按照比尔巴所说的穿上盔甲后，站在那里一动不动地等待国王的士兵出场。但是，就在士兵拔出宝剑就要砍下来时，工匠却突然大叫一声扑了上去。士兵被工匠的举动吓呆了，他以为工匠要跟自己拼命，于是赶紧跳开了。旁边的国王一看，便恼怒地对工匠说："你想干什么，想要造反吗？"工匠于是说："陛下，是这样的，我的盔甲不是做给木偶人穿的。当有人拿剑砍下来时，穿盔甲的人必然不会站在原地等他来砍，而是会躲开，如此一来，盔甲就不会被轻易砍破了。"国王一听，觉得有理，便收下了工匠所做的盔甲。

这个故事中，比尔巴便是突破了检验盔甲硬度时盔甲一定会被砍到的常规思维，使盔甲的作用得到了更合理的理解。

思维小游戏

困惑

B。

找出异己

A。只有A具有左右对称性，其余4个字母都不具有这种对称性。

破损的宝塔

10和16。

找不同

脸谱4与众不同。其他脸谱都有3个是一模一样的，只有脸谱4、6、11大致一样，但脸谱4的嘴形略有不同。

残缺的迷宫

C。

最牢固的门

D。因为三角形的3条边长确定后，它的形状不易改变，而D是由2个三角形组成的。

波娣娅的宝盒

金盒子上的话和铜盒子上的话是矛盾的，所以两句话必有一真。又三句话中至多只有一句是真话，所以银盒子上的是假话。因此，画像在银盒中。

圣诞聚会

依据题目给出的条件，很快就可以分析出A、B、C、E都不是第一个到达的，只有D是第一个到达的。由"E在D之后"，可以知道两人的顺序是：D、E。由"B紧跟在A的后面"得知两个人的顺序是：A、B。由"C既不是最后一个到达约会地点"，可以得知这样的顺序：C、A、B。所以，总的先后顺序是D、E、C、A、B。

形单影只

E。其他的都是中心对称图形。换句话说，如果它们旋转180°，将会出现一个完全相同的图形。

移民

基德拜夫妇有2个孩子（线索4），因此不只有1个孩子的希金夫妇（线索3）一定有3个孩子，并且他们去了澳大利亚（线索1）。通过排除法，去新西兰的布里格夫妇只有一个孩子；排除法又可以得出基德拜夫妇去了加拿大。希金夫妇不是开旅馆（线索1）或鱼片店（线索3），因此他们经营的一定是农场。鱼片店不是由布里格夫妇经营的（线索2），那么一定是基德拜夫妇经营的，布里格夫妇所做的生意是开旅馆。

答案：

布里格夫妇，1个，新西兰，旅馆。

希金夫妇，3个，澳大利亚，农场。

基德拜夫妇，2个，加拿大，鱼片店。

第七篇

思维名题

特洛伊木马

木马进城的那天晚上，有个黑影趁人们都睡着了的时候，悄悄爬上城墙，向海面上发出信号光，然后他又跳下城墙，跑到木马前，敲了敲木马的腿。那个人就是赛农。接着，20多名全副武装的希腊士兵从木马里爬出来，快速跑向城门，并把城门打开，城外黑压压的希腊士兵一拥而入。

三夫争妻

宋通判采用的就是死而后生之计，他给小娇喝的不是毒药，而只是一种麻醉药。小娇的死是他故意安排的，为的是考验三个男人的诚心。

毁衣救吏

曹冲先用剪刀在自己漂亮的衣服上剪了几个窟窿，装成被老鼠咬破的样子。然后带着库吏来到曹操门前，他让库吏在门外等着，听到他的信号再进屋。"父亲，你看看都怪我不好，这么漂亮的衣服，被老鼠咬了几个大洞。以后，再也不能穿了，我真是犯了大错了呀。"曹冲带着哭腔对曹操说。曹操听了，哈哈大笑，摸着儿子的脑袋说："是老鼠咬破了衣服，该怪老鼠呀，怎么能怪你呢？好了，别难过了，过一会儿我叫人再给你做一件衣服。"曹冲笑着说："对，都怪老鼠不好。我一定要抓住老鼠，好好教训教训它。"说着，曹冲使劲咳嗽了几声。库吏听到曹冲的暗号，赶紧把自己绑了，来见曹操，他哭丧着脸说："对不起，丞相，是我工作失职，您心爱的马鞍被老鼠咬破了，所以我来请求您惩罚我。"曹操听了，顿时心疼起来，他沉下脸刚要发火。曹冲赶紧说："父亲，最近老鼠真是太猖獗了，得想办法捕灭老鼠才行呀。"曹操醒悟过来，明白这事不能怪库吏，就摆摆手说："好了，我知道了，去想办法捕灭老鼠吧。"库吏跪谢了曹操，又过来找曹冲，千恩万谢了一番。

曹操出于对儿子的疼爱，才安慰曹冲，让曹冲不要在意被老鼠咬坏了东西。没想到，这个正是曹冲的一个小圈套，曹操无意说出的话，其实成了一个标准，处理同一类的事情，当然都要按照这样的标准来执行了，所以，当库吏过来请罪的时候，曹操也只好免去了他的罪过。

诸葛亮出师

水镜先生的题目是够刁钻的，怎样才能得到先生的允许出庄门呢？学生们各显神通，但是都是先生预料之中的答案，这些当然不能让先生满意了，要想顺利毕业，只能突破常规的思维，给先生来个出其不意。

诸葛亮跑进屋里大声质问水镜先生："你这个刻薄的先生，想出这样的刁钻题目来故意难为我们，三年以来，我们虚度光阴，现在你还不让我们出师，还想再浪费我们的时间呀？我不认你这个师父了，还我三年学费！"水镜先生听到诸葛亮说出这样绝情的话，再看他一脸愤怒的样子，没有作假的痕迹，顿时气得浑身发抖，立即叫学生把他赶出水镜庄。诸葛亮依然不依不饶，连声讨要学费，好歹被学生们拉出了水镜庄。来到庄外，诸葛亮立即从路边捡起一根荆棘，背在身上，又跑回庄内，跪倒在先生面前，赔罪说："先生，弟子为了考试，无奈冒犯恩师，实在是大逆不道，弟子甘愿受罚！"说着，从后背解下荆棘送给水镜先生。先生立刻明白了，他非但没有生诸葛亮的气，还高兴地拉起诸葛亮，对他说："你的能力已经胜过了为师，可以出师了。"

诸葛亮没有编造理由出庄，而是怒斥题目的刁钻，继而冤枉先生浪费了自己三年的光阴，把一场假戏演得像真的一样。满腹委屈的先生，顾不得自己的题目了，愤怒地把诸葛亮赶出了山庄。

别具匠心

夫妻俩把宋湘的对联贴到了小店的门上，顿时蓬荜生辉，非常引人注目。附近的秀才见了，就过来鉴赏，可是，却发现"心"字少了一点，就问是谁写的，夫妻俩据实相告。"想不到著名才子宋湘，居然连'心'字都不会写，实在是奇闻啊！"秀才大笑出门去，把这件事四处宣扬。一传十，十传百，听到这个消息的各种各样的人，都过来观赏，顿时小店门前热闹起来，小店的生意也红火起来了，本来大家是来看宋湘笑话的，却忍不住赞美起小店的点心来，都说："果然是上等点心！"如此一来，"上等点心"的名声越来越大，小店的生意也越来越红火，没过多久就重新翻盖了一栋气派的酒店。过了很久，夫妻俩才明白宋湘的一片苦心，宋湘少了一个点的"心"字，正是他独具匠心之处啊。宋湘其实是利用自己的名声，给小店做了一个广告。

孔子穿珠

孔子仔细想了想那位妇女有些神秘的话：密尔思之，思之密尔，'密'难道是蜂蜜的蜜？哦，孔子恍然大悟，终于明白了那位妇女的意思。孔子回头抓了一只蚂蚁，在蚂蚁的身上系上一根细线，把蚂蚁放在珠孔的一端，在珠孔的另一端涂上蜂蜜引诱蚂蚁，果然蚂蚁禁不住诱惑，带着细线，穿过了珠孔。这样就顺利地给珍珠串上线了。孔子把串上线的珍珠扔给流氓们，然后扬长而去了。流氓们拿着珍珠目瞪口呆，怎么也想不到小小的蚂蚁居然帮了孔子一个大忙。

别具一格的说服

次日一早，萨克斯如约来到白宫。刚在餐厅前坐定，还没等他开口，罗斯福便抢先说道："今天不谈爱因斯坦的信，一句也不提，明白吗？"

萨克斯对此已经有所准备，他只是微微一笑，并点了点头，然后他装作漫不经心地对罗斯福说道："好的，我一句也不谈。不过，我想您不会介意我谈一谈历史吧！众所周知，当年拿破仑的军队横扫欧洲大陆，无人能抵挡，但是，他虽然很想，却唯独没有征服英伦三岛，你知道这是为什么吗？"

罗斯福作为一个政治家，对于这个问题自然是十分感兴趣的，不禁两眼聚精会神地盯着萨克斯，等待他接下来的解说。

萨克斯于是清了下嗓子，便继续道："当年英法战争期间，拿破仑的军队虽然在陆地上所向披靡，但是在海上与英军作战时却是屡战屡败。鉴于此，当年美国发明蒸汽机船的科学家富尔顿曾经专程拜见过拿破仑，他建议拿破仑砍掉桅杆，撤去风帆，用钢板代替木板，然后装上蒸汽机，这样就可以大大提高船速和船的战斗力。当然从我们今天的眼光看来，拿破仑如果采用了这种蒸汽机船，英国海军也就不堪一击了。但是，在当时的拿破仑看来，这完全是个笑话，他训斥富尔顿道：没有帆的船怎么能航行，把木板换成钢板，船还不沉到海底去，这不是天大的笑话吗！最后把富尔顿当作一个来自美国的大骗子给赶了出去。"

"总统先生，请您想一下，如果拿破仑当初肯冷静下来认真考虑一下富尔顿的建议，结果会如何？19世纪的历史必将重写！"萨克斯停顿了一下后严肃地看着罗斯福说道。

罗斯福听到这里，便陷入了沉默，几分钟后，他拿出一瓶法国白兰地，给萨克斯和自己斟上一杯，然后举杯说道："你胜利了，我不会犯拿破仑的错误！"

巧妙的劝阻

阿南·拉西勒斯见到乔治六世后，没有直接对其陈述利害，而是从另一个角度说道："国王陛下，我听说您明天要和首相一起前去观看诺曼底登陆，这的确是件令人兴奋的事情。不过，作为您的秘书，我有必要提醒您，在您临走之前，您是不是应该对伊丽莎白公主交代一些事情。因为万一您和首相同时遭遇不测，王位由谁来继承？首相的人选是谁？"

听到阿南·拉西勒斯的话，正在兴头上的乔治六世像是被泼了一盆凉水。他立刻清醒地意识到自己和首相的想法都实在是过于不负责任了，只考虑了个人的浪漫和荣誉，而完全忘记了自己对于国家所负的责任。于是，他立刻给首相丘吉尔写信，他解释说自己虽然很想像古代国王那样，亲自率领英军作战，但是从目前的情况来看，这样做不仅对国家无益，反而是极不负责任的做法。因此宣称自己收回成命。并且，他也劝首相不要这样做，丘吉尔最终也接受了他的劝告。

郑板桥巧断悔婚案

郑板桥将财主打发走后，便将穷公子找来，问他道："你愿意解除婚约吗？"穷公子流着泪说道："学生自然不愿，这是家父当初为学生定下的婚姻。俗话说，父母之命，媒妁之言。我也并非贪图他家钱财，只是觉得这是父母当初定下的婚姻，想要给九泉之下的父母一个交代罢了！"郑板桥听这年轻人说得有礼有节、条理清晰，便更加欣赏他了，于是对他说道："现在你的岳父之所赖账，是因为你无钱无势。现在呢，我将他送给我的一千两银子转送给你，你就不穷了；我认了他的女儿为干女儿，你们成亲后，从今以后你就是我的干女婿了，你也就有势了。他也就没有理由解除婚约了。不过，我之所以这么帮你，也是因为看你人品不错，又有才学，将来肯定不会久居人下。你可不要辜负我和我的干女儿啊！"穷公子一听，又喜又感激，立刻给郑板桥叩头谢恩，并保证一定努力上进，不辜负郑板桥和他的干女儿。

接下来，郑板桥又将财主以及他的女儿找来，对财主女儿说："好了，你现在是我的干女儿，可要听从我的安排啊！"

财主女儿点点头。财主更是在一旁奉承："那是当然，那是当然！"

然后，郑板桥便叫来了穷公子，对财主说："现在，你这个女婿有了一千两银子，也不算很穷了。与小姐成婚后，就是我的干女婿，也算是有势了。这下你没有理由解除婚约了吧。况且，几个月后就是秋闱了，到时他一旦考中，更少不了高官厚禄，你这个岳父还有什么不满意的呢！"

财主这才知道，自己完全上了郑板桥的当了，这等于是自己搭了一千两银子嫁女儿。不过想想郑板桥的话也不无道理，这个女婿眼下虽然穷，倒也的确有些才学，是个上进之人。于是，财主便答应了这门亲事。

最后，郑板桥因怕财主反悔，便说道："俗话说，择日不如撞日，我看就在今天我亲自为你们主持婚礼！"

财主也答应了。巧的是，这年秋闱，这个穷公子还真考中了，于是财主以及小夫妻三人对郑板桥都十分感激。

记者装愚引总统开口

这个记者故意自言自语地说："想不到这里如今还在用锄头开垦土地呢！"

"胡说！"坐在一旁的胡佛一听，对于这位对美国农业"毫不了解"的记者感到十分愤怒，"这里早就用现代化的方法来进行垦伐了！"接着他便大谈特谈起美国的垦殖问题来了。就这样，这位记者达到了自己的目的。不久，一篇内容详尽的《胡佛谈美国农业垦殖问题》的新闻报道就见了报。

思维小游戏

希罗的开门装置

这个装置利用了一些简单的机械原理。装置中用到了链子、滑轮、杠杆以及气箱和水箱。牧师将圣坛上的圣火点燃，气箱和水箱里的空气受热膨胀，压迫球形水箱里的水通过虹吸管流到挂在滑轮上的桶里面。桶的下降会拉动绳子或链子，从而拉动栓门的链子，神殿的门就这样被"神奇"地打开了。

当圣火燃尽，空气冷却之后，门又会通过右下方的平衡物自动关上。

数字筛选

不管你如何选择这 10 个数，总是可以从中找出两组数字之和相等。

在这 10 个数里选择一个数一共有 10 种方法，选择一组两个数有（10×9）÷（2×1）种方法，选择 3 个数有（10×9×8）÷（3×2×1）种方法，一直到选择 9 个数有（10×9×8×7×6×5×4×3×2）÷

（9×8×7×6×5×4×3×2×1）＝10种方法。加起来一共是1012种方法。

一组数之和最小的可能是1，最大的可能是945（一组里面包含10个数，从90到99）。

也就是说，选择数字一共有1012种方法，各组的和只有944种可能。

因此，如果从小于100的整数中任意选出10个数，总是可以从中找出两组，使其数字和相等。

数字1到9

32547891×6＝195287346

数的持续度

持续度分别为2、3、4的最小的数分别为25、39、77。每个数通过重复题目中的过程都可以得到一个一位数。这个过程不是无限的。

芝诺的悖论

芝诺的悖论中第1处错误就是他假定无限个数的和还是无限个数，这与事实不符。

无限个数的和，例如：

1 + 1/2 + 1/4 +1/8+ 1/16 + 1/32 + 1/64+……=2

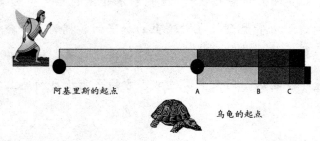

阿基里斯的起点　　　　A　　B　C

乌龟的起点

我们知道这是一个等比级数。

等比级数是一个数列，其首项为1，后一个数与前一个数的比值（x）相等。在上面这个例子中，x 等于1/2。当 x 小于1时，无限项的等比级数各项之和是一个有限的数。

352

阿基里斯追上乌龟所跑的距离和用掉的时间可以分别看作是等比小于 1 的等比级数，因此他追上乌龟所跑的总距离并不是无限的，同样，所用的时间也是有限的。

假定乌龟的起点比阿基里斯的起点前 10 米，阿基米德每秒钟跑 1 米，速度是乌龟的 10 倍，那么他用 5 秒就可以跑完一半，再用 2.5 秒就可以跑完剩下路程的一半，依此类推，他用 10 秒就能够跑完 10 米。

而这时乌龟才刚刚跑了 1 米。阿基米斯在 11 秒多之后在离他的起点 11.1 米的地方就已经超过乌龟，很轻松地赢得了这场比赛。

平方根

如右图所示，画 1 个直角三角形，x 为三角形的高。

由此我们就得到了这 3 条直线的关系：

c2 = a2 + x2

b2 =x 2 + 1

（a+1）2 =b 2 + c2

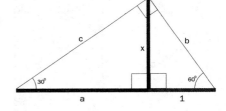

将前 2 个式子代入第 3 个式子中，我们就得到了一个等式：

a2+2a+1 = x2+1+a2+x2

a2+2a+1 = a2+2x2 +1

2a = 2x2

a = x2

$\sqrt{a}$ = x

纸条艺术

如下页图所示：

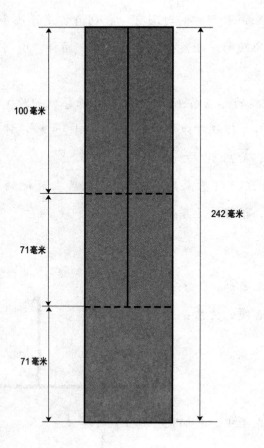

神奇的折叠

是的。但是为什么呢?

你折叠的线其实是三角形三边的垂线,它们交于一点,这一点称为垂心,它也是三角形外接圆的圆心。

想象正方形

C。

第八篇

思维名题

拷打羊皮

刺史大人当然没疯。他知道判断是非最重要的是要找到证据，无论采用什么方法，只要能得到确凿的证据，就能做出正确的判断，所以，他才拷打羊皮。是不是还不明白？那就看接下来的故事吧：

两边的衙役不知道老爷今天演的是哪出戏，也不敢问，只得用力地拷打羊皮。不一会儿，三十大板就打完了。只见，羊皮上掉下来薄薄的一层盐粒。大家顿时明白了老爷的用意：如果这张羊皮是贩盐人的，因为贩盐人长年累月地用羊皮垫背，那么羊皮里一定有很多细小的盐粒。如果羊皮是樵夫的，那么羊皮里就不会有盐粒。如此看来，这张羊皮是贩盐人的，樵夫在撒谎。樵夫看到地上的盐粒，一下子瘫倒在地上，没有话说了。贩盐人高兴地拿着羊皮走了。

孙亮辨奸

孙亮检查了一下老鼠屎，然后笑着对大臣们说："如果老鼠屎在密封之前就浸在蜂蜜里，它里外都应该是湿的，那就是小官员的罪过；如果老鼠屎外面是湿的，而里面是干的，就说明它是刚刚被放到蜂蜜里的，那么就是太监做的手脚。现在，大家看看，老鼠屎里面是干的，一定是这个太监为报私仇陷害小官员。"太监听了，慌忙跪在地上，拼命地磕头，请求孙亮从轻发落。

孔子借东西

听见孔子发问，大嫂笑着说："你不说要借'东西'的嘛。'东'为甲乙，属木；'西'为庚辛，属金。我见你马车坏了，要借的当然是斧头和木材了，怎么不对吗？"

孔子连连点头，说："对的，对的，多谢大嫂。"

孔子修好马车后，把东西还给了大嫂，就让车夫往回走。

车夫很奇怪，就问孔子："先生不过河了吗？"

孔子感叹道："楚国人才济济，连普通的妇女都这么有学问，我还到楚国干吗？还是到别的国家授课吧。"

后来，人们就把那条楚国的小河称为"夫子河"。

洗衣服的大嫂，怎么知道孔子所需要的东西的呢？难道真的是因为孔子所说的"东西"这两个字吗？当然不是这样了，什么东属木、西属金，这根本就是不合理的联系，大嫂不过是在和孔子开玩笑罢了。之所以能够知道孔子所需要的东西，完全是因为大嫂善于观察和推理，看到孔子车子坏了，需要的当然是修车的工具了。

焚猪辨伪

张举来到死者身前，检查了一下死者的身体，没有什么可疑之处，又撬开死者的嘴看看，看到嘴里什么都没有。被火烧的时候，活人必然大喊大叫，嘴里应该吸入很多灰尘才对。而死者嘴里什么都没有，说明着火之前，他已经死了。想到这里，张举冷眼看看刘氏，刘氏忽闪着眼睛，似乎是在躲闪什么。张举决定做个实验让刘氏心服口服。

张举叫人找来两头大肥猪，一头立即宰杀了放在火上烤，一头直接扔在火里烧。那头活猪在火里不停地喊叫、挣扎，过了好一会儿才死去。张举叫大家过来看，那只活活烧死的猪嘴里满是灰尘，而那只死猪嘴里什么都没有。张举厉声问刘氏："你丈夫嘴里什么都没有，正说明在着火之前就已经被人害死了，刘氏你还有什么话说！"

刘氏顿时瘫软在地上，不得不招认了自己伙同奸夫谋杀亲夫的罪行。

和尚捞铁牛

到哪里去打捞铁牛呢？人们想当然地认为，要到下游去打捞，因为大家都有这样的生活经验，一段木头掉进河里，马上就会被河水带走，从没见过什么东西还能逆流而上的，大家认为铁牛和那些轻飘飘的东西是一样的，一定是被河水冲到下游去了。可事实上，笨重的铁牛却是与众不同的，它就能够逆流而上。所以，当知府听了和尚的话才会大感出乎意料："大师不是说笑吧，黄河发水冲走铁牛，当然是冲到下游去了，怎么反到上游去找？"

怀丙回答："大人有所不知，这铁牛不同于别的东西，它重过千斤，掉在河里，洪水并不能冲走它，只能把它前面的淤泥冲走，渐渐铁牛前面就被冲出一个大坑来，铁牛就翻到坑里，洪水接着再冲一个坑，铁牛就再往前翻一个坑，这样翻着翻着，铁牛就翻到上游去了。所以，大人在下游找不到。"

知府觉得怀丙说得有理，就请他抓紧去打捞铁牛。按照怀丙的指点，果然在上游摸清了铁牛的位置。但是，现在还需要解决一个问题，就是怎么能把重达千斤的铁牛，从淤泥里拔出来。知府忧心忡忡地看着怀丙，怀丙不慌不忙地说："大人，请放心，是水把铁牛冲走的，我就让水把铁牛送上来。"知府听了，半信半疑。

怀丙叫知府找来两条大船，在船上装满泥沙、石块，一直装到船沿贴近水面才停止。慢慢划到铁牛旁边，把船停稳，两只船保持适当距离，把事先做好的打捞架安放在两只船之间，命令一伙会水的年轻人，潜到水里把打捞架上的绳索牢牢地绑到铁牛身上。然后，收紧打捞绳，把船上的泥沙慢慢往黄河里铲，船慢慢浮升起来，那绳索也越绷越紧，铁牛也慢慢出了污泥，等到铲尽船上的泥沙的时候，铁牛已经完全脱离淤泥了。怀丙叫大家奋力向岸边划，终于把铁牛拖上了岸。按照同样的办法，怀丙又把其他七只铁牛捞了上来。

路边的李树

路边有一棵挂满李子的李树，鲜红的李子，让人垂涎三尺。但是王戎却很快判断出了李子是苦的。他是怎样得出这个结论的呢？

细心的王戎发现了一个奇怪的地方，李子就长在路边，伸手就可以摘到，怎么来来往往的行人没有去摘呢？根据这个奇怪的现象，王戎进行了简单的推理，如果李子是甜的，那么一定被路人摘光了，而事实是树上的李子根本没人动，所以假设是错误的，李子是苦的。

分粥的故事

他们指定一个人分粥，规定分粥人只能要其他六个人挑剩下的那一碗粥。显然，谁都会挑粥最多那一碗，最后剩下的只能是粥最少的那一碗。所以，为了能多分到一点粥，分粥人只能把粥平均分到七个碗里，这样每碗粥都是一样多的，就是最后挑也没关系了。有了这个办法，再也没有出现过分粥不公平的现象。

谁偷了小刀

原来，查尔发现朱利安的书房里都是北极的东西，只有那只企鹅是南极的动物，而朱利安从没到过南极，企鹅标本肯定是别人送的。而且他还发现罩着标本的玻璃罩开了一条缝，显然有人动过它。这只是一个无关紧要的细节，大多数人都是这么认为的，然而就是这样一个细节，暴露了小偷的蛛丝马迹——小刀藏在身上简直就是不打自招，而藏在标本里就安全多了，然后再以赠送人的身份要回标本，这样偷到小刀，就是神不知鬼不觉了。

秘密就隐藏在毫不起眼的事物后面，只有善于发现和推理的人，才能根据这个不起眼的发现，寻找到事情的真相。

伽利略破案

伽利略是这样对女儿说的："望远镜是索菲娅的弟弟送给她的，里面装有毒针。那天晚上，索菲娅趁你们睡着了，偷偷地登上凉台，想用这架望远镜观测星星。她把眼睛紧贴镜筒，当她调节焦距的时候，一只毒针'嗖'的一声，射进她的眼中，索菲娅猛地一惊，失手把望远镜掉进河里，她忍着剧痛把毒针拔了出来，慢慢地毒液蔓延开来……"

伽利略的女儿问："她为什么不大声呼救呢？"

伽利略说："她是看了我那本《天文学对话》后，为了证实一下，才用望远镜来观测的，这事当然不能让院长知道，所以她选择了自己治疗，但是很快毒性就发作了，她支持不住了。"

后来，索菲娅的弟弟供认了自己的罪行，证明伽利略的推理是完全正确的。

巧剥花生

老二笑着对老大说："我当然不是瞎猜的，我是没有把所有花生都剥完，但是我把花生进行了分类，大的、小的、饱满的、干瘪的、好的、虫蛀的，等等，每一个类别我都选出了几个花生剥开看，结果发现花生仁都是红皮包裹着的。所以我断定，所有的花生都是由红皮包着的。怎么样，哥哥，你也是同样的结果吧。"

老大听了，还想争吵。老爷摆摆手制止了，他说："老二的方法是对的，老大虽然你也得出了正确的结果，但是你花费了太多的精力和时间。以后处理家里千头万绪的杂事，如果你事事都要做完后才能得出结果，根本忙不过来。所以，这个家还是由老二来当吧。"

老大听了父亲的话，也明白了自己的不足之处，同意了父亲的决定。

大卫牧羊

大卫把大羊圈分成了三个部分，一部分关着老羊，一部分关着小羊，一部分关着大羊。到了早上，羊们该吃"早点"的时候，大卫首先放出了小羊，小羊"咩咩咩"地欢叫着，跑到草原上，专拣最嫩的草吃。等小羊们吃得差不多了，大卫又把老羊放了出来，没有年轻体壮的大羊的干扰，老羊们可以安心地吃起好草来了，它们也"咩咩"地感谢着大卫。等到最后，大卫才把大羊放了出来，大羊们饿坏了，它们来不及向大卫"咩咩"地表示抗议，就赶紧跑过去吃草了，草原上已经没有多少好草了，大羊们只好用力地咀嚼着那些又老又硬的草，幸好，大羊的身体和牙齿都很强壮，它们也能吃饱。

后来，大卫长大后成了以色列的王，他是以色列历史上最伟大的国王之一。

目击者的谎言

用右勾拳击打对面的人时，只会击中对方的左下巴，而死者的下巴右侧有一块瘀青，显然是这个目击者在撒谎。

猜帽子游戏

崔闪戴的是黄颜色的帽子。下面是崔闪的推理过程：

如果小明和王志中的任何一人看到两顶蓝帽，那么就会马上知道自己戴的是黄帽。既然他们都无法推测自己的帽子的颜色，便说明他们都没有看到2顶蓝帽。因此至少有两顶黄帽，最多有1顶蓝帽。

而如果小明和王志中有人看到1顶蓝帽，那么他就知道自己头上是黄帽，但是仍然没有人能猜出自己帽子的颜色，说明没有人戴蓝帽，因此崔闪可以肯定自己一定带着黄帽。

《木偶奇遇记》续

今天是星期四。

小木偶是通过逻辑推理的方式推算出来的，其步骤大致可分为两步：

小木偶先针对长颈鹿的话进行推测。

假设今天是星期一，那么长颈鹿今天说谎，而昨天说真话，那么正好，长颈鹿对小木偶的问题会回答："昨天是我说谎话的日子。"所以今天可能是星期一；

假设今天是星期二，那么长颈鹿今天说谎，昨天也说谎，因此其回答应该是"昨天是我说真话的日子"，而不是"昨天是我说谎话的日子"。由此推测，今天不是星期二。同理，可以推断出今天不是星期三；

假如今天是星期四，那么长颈鹿今天说真话，昨天说假话，所以，对于小木偶的问题，它会回答"昨天是我说谎话的日子"。所以今天可能是星期四；

假设今天是星期五，那么长颈鹿今天说真话，昨天也说真话，所以，长颈鹿对小木偶的回答应该是"昨天是我说真话的日子"，而不是"昨天是我说谎话的日子"。由此推测，今天不是星期五。同理，可以推出今天不是星期六和星期天。

因此，根据长颈鹿的回答，可以推出今天是星期一或星期四。而用同样的方法对斑马的话进行分析，可以推出今天是星期四或星期天。

进一步，对于小木偶的问题，长颈鹿和斑马都回答"昨天是我说谎话的日子"的时间，只能是星期四。所以，聪明的小木偶断定，今天是星期四。

思维小游戏

贪吃的老鼠

老鼠从第 8 扇门进去，这样能一次吃光所有点心且路线不重复。

客户的电话号码

客户的电话号码是 83410。

因为小张、小李和小杜三个人，每人说对两个数字，三人一共说对 6 个数字，而电话号码只有 5 个数字，所以必然有一个数字两人同时说对。把三人说的电话号码排列起来，如下：

小张：8 9 4 3 1

小李：4 3 0 1 8

小杜：1 7 4 8 0

不难看出，小张和小杜说的中间数字都是"4"，可想到这是两人都说对的。又因为每人说对的两个数字不相邻，所以小张和小杜说对的另一个数字分别在电话号码的头或尾。那么小李说对的数字既不是中间数，也不是头、尾的数，只能是"3"和"1"这两个数字。如果小杜说对了"1"和"4"，则小张说对的是"4"和"1"，两个"1"重复，所以应该是小张说对了"8"和"4"，小杜说对了"4"和"0"。

钓了多少鱼

0 条（6 无头是 0，9 无尾是 0，8 的半截是 0）。

心念魔术

起先，小方假装深思熟虑，而实际上只是随意点了 7 个数字，但是他点的第八个数字必定是 12，第九个数字必定是 11，第十个数字必定是 10，以此按递时针方向以此点下去，这样当小军念到 20 并喊停时，小方所指的必定正是小军最初默认的数字。不信的话，你也可以试试看！

买葱人的诡计

葱原来是 1 元钱 1 斤，也就是说无论葱白还是葱叶都是 1 元钱一斤，而分开以后葱白只卖 7 角，葱叶只卖 3 角，这样卖葱人当然是要亏本了。

水和白酒

白酒中的水和水中的白酒一样多。

这是因为，两次从两个杯子中舀出的液体体积一样，所以都设为 x。假设从第二个杯子中舀出的混合液中白酒所占体积为 y，那么，倒入第一个杯子中的水的体积为 $x - y$。因为第一次倒入水中的白酒体积为 x，第二次倒回白酒杯子中的白酒是 y，所以留在水杯中的白酒体积为 $x - y$。所以，白酒中的水和水中的白酒一样多。

考古学家的难题

考古学家应打开第二个箱子。

第一个箱子上的话是假的，如果它是真的，那么，第二个箱子的话也是真的，这是矛盾的。

这个问题可以用假设解题技巧。具体过程如下：第一个箱子上的假话有三种可能：第一个箱子上的话前半部分是假的；后半部分是假的；都是假的。如果前半部分是假的，珠宝在第一个箱子里，并且，第二个箱子上的话是假的，这时，根据第二个箱子的判断，珠宝在第二个箱子里，这和上面的判断冲突；如果后半部分是假的，那么珠宝在另外一个箱子里，并且第二个箱子上的话是真的，可以判断珠宝在第一个箱子里，这也是矛盾的；所以，第一个箱子上的话都是假的，这时，珠宝在第二个箱子里，并且第二个箱子里的话是假的，这时根据第二个箱子的话判断，珠宝在第二个箱子里。

交货日期

问题出在日期的书写方式不同。美国公司所用的日期格式是月／日／年，而欧洲供应商用的日期格式则是日／月／年，例如美国公司要求的是2009年6月7日把货送达，那么就会表示为6/7/09，而按照欧洲人的解读，就会认为送货时间是2009年的7月6日。

诸葛亮的难题

这一天气预报是前天做的，所以预报中说的后天就是今天。由此一步步进行推论就能得出：昨天的天气和前天的不同。由于前天下了雨，故昨天的天气是无雨。如果把答案说成"昨天是晴天"，那就不准确了，因为与雨天不同的天气也可能是阴天。

被啃坏的台历

这个月的1号是星期六。

帽子的颜色

第一次，乙、丙戴的都是白色的。甲之所以知道自己戴的是红色帽子，是因为乙、丙戴的是两顶白帽子。

第二次，乙是红色的，丙是白色的。因为甲不知道，所以乙和丙戴的是一顶红色的和一顶白色的。如果丙戴的是红色的，那么乙就不知道自己帽子是哪一种颜色。如果丙戴的是白色的，那么乙就能知道自己帽子的颜色。

第三次，丙是红色的。因为甲、乙都不知道自己帽子的颜色，那么他们所看到的其他两个人的帽子必定是一红一白或两个红色。如果是一红一白，而且丙戴的是白帽子的话，那么乙通过甲的回答可以知道自己戴的是红帽子，所以丙戴的帽子一定是红色的。

有多少个柠檬

既然柠檬不能切成半个，那么总数一定是奇数，因为奇数的一半再加上半个正好是整数。又知柠檬的总数少于9个，那么可以取3、5、7个。计算可以得知，3和5不符合条件，所以最终可以推断出柠檬的总数一共有7个，其中4个被藏在屋子的东面，2个被藏在屋子的西面。

不及格的试卷

一共有58张试卷。

火车的时速

火车的速度是每小时30千米。其实不必考虑安娜来回的速度和走得多远，就看作她待在最后一节车厢里，10分钟内，火车行驶了5千米即得出结论。